Historia del cambio climático

ÁNGEL L. LEÓN PANAL

Historia del cambio climático

GUADALMAZÁN

Guadalmazán • Colección Divulgación Científica
Director editorial Antonio Cuesta
Corrección de Nemo. Edición y Comunicación
www.editorialguadalmazan.com
pedidos@almuzaralibros.com - info@almuzaralibros.com

Talenbook, s.l.
C/ Cervantes, 26 · 28014 · Madrid

Imprime: black print
ISBN: 978-84-19414-13-7
Depósito Legal: M-15455-2024
Hecho e impreso en España-*Made and printed in Spain*

*A mis abuelos y abuelas. Vuestro mundo fue
muy diferente del mío, pero vuestras palabras
nunca caducan y me siguen guiando.*

Índice

I. LA TIERRA VERDE QUE ENGULLÓ A LOS VIKINGOS

Año 982 después de Cristo. Erik Thorvaldsson, conocido como Erik el Rojo, navega hacia el oeste junto con sus seguidores más fieles. Los han declarado proscritos en Islandia por asesinato. Mientras observa el horizonte azul, recuerda su promesa. Regresará a por los suyos solo si encuentra una nueva tierra, cuya existencia despuntaba entre las crónicas de anteriores expediciones fallidas[1]. La fortuna les sonrió, tras desembarcar en islas y fiordos inexplorados por los vikingos. Aquel territorio ofrecía la posibilidad de sustentar un próspero futuro, lejos de las penurias dejadas atrás. En el año 985, Erik volvió a Islandia para relatar cómo había descubierto *Greenland*, «la tierra verde», y convenció a cientos de personas para que abandonaran el helador paisaje islandés y se unieran a él. Este podría ser uno de los primeros ejemplos de *marketing* fraudulento de la historia, o tal vez no. Entre los recovecos de las costas de Groenlandia existen lugares desde los cuales desafiar al frío y aprovechar diferentes recursos. No podían saber que, quinientos años después, los vikingos acabarían siendo engullidos por *Greenland*.

---

1   Gunnbjörn Ulfsson fue el primer europeo en avistar Groenlandia. Mientras navegaba entre Noruega e Islandia, su barco perdió el rumbo y acabaron avistando unos islotes que, según se cree, fueron destruidos tiempo después por una erupción volcánica y habrían estado situados al suroeste de Groenlandia. Se desconoce la fecha exacta de este suceso, el cual pudo haber ocurrido a principios del siglo x. Tiempo después, en el año 978 d. C., Snaebjörn Galti partió de Islandia con la intención de colonizar Groenlandia. Aunque la expedición acabó en desastre, tras morir Galti en una pelea.

De los veinticinco barcos que partieron de Islandia, solo catorce lograron alcanzar la prometedora costa para iniciar la colonización. La historia de los vikingos en Groenlandia giró en torno a dos asentamientos. El primero en crearse fue Eystribyggð (o Asentamiento Oriental), el cual estaba situado al suroeste; mientras que Vestribyggð (o Asentamiento Occidental) se hallaba realmente más al norte siguiendo el perfil oeste. Ambos lugares presentaban las condiciones necesarias para cultivar, permitiendo así una población que osciló a lo largo del tiempo entre los quinientos y los tres mil habitantes, repartidos entre decenas de granjas. Debido a su conexión cultural con Europa, los vikingos groenlandeses cultivaron plantas como cebada, avena, trigo y centeno, a la vez que criaron ovejas, cabras, vacas y cerdos. Algunos de estos animales, en especial las vacas para obtener leche, queso y *skyr*, eran considerados como un signo de estatus exportado de Noruega. Por este motivo, aunque la mayoría de las granjas poseían de dos a tres reses, el número ascendía a más de cien en las granjas pertenecientes a, por ejemplo, el obispo. Sin embargo, dicha forma de vida estaba siendo favorecida por un paréntesis climático. Comparado con siglos anteriores y posteriores, entre los años 985 y 1450 al sur de Groenlandia hizo relativamente más calor del acostumbrado. Concretamente, el espejismo era debido a una temperatura situada en un promedio en torno a 1,5 °C de más.

Aunque, de momento, tenían otros problemas. La vegetación de Groenlandia no se caracteriza por la presencia de portentosos árboles para obtener madera. No es que dicho material brille por su ausencia, pero tampoco brinda la posibilidad de acunar una civilización. Por este motivo, hacia el año 1000 Leif Eriksson, hijo de Erik, puso rumbo hacia el oeste buscando troncos que talar. Su ruta lo llevó hasta la isla de Baffin, en el actual Canadá, para luego bajar en dirección sur siguiendo la costa de la península del Labrador y, finalmente, llegar a la isla de Terranova o, como ellos la nombraron, Vinland[2]. La falta de leña también suponía otro

---

2   La datación por radiocarbono de la madera hallada en el yacimiento L'Anse-aux-Meadows, situado en Terranova, ha permitido confirmar que los vikingos ya estaban presentes en América en el año 1021 d. C.

inconveniente. La extracción de hierro, el cual solo estaba disponible como esponja de hierro, debía realizarse con altas temperaturas que, dentro de un círculo vicioso, se lograban quemando carbón vegetal producido tras quemar madera. Debido a la escasez del metal, las herramientas eran reutilizadas y afiladas hasta su desgaste total.

La carencia de madera y hierro fue socorrida gracias al comercio, en especial con Islandia y Noruega. ¿Qué podían ofrecer, a cambio, los colonos de Groenlandia en los mercados de Europa? Para ello acudieron al catálogo faunístico del Ártico, donde obtuvieron pieles de foca y osos polares (*Ursus maritimus*); colmillos de narval (*Monodon monoceros*), los cuales vendían como si fueran cuernos de unicornio; halcones gerifaltes vivos (*Falco rusticolus*) e incluso oseznos para ser presentados en los salones de nobles europeos. Durante la primavera, las focas pía (*Pagophilus groenlandicus*) y capuchina (*Cystophora cristata*) migran recorriendo las costas groenlandesas en dirección norte; así que los vikingos establecieron campamentos estacionales y aprendieron a cazar ambas especies. Pero para lograr el botín ártico más preciado, el marfil de morsa (*Odobenus rosmarus*), las expediciones de cacería debían aventurarse más al norte, hacia la bahía de Disko. Allí medraban aquellos enormes animales, cuyos colmillos suponían el mayor aliciente para el comercio.

Tras las conquistas musulmanas, el marfil de elefante se había vuelto un material escaso en Europa. Cualquier alternativa se vendería a muy buen precio. Por este motivo, cada verano los vikingos navegaban unos 1500 km, cruzando el círculo polar ártico, y regresaban con colmillos de morsa destinados a tallar objetos religiosos, piezas de juegos o empuñaduras de espadas, entre otros objetos. El marfil proveniente de Groenlandia, unido al de Islandia, dominó durante unos doscientos ochenta años el mercado europeo llegando hasta Kiev y Bizancio e incluso internándose en el mundo islámico. De esta forma, el comercio se convirtió en un cordón umbilical que aseguraba la supervivencia de los asentamientos. De hecho, cuando sus habitantes lograron la anexión al reino noruego de Haakon IV en el año 1261, pidieron la

Perfil de gelisol. Son suelos de climas muy fríos que contienen permafrost a menos de dos metros de la superficie. El término «gelisol» proviene del latín *«gelare»*, que significa *«congelar»*, hace referencia a la crioturbación causada por la alternancia de congelación y descongelación [United States Department of Agriculture].

visita regular del mercante Groenlandia, el cual debía surcar 2400 km en cada trayecto, para mantener este sustento.

Pero, mientras el marfil ofrecía ganancias, los cultivos y el ganado comenzaron a sufrir las penurias propias de un ambiente que no puede catalogarse como un vergel. Los suelos de Groenlandia son, hablando desde la perspectiva agrícola, un quebradero de cabeza. El tipo de suelo que allí se forma es conocido como gelisol, el cual se caracteriza por la presencia de permafrost. Es decir, cuando rascamos la tierra, hallamos una primera capa de dos metros de profundidad cuya temperatura ronda los 0 °C o incluso menos. La humedad y la temperatura que moldean dicho terreno, mediante un proceso llamado «gleyzación», hacen que la descomposición de la materia orgánica por parte de los descomponedores se ralentice y, por tanto, que el ciclo de los nutrientes transcurra muy lentamente. También se consideran suelos poco fértiles porque, dadas sus características físicas, el calcio y el potasio se pierden fácilmente. Sin embargo, estos pilares han mantenido durante milenios a los ecosistemas terrestres groenlandeses. ¿Por qué no iban a hacer lo mismo con la cebada? Durante mucho tiempo, el relato académico apuntó a la degradación ambiental como uno de los problemas principales de los vikingos groenlandeses, el cual habría sido una causa directa del abandono de sus asentamientos. De esta forma, la agricultura y la ganadería practicadas por los vikingos desembocaron en la destrucción de la vegetación autóctona, la pérdida de la ya de por sí poca fertilidad del suelo y finalmente la erosión de estos. Dicha visión se popularizó tras la publicación del libro *Colapso*, del biogeógrafo Jared Diamond. Hoy en día sabemos que, aunque este factor tuvo relevancia, la historia fue mucho más compleja.

Los colonos vikingos se adaptaron a los retos de Groenlandia. Usando lo aprendido en Noruega o Islandia, trasladaron técnicas agrícolas para hacer frente al frío, permitiendo así la recuperación de la vegetación tras cada temporada de cultivo, añadiendo estiércol como fertilizante y creando sistemas de riego. Con respecto al ganado, los animales eran mantenidos en establos durante el invierno, mientras que los ayudaban a pastar en primavera o incluso los alimentaban con algas cuando escaseaba el pasto. Aunque, conforme avanzaban los años, dichas ocupaciones fueron cada vez menos importantes, dada la dificultad que entrañaban. Como alternativa se centraron en los recursos marinos, en especial la carne de foca. Es decir, los vikingos pasaron de ser granjeros que cazan a cazadores que cultivan. Dicha transformación se produjo conforme el paréntesis climático, el cual había acogido a los primeros colonos, llegaba a su fin. Alrededor del año 1300 tuvo lugar la Pequeña Edad de Hielo, un periodo que abarcó desde principios del siglo XIV hasta mediados del XIX. Las olas de frío, junto con las temporadas de crecimiento más cortas, mermaron las cosechas y provocaron la muerte de los animales por congelación o hambre[3].

El frío también irrumpió en el mar. El hielo marino creció, bloqueando la salida de los fiordos y, por tanto, imposibilitando los viajes para comerciar o cazar. Además, debido al aumento de las tormentas, los trayectos en alta mar se volvieron más peligrosos. Por otro lado, a causa de la caza, la población de morsas disminuyó y se replegó hacia el norte, lo cual implicaba desplazamientos mayores y más arriesgados. Esto quedó reflejado en el marfil que los vikingos enviaban a Europa, el cual menguó al provenir de ejemplares con una menor talla como, por ejemplo, las hembras. A esta cadena de contratiempos se le unió otro factor. Tras las conquistas llevadas a cabo durante las Cruzadas, el marfil de elefante africano volvió a inundar los mercados. El marfil de morsa rusa también resultó ser otro competidor. Sin embargo, todas estas opciones acabaron sufriendo el desinterés cuando los europeos decidieron pasar a otras modas. Hacia el año 1400 el valor del marfil en Europa, junto con las poblaciones de especies víctimas de la codicia humana, había caído en picado[4].

La escasez de madera y hierro, la merma agrícola y ganadera debido al empeoramiento del clima y la erosión, presas cada vez

---

3   Según un estudio, publicado en *Science* en 2022, en realidad dicha región de Groenlandia experimentó una persistente tendencia a la sequía, no un enfriamiento, cuyo punto máximo tuvo lugar en el siglo XVI. De esta forma, el ambiente más seco repercutió sobre la agricultura y la ganadería de los vikingos, impulsando así el cambio de dieta.

4   En Islandia existía una población de morsas, genéticamente distintas a las morsas del resto del mundo, cuya extinción se produjo tras la colonización vikinga de la isla en el año 870 d. C. Estos animales fueron cazados por su carne, su piel y sus colmillos.

más difíciles de capturar y, ahora, un marfil con un valor insuficiente en el mercado. No era un buen augurio para los colonos groenlandeses, quienes debían hacer equilibrios entre los requerimientos de sus granjas y las temporadas de caza, para así sobrevivir y pagar los diezmos correspondientes. Ante esta situación de tensión social, muchos optaron por regresar a Islandia o Noruega. Los que permanecieron en el lugar se sumieron poco a poco en el aislamiento y el olvido, expuestos a que un nuevo revés terminase de cortar la conexión con su mundo de referencia. Entre los años 1346 y 1353, una epidemia de peste negra se cobró la vida del 60 % de la población de Noruega. Ante semejante panorama, en el continente dejaron de interesarse por mandar barcos hacia tierras tan lejanas. El último barco noruego para comerciar con Groenlandia zarpó en 1369.

Hacia el año 1341, el clérigo católico Ívar Bárðarson visitó Groenlandia como representante del obispo de Bergen, ciudad situada en Noruega. Sus crónicas nos hablan del abandono del Asentamiento Occidental, el más cercano a la bahía de Disko, en el cual ahora habitaban los skraelings. Dicho término, que significa «desgraciados», era usado para hacer referencia a pueblos como los thules, quienes fueron los antepasados de los inuits. En el pasado, este pueblo se había expandido desde las costas de Alaska hacia el norte de Canadá hasta llegar a tierras groenlandesas en el siglo XIII, donde migraron hacia el sur debido a la Pequeña Edad de Hielo. Según relata Diamond, «representaban el punto culminante de miles de años de evolución cultural de los pueblos del Ártico». No necesitaban madera para el fuego, ya que usaban grasa de ballena o foca; tampoco les hacía falta para construir embarcaciones, puesto que las hacían con pieles de focas. Durante los trayectos por tierra, viajaban en trineos tirados por perros y se refugiaban en iglús de nieve. Incluso habían perfeccionado el arte de cazar ballenas en aguas abiertas.

La última noticia de la Groenlandia vikinga data del año 1408, cuando se registró en Islandia la boda entre Sigrid Bjornsdottir y Thorstein Olafsson. La ceremonia tuvo lugar en la iglesia de Hvalsey, situada en el Asentamiento Oriental, el cual sería también abandonado poco después de esa fecha. Aunque apenas

Groenlandia, Tunulliarfik (conocido como el Fiordo de Erik), Itelleq (Igaliku) cerca de Brattahlid. Histórico Asentamiento Oriental de Erik el Rojo y ruinas de Gardar, el corazón religioso de la Groenlandia nórdica del siglo XII [Danita Delimont].

podemos decir algo sobre cómo fue su fin. Dicha crónica, si es que realmente existió, y sus protagonistas acabaron igualmente engullidos por los gigantes que gobiernan *Greenland*. En 1492, preocupado por las posibles almas que allí quedasen, el papa Alejandro VI sugirió enviar un barco a Groenlandia: «La navegación a ese país es muy infrecuente debido a la enorme congelación de sus aguas. Se cree que ningún barco ha llegado a sus costas desde hace ochenta años». Muchísimo tiempo después, en 1721, el misionero luterano Hans Egede se embarcó en The Hope partiendo desde Noruega con la misma intención. Aunque allí solo encontró caza-

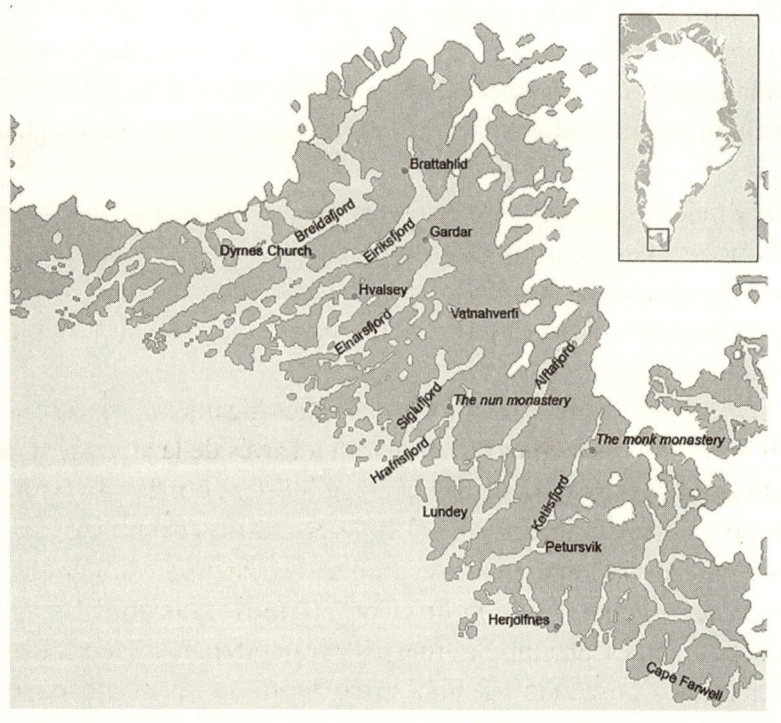

Mapa del asentamiento oriental de los pueblos nórdicos en la Groenlandia medieval. El área corresponde aproximadamente a los municipios modernos de Qaqortoq, Narssaq y Nanortalik. Las principales granjas e iglesias conocidas están identificadas en el mapa junto con algunos nombres geográficos probables. Algunos de ellos son las versiones en inglés de los nombres nórdicos [Masae según *Rutas de las sagas nórdicas* (*Saga trails*), de Jette Arneborg; *Historia prehistórica de Groenlandia* (*Grønlands forhistorie*), de Hans Christian Gulløv y *En el borde del mundo* (*Á hjara veraldar*), de Guðmundur J. Guðmundsson].

dores inuits, quienes, tras ser interrogados sobre el paradero de los colonos, le señalaron las ruinas de una iglesia. Un misterio que dejó Egede sin respuestas: «¿Cuál ha sido el destino de tantos seres humanos, aislados durante tanto tiempo de toda relación con el mundo más civilizado?». ¿Sucedió el último capítulo de esta historia tras un conflicto entre inuits y vikingos? ¿O tal vez el punto final llegó tras la partida de un barco, cuyos ocupantes miraban con resentimiento una tierra fría e infértil?

Los fantasmas de marfil nos hablan sobre una historia quebrada tras una consecución de eventos que sobrepasaron a sus protagonistas. Este relato es el de una sociedad humana, con sus límites y capacidades, víctima tal vez de sus propias acciones, pero también de un mundo gobernado por gigantes cuyas manos invisibles pueden aplastar cualquier esperanza. A lo largo de nuestro camino como especie, esos gigantes siempre nos han acompañado en todos los rincones de la Tierra. Hunden sus dedos en el clima, jugando así con los pueblos al darles más o menos agua, más o menos calor, más o menos frío, hasta hacerlos incluso añicos y dejarlos en el olvido. Los hallamos en la malograda hazaña vikinga en Groenlandia, pero también en el destino de las civilizaciones golpeadas por las sequías, la furia de los volcanes o cualquier otra fuerza natural; recordándonos así que nuestro mundo puede romperse.

La ciencia nos ha permitido quitar a los gigantes sus máscaras divinas. Ahora sabemos cómo actúan a través de la atmósfera, la hidrosfera, la criosfera, la biosfera y la litosfera o más allá, en los componentes del sistema solar. Este es en realidad el punto de partida para el viaje que estamos a punto de comenzar. A continuación, nos adentraremos en diversos caminos siguiendo el relato sobre cómo descubrimos las fuerzas que gobiernan la Tierra. Pero lo haremos buscando un hilo en concreto. Un pequeño rastro que se oculta entre glaciares, volcanes, océanos, nubes o astros. Porque, tras desenmascarar a los gigantes, hemos desvelado uno cuyo rostro es humano.

II. ¿QUIÉN ENFRIÓ LA TIERRA?

UN ROMPECABEZAS LLAMADO TIERRA

La ciencia es un edificio que se va construyendo poco a poco. Cuando nos maravillamos por los logros obtenidos por Darwin, Lovelace, Curie o Einstein, debemos tener en cuenta que sus manos construyeron sobre pilares fabricados con el conocimiento adquirido por otras personas. Es la acumulación de pruebas, hipótesis y teorías lo que va allanando el camino hacia nuevas ideas que necesitan de más pruebas, hipótesis y teorías. La ciencia es, en consecuencia, una gran empresa colectiva que engloba no solo a aquellos que hoy en día dedican su vida a ella, sino también a las mentes que los precedieron. Isaac Newton lo ilustró con la famosa frase «si he llegado a ver más lejos que otros es porque me subí a hombros de gigantes»[5]. Por tanto, no es de extrañar que la historia que estamos a punto de contar se encarne en un desfile de personajes, los cuales aportaron piedras y ladrillos en mayor o menor grado.

Para iniciar cualquier viaje, tenemos que situarnos en algún lugar. Comenzaremos el recorrido desde una baldosa, olvidada por las crónicas científicas, que contiene grabado el nombre de

---

5   Al parecer, esta famosa cita de Newton fue un dardo envenenado y dirigido al científico Robert Hooke. Ambos mantuvieron crudas discusiones que derivaron en una animosidad irreparable. Por ello, se ha apuntado que dicha frase fue un insulto velado dada la malformación de Hooke. También se le atribuye a Newton el que en la actualidad no contemos con un retrato verificado de Hooke, ya que puso interés en destruir todos los que fue encontrando.

Eunice Newton Foote (1819-1888) fue una científica, inventora y activista estadounidense. Demostró que ciertos gases, como el CO_2, se calientan con la luz solar. Creció en Nueva York, involucrada en movimientos sociales como la abolición de la esclavitud y los derechos de las mujeres. Estudió en el Seminario Femenino de Troy y la Escuela Rensselaer, recibiendo una educación sólida en ciencias.

Eunice Newton Foote. Nuestra protagonista nació en Goshen (Connecticut), en el año 1819. Hija de un ama de casa y de un empresario granjero, tuvo la fortuna de asistir al Troy Female Seminary. Durante esos años de formación en la escuela, pudo presenciar las conferencias científicas impartidas en una universidad cercana. Así fue como, en una época donde las mujeres vivían en un segundo plano, Foote se asomó a un mundo de conocimiento solo reservado para hombres.

En algún momento de sus zambullidas en la ciencia, Foote debió de toparse con un acalorado debate que venía enfrentando a los geólogos desde hacía años. La disputa, donde pruebas y argumentos ingeniosos eran usados como armas arrojadizas, tenía como telón de fondo descubrir cuáles eran los gigantes que daban forma a la Tierra. Por un lado, se encontraban los neptunistas, quienes alegaban que la acción del agua valía para explicar cómo se habían moldeado los accidentes geográficos. Abraham Werner, geólogo alemán, fue la persona que inició este camino. En 1787 aseguró que en el pasado todo había estado cubierto por un enorme océano, del cual surgieron rocas y minerales conforme se enfriaba el planeta. Dicha teoría también era capaz de dar respuesta a una puntillosa pregunta: *¿por qué había fósiles de animales marinos en las montañas?* El insomnio de sus defensores se podía curar, simplemente, pensando que aquellas criaturas nadaron hasta allí gracias a un nivel del mar muy elevado.

Pero los neptunistas se veían en aprietos cuando se los objetaba: «¿Y dónde está toda esa agua ahora?». Quienes los interpelaban eran conocidos como plutonistas, los cuales argumentaban que la respuesta había que buscarla en las profundidades de la Tierra. Según sus seguidores, encabezados por el geólogo inglés James Hutton, el calor interno, los volcanes y los terremotos eran la causa de cordilleras y demás rugosidades del mundo. Sin embargo, también se veían en serios aprietos a la hora de explicar la aparición de los dichosos fósiles plantados en las montañas. Parecía bastante difícil imaginar, realmente, un terremoto de semejante nivel que los mandase hacia las cumbres o que, ya de paso, lograse levantar una imponente cadena montañosa.

Mientras ocurría dicho debate, estaban siendo recabadas cada vez más piezas sobre las épocas pasadas de la Tierra. Ese puzle tampoco era fácil de montar. Ante los ojos de geólogos, naturalistas y demás interesados comenzó a formarse un planeta extraño, dominado por una rica vegetación con un descarado aire tropical. En aquel paisaje tenían que encajar a unos seres enormes, de la familia de los reptiles, y que habían sido descubiertos recientemente: los dinosaurios. Unos gigantes que, según lo especulado por aquel entonces, debían de ser de sangre fría. Aquella flora y aquella fauna exigían un ambiente cálido y húmedo para sobrevivir. Los plutonistas creían que las temperaturas más elevadas se debieron al calor de la Tierra, el cual, por supuesto, emanaba en forma de vapores a través de los volcanes.

Inmersa en esta ebullición científica como escenario, Foote se dispuso a comprobar si la composición del aire podría explicar aquellas épocas cálidas que los geólogos estaban describiendo. Para ello ideó un experimento que sorprendió a sus contemporáneos. En su laboratorio, se armó con una bomba de aire y dos recipientes de vidrio, de 10 cm de diámetro y 30 cm de longitud, cada uno de los cuales estaba equipado con un termómetro de mercurio. La idea era sencilla: variar el aire del interior de los artilugios, exponerlos a la luz del sol o a la sombra y medir cómo cambiaba la temperatura.

Foote registró la temperatura de los tubos en una larga lista de condiciones. En una ocasión, fue condensando el aire de un recipiente mientras que en otro aplicaba el vacío. Así también podía simular los cambios de presión atmosférica que deberían observarse conforme subimos en altitud. También comparó los efectos del aire seco frente a otro húmedo. Incluso añadió a sus análisis el estudio con gases como el hidrógeno, el oxígeno y el dióxido de carbono. Finalmente, expuso sus resultados en un artículo de dos páginas titulado «Circumstances affecting the heat of the sun's rays», publicado en el año 1856. La conclusión más relevante para nuestra historia, la cual imagino ya estarás suponiendo, es que el gas capaz de provocar un mayor calentamiento de los tubos era el dióxido de carbono, que a partir de este momento llamaremos CO_2. Además, el vapor de agua resultó comportarse de forma parecida, caldeando el ambiente. Tras estas observaciones, Foote afirmó lo siguiente:

Una atmósfera de ese gas [CO_2] daría a nuestra tierra una temperatura elevada; y si, como algunos suponen, en un período de su historia, el aire se había mezclado con él en una proporción mayor que en la actualidad, debe haber resultado necesariamente un aumento de temperatura por su propia acción, así como por un aumento de peso.

Con base en estos resultados, Foote planteó una hipótesis del calentamiento atmosférico, donde el aumento de las temperaturas dependía de la composición de los gases y de una mayor densidad del aire. Armada con esta idea, propuso que la parte inferior de la atmósfera sería más cálida, ya que era más densa, y que al añadir vapor de agua o CO_2 el calentamiento sería mayor. Dentro de este marco, la época donde medraron los dinosaurios y aquel supuesto cálido paisaje obtenían una plausible explicación.

Los hombros por encima de los que estaba mirando Foote eran los de Joseph Fourier. En la década de 1820, el matemático y físico francés se había preguntado por qué la Tierra presenta la temperatura observada y no otra más baja. Durante una conferencia impartida en la Académie Royale des Sciences, en el año 1824, razonó la respuesta de esta forma:

La Tierra recibe los rayos del Sol, que penetran su masa y se convierten en calor no luminoso. La Tierra posee el calor interno con que fue creada, que continuamente se disipa en la superficie y, finalmente, la Tierra recibe los rayos de luz y de calor de incontables estrellas, entre las cuales se encuentra el sistema solar. Estas son las tres causas generales que determinan la temperatura de la Tierra.

Sin embargo, cuando Fourier realizó los cálculos oportunos, se percató de que aun así el ambiente debía de ser más frío. Espoleado por esta nueva pregunta, situó la respuesta al enigma científico en la atmósfera que, de alguna manera, debía de retener el calor. A modo de ilustración, comparó este fenómeno con el efecto ejercido por un cristal. Dicha metáfora daría lugar al famoso término, un tanto erróneo, de «efecto invernadero» (o *effet de serre*, en pala-

ART. XXXI.—*Circumstances affecting the Heat of the Sun's Rays;*
by EUNICE FOOTE.

(Read before the American Association, August 23d, 1856.)

MY investigations have had for their object to determine the different circumstances that affect the thermal action of the rays of light that proceed from the sun.

Several results have been obtained.

First. The action increases with the density of the air, and is diminished as it becomes more rarified.

The experiments were made with an air-pump and two cylindrical receivers of the same size, about four inches in diameter and thirty in length. In each were placed two thermometers, and the air was exhausted from one and condensed in the other. After both had acquired the same temperature they were placed in the sun, side by side, and while the action of the sun's rays rose to 110° in the condensed tube, it attained only 88° in the other. I had no means at hand of measuring the degree of condensation or rarefaction.

The observations taken once in two or three minutes, were as follows:

Exhausted Tube		Condensed Tube.	
In shade.	In sun.	In shade.	In sun.
75	80	75	80
76	82	78	95
80	82	80	100
83	86	82	105
84	88	85	110

This circumstance must affect the power of the sun's rays in different places, and contribute to produce their feeble action on the summits of lofty mountains.

Secondly. The action of the sun's rays was found to be greater in moist than in dry air.

In one of the receivers the air was saturated with moisture—in the other it was dried by the use of chlorid of calcium.

Both were placed in the sun as before and the result was as follows:

Dry Air.		Damp Air.	
In shade.	In sun.	In shade.	In sun.
75	75	75	75
78	88	78	90
82	102	82	106
82	104	82	110
82	105	82	114
88	108	92	120

The high temperature of moist air has frequently been observed. Who has not experienced the burning heat of the sun that precedes a summer's shower? The isothermal lines will, I think, be found to be much affected by the different degrees of moisture in different places.

Thirdly. The highest effect of the sun's rays I have found to be in carbonic acid gas.

One of the receivers was filled with it, the other with common air, and the result was as follows :

In Common Air.		In Carbonic Acid Gas.	
In shade.	In sun.	In shade.	In sun.
80	90	80	90
81	94	84	100
80	99	84	110
81	100	85	120

The receiver containing the gas became itself much heated—very sensibly more so than the other—and on being removed, it was many times as long in cooling.

An atmosphere of that gas would give to our earth a high temperature; and if as some suppose, at one period of its history the air had mixed with it a larger proportion than at present, an increased temperature from its own action as well as from increased weight must have necessarily resulted.

On comparing the sun's heat in different gases, I found it to be in hydrogen gas, 104°; in common air, 106°; in oxygen gas, 108°; and in carbonic acid gas, 125°.

ART. XXXII.—*Review of a portion of the Geological Map of the United States and British Provinces by Jules Marcou;*[*] *by* WILLIAM P. BLAKE.

GEOLOGICAL maps of the United States published in Europe and widely circulated among European geologists, are necessarily regarded by us with no small degree of attention and curiosity. This is more especially true, when such maps embrace regions of which the geography has only recently been made known and the geology has never before been laid down on a map with any approach to accuracy.

The recent geological map and profile by M. J. Marcou, which has appeared in the Annales des Mines and in the Bulletin of

[*] Carte Géologique des Etats-Unis et des Provinces Anglaises de l'Amérique du Nord par Jules Marcou. *Annales des Mines,* 5e Série, T. vii, p. 329. Published also with the following :
Résumé explicatif d'une carte géologique des Etats-Unis et des provinces anglaises de l'Amérique du Nord, avec un profil géologique allant de la vallée du Mississippi aux côtes du Pacifique, et une planche de fossiles, par M. Jules Marcou *Bulletin de la Société Géologique de France.* Mai, 1855, p. 813.

«Circunstancias que afectan el calor de los rayos del sol» (1856), *Revista estadounidense de ciencias y artes.* Foote reconoció las implicaciones de las propiedades de captura de calor del dióxido de carbono (el efecto invernadero).

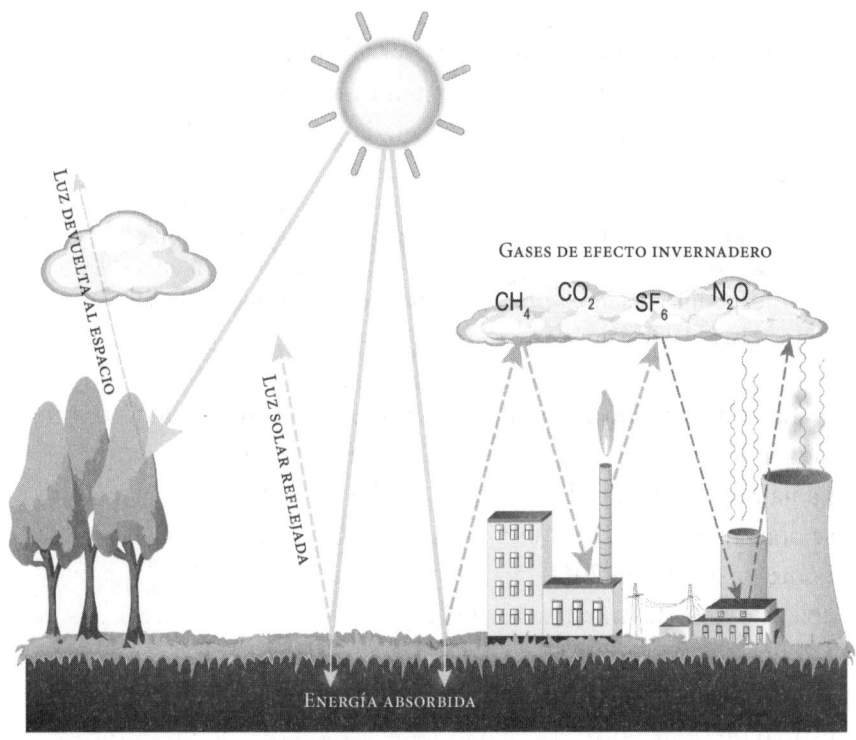

LUZ DEVUELTA AL ESPACIO

LUZ SOLAR REFLEJADA

GASES DE EFECTO INVERNADERO

CH_4 CO_2 SF_6 N_2O

ENERGÍA ABSORBIDA

Esquema de cómo se produce el efecto invernadero, fenómeno por el cual ciertos gases en la atmósfera, como el dióxido de carbono (CO_2), retienen el calor del sol, calentando la Tierra y regulando su temperatura. Sin este efecto, la Tierra sería demasiado fría para la vida tal como la conocemos. Si se aumentan de forma artificial estos gases, el efecto se magnifica provocando un desequilibro [Designua].

bras del matemático[6]). Así que el trabajo de Foote ofrecía una ruta para localizar la *x*, el tesoro, en el mapa esbozado por Fourier.

En agosto de 1856, los asistentes a la décima reunión anual de la American Association for the Advancement of Science, celebrada en Albany, pudieron admirar las conclusiones de Foote. Pero, en un descarado retrato de la sociedad de la época, todos los presentes supieron sobre los pormenores de su investigación por boca de Joseph Henry, secretario de la Smithsonian Institution, mientras que Foote atendía a la presentación como los demás asistentes. En

---

6   Esta metáfora se considera errónea porque en realidad los invernaderos se mantienen calientes al impedir que el aire caliente salga del recinto.

septiembre del mismo año, la revista *Scientific American* incluyó un artículo titulado «Scientific Ladies—experiments with condensed gases» donde Foote era elogiada por el periodista:

> Tan dotada es esta dama, y tan profundamente versada en las ciencias, que el difunto profesor Caldwell, de Louisville, quien tuvo la oportunidad de conversar con ella, y también de verla realizar algunos experimentos, declaró que «estaba profundamente familiarizada con casi todas las ramas de la ciencias físicas».[7]

La contribución de Foote a la empresa científica quedó sepultada por los sedimentos del olvido, de la misma forma que les había ocurrido a los dinosaurios con los que sus contemporáneos se maravillaban. No supimos nada sobre los experimentos de Foote hasta el año 2011, cuando un investigador independiente y coleccionista de manuales científicos llamado Raymond Sorenson publicó un artículo donde analizaba su trabajo. Hoy sabemos que, además de sus incursiones en la ciencia, nuestra protagonista estuvo presente entre las firmantes de la *Declaration of Sentiments* que se redactó durante la Convención de Seneca Falls, la cual es considerada como una de las primeras convenciones sobre los derechos de la mujer. También hemos conocido que, junto con su marido Elisha Foote[8], dedicó parte de su vida al desarrollo de patentes como, por ejemplo, un relleno para el calzado. Tal y como se afirma en un artículo publicado en *The Royal Society*: «El trabajo de Foote es como un meteoro. Brilló intensamente y luego desapareció». ¿Qué ideas habría alumbrado su mente si hubiera contado con una sociedad diferente? Esta es una pregunta que nos adentra en el mundo de la especulación, pero sospecho que perdimos la oportunidad de ver cómo una gran científica nos desvelaba los secretos del mundo.

---

7   Que sepamos, Foote publicó un segundo artículo titulado «On a new source of electrical excitation», en 1857, donde presentaba sus investigaciones sobre cómo la humedad y los gases pueden generar electricidad estática. Ambos artículos están considerados como los únicos publicados por una mujer estadounidense antes de 1889.

8   Elisha Foote también se dedicó a la investigación científica. Concretamente estudió la radiación solar. En 1856 fue elegido miembro de la American Association for the Advancement of Science, aunque diez años después ya no aparece entre los componentes de esta asociación.

AMANECERÁ SOBRE UNA TIERRA
INMOVILIZADA POR LA GARRA DEL HIELO

Imagina, por un instante, que pudieras entrar en una red social donde se encuentran los geólogos del siglo XIX. Se reúnen allí para debatir, nuevamente, sobre los procesos que moldean la Tierra. Si no quieres que te consideren alguien pasado de moda, es aconsejable que te olvides de hablar sobre neptunistas y plutonistas. Ahora los memes y *hashtags* se usan para declarar el apoyo a uniformistas o catastrofistas, los nuevos bandos irreconciliables de la geología. En realidad, siguen hablando de lo mismo: rocas, inundaciones bíblicas, procesos de erosión y sedimentación, erupciones volcánicas, etcétera. Sin embargo, una palabra estaba a punto de convertirse en *trending topic*: «hielo».

Aunque, antes de helarnos, vamos a hacer una pequeña introducción al debate dialéctico del momento. Los uniformistas aseguraban que los procesos geológicos, como la sedimentación o los volcanes, se habían producido siempre a la misma velocidad. Es decir, que las fuerzas naturales, durante el presente y el pasado del planeta, ocurrían en un grado similar. Dicha visión tenía dos consecuencias: la Tierra había sido moldeada durante un proceso gradual y en un periodo amplio de tiempo. Los pilares de esta idea ya fueron esbozados por James Hutton en el siglo XVIII, pero no sería hasta el año 1802 cuando el uniformismo comenzó a instalarse en la mente de otras personas. El artífice de ello fue el geólogo escocés John Playfair, el cual tomó la teoría de Hutton y la plasmó en *Ilustrations of the Huttonian Theory of the Earth*. Esta sería la fuente de la que bebió uno de los mayores *influencers* de la geología, Charles Lyell, que en la década de los treinta del siglo XIX desarrolló el uniformismo en su obra *Principles of Geology*. Por contra, los catastrofistas ponían el foco en los grandes desastres como verdaderos agentes del cambio en la Tierra. Uno de sus preferidos eran las inundaciones, motivo por el cual suelen ser confundidos con los neptunistas. Dichas ideas también dejaban las puertas abiertas a la intervención de una mano divina; y por ello muchos de sus defensores veían en ella una forma de encajar sus convicciones religiosas.

A la vez que se producía este debate, el hielo empezó a rondar las mentes de algunos científicos. En 1818, el naturalista sueco Göran Wahlenburg, tras estudiar la distribución geográfica de las plantas, conjeturó que en el pasado el hielo había cubierto Escandinavia. Poco después, en 1824, el mineralogista danés-noruego Jens Esmark propuso que una gran extensión de Noruega había sufrido el mismo destino. La idea también intrigó al naturalista Jean Charpentier, quien sugirió que el movimiento de los glaciares explicaba el hecho de que ciertas rocas aparecieran en lugares donde no deberían estar. Cuentan que llegó a esta conclusión tras hablar con un leñador suizo en 1834, a través de un sendero próximo al glaciar Grimsel, el cual le aseguró que el hielo del lugar había alcanzado una mayor extensión antiguamente[9]. Poco después, en 1837, el naturalista alemán Karl Schimper acuñó el término «Edad de Hielo» tras recabar las distintas pruebas, esparcidas por Europa, Norteamérica y Asia, de aquella suerte de época helada.

Tanto Charpentier como Schimper tenían un amigo en común del cual acabaron renegando. Al principio, Louis Agassiz fue incrédulo con respecto a las teorías de sus compañeros, pero, tras conocer con mayor detalle sus trabajos, abrazó la idea sin reparos. Aunque en el proceso se atribuyó parte del mérito de los que lo precedieron, lo cual motivó la enemistad entre los académicos. Sin embargo, Agassiz se dedicó en cuerpo y alma al hielo, subiendo a las montañas europeas en pos de los glaciares y adentrándose entre sus traicioneras grietas. Todo ello para buscar más pruebas con las que convencer a la comunidad científica. En su insistencia, llegó incluso a dar en 1840 una ponencia sobre sus descubrimientos delante del mismísimo Charles Lyell. Pero no convenció al referente más importante de la geología en su época, el cual se refirió de forma desdeñosa a la teoría como «la refrigeración del globo».

En 1846 Agassiz se mudó a Estados Unidos, donde siguió insistiendo en el tema. Pero la idea no se volvería incontestable hasta la

---

9   Como en muchas ocasiones en ciencia, los esbozos de una idea pueden ser rastreados más allá de los hitos marcados con una fecha concreta. Ya en 1795 James Hutton había planteado que ciertas rocas, llamadas «bloques erráticos», habían sido transportadas por los glaciares.

John Tyndall fotografiado por Barraud. Tyndall (1820-1893) fue un físico irlandés conocido por sus estudios sobre el diamagnetismo y sus descubrimientos sobre la radiación infrarroja y las propiedades físicas del aire. En 1859, demostró la conexión entre el CO_2 atmosférico y el efecto invernadero. Publicó más de una docena de libros de ciencia, fue profesor de física en la Royal Institution de Londres de 1853 a 1887 y miembro de la American Philosophical Society desde 1868.

década de 1860. Los arañazos encontrados en la tierra, las piedras movidas de sitio, los fósiles de animales propios de una fauna del norte encontrados en el sur, la distribución de las especies vegetales y demás pruebas se habían convertido en algo tan aplastante como la lengua de un glaciar. El hielo había avanzado lentamente hasta colarse por la puerta del salón de la ciencia, ante el gesto intrigado de Lyell y sus seguidores. Así que la pregunta «¿existieron las edades de hielo?» recibió una alta y clara contestación afirmativa, pero los ecos de la respuesta devolvieron un nuevo y aún más difícil interrogante: *¿por qué?*

La resolución de este interrogante nos lleva hasta nuestro siguiente protagonista. El 18 de mayo de 1859 John Tyndall anotó en su diario: «Haciendo experimentos todo el día; ¡el asunto está en mis manos!». El físico irlandés fue una de esas personas que se sintieron intrigadas por la existencia de los glaciares. Los conoció de cerca gracias al alpinismo, actividad que le apasionaba y lo llevaría a investigar sobre aquel frío reino. Al conocer las hipótesis sobre una Europa cubierta de hielo, las juzgó plausibles. Así que decidió buscar la carambola capaz de originar semejante fenómeno. ¿Qué podía hacer que toneladas de hielo avanzasen y retrocediesen arañando la tierra allí por donde pasaban? De nuevo, la primera parada debía ser resolver la cuestión sobre la temperatura del planeta, para así identificar la mano gigante e invisible que jugueteaba con los termómetros.

Como hemos comentado anteriormente, las miradas estaban puestas sobre la atmósfera. Tyndall sospechaba que la clave se escondía en los gases y en cómo su interacción con la radiación infrarroja se traducía en acumulación de calor. Sin embargo, había cierto consenso entre la comunidad académica sobre este punto: los gases eran transparentes a la radiación infrarroja. ¿Cómo era posible entonces que la Tierra se calentara? En 1859 Tyndall se dispuso a interrogar a los distintos gases en su laboratorio. Para su consternación, constató que, en efecto, el hidrógeno y el oxígeno eran transparentes. Pero, cuando probó con el gas de hulla, la cosa se puso interesante. El metano que lo componía era capaz de absorber la radiación infrarroja, mientras que el CO_2 parecía contar la misma historia. El 10 de junio de aquel mismo año, tras presentar un manuscrito sobre sus investigaciones, Tyndall dio una conferencia en la Royal Society para hablar de su descubrimiento. Había logrado demostrar el efecto invernadero, explicando así cómo la luz del Sol atravesaba la atmósfera y calentaba la superficie de la Tierra, la cual devolvía una parte del calor en forma de radiación infrarroja, que a su vez era retenida por ciertos gases. En palabras de Tyndall: «De la misma manera que una presa construida en un río crea una profundización del curso del agua, así también nuestra atmósfera, colocada como una barrera para los rayos, produce una elevación local de la temperatura en la superficie».

Sin embargo, a pesar de que el CO_2 había aparecido de nuevo en el radar de la comunidad científica, volvió a escabullirse de la lista de sospechosos. Su concentración en la atmósfera era tan baja que su papel no parecía relevante en este asunto. En aquellos momentos el foco estaba puesto sobre el vapor de agua, del que sí había en abundancia, y así lo manifestó Tyndall: «Para la vida vegetal en Inglaterra, es un manto más necesario que la ropa para los seres humanos. Si retiramos del aire el vapor de agua solo una noche de verano […] el Sol saldrá sobre una isla inmovilizada por la garra férrea del hielo»[10].

Aunque se habían desviado un poco en el mapa, no iban mal encaminados. Tras estos descubrimientos, se abrieron varios caminos para identificar los factores capaces de disminuir las concentraciones de vapor de agua y, en consecuencia, iniciar una Edad de Hielo.

---

10   Actualmente sabemos que, en ausencia del efecto invernadero, la temperatura promedio de nuestro planeta se situaría 33 °C más fría que la actual. Este escenario nos dejaría ante un mundo de rocas y hielo donde seguramente la vida no podría desarrollarse.

LOS GIGANTES QUE SIEMBRAN GLACIARES

¿Qué gigantes son tan poderosos como para soplar y enfriar la Tierra? Sobre el tablero, los científicos del siglo XIX intentaron encajar la ficha maestra. Tal vez, el mecanismo capaz de desembocar en una glaciación fueran las cordilleras que, conforme crecían, cortaban el viento. Pero el alzamiento de estos colosos resultó ser más lento que el ir y venir de los glaciares. La cobertura vegetal también era una opción. Al fin y al cabo, ya los antiguos griegos habían apuntado que, tras talar un bosque, el clima parecía cambiar[11]. Sin embargo, por aquel entonces el sutil vínculo entre la atmósfera y la biosfera parecía inexistente, así que la opción fue descartada. Los volcanes sí encarnaban una fuerza abrumadora con el suficiente nivel para influir en todo el planeta. De hecho, Benjamin Franklin propuso que la erupción en 1783 del volcán Laki, situado en Islandia, había sido el motivo del frío verano que él mismo sufrió cuando viajó a Francia. El humo y las cenizas de aquellos monstruos de lava, sin duda, explicaban una Edad de Hielo. Volveremos a todos ellos más adelante, pero la lista no termina aquí.

El siglo XIX también estaba siendo una época de exploración de los océanos. Los ojos de la humanidad se habían propuesto desentrañar las fuerzas que gobernaban aquellas ingentes masas de agua. Según se cuenta, el inicio de estas indagaciones implicó a un científico que viajaba en un barco de vapor. Durante el trayecto, observó cómo un camarero deslizaba botellas de vino por la borda para sumergirlas y enfriar la bebida, lo cual lo llevó a preguntarse por las temperaturas que el mundo submarino experimentaba. Sea o no cierta esta historia, las investigaciones llevadas a cabo en esta época demostraron que las aguas profundas estaban realmente frías. Atando cabos, se llegó a la conclusión de que las aguas cálidas se mueven por la superficie de los océanos desde

---

11   Según Teofrasto, filósofo y botánico griego considerado el sucesor de Aristóteles, después de que se drenara una amplia zona de Larisa, capital de Tesalia, aumentó el número de heladas. Este cambio climático regional afectó al cultivo de olivos y viñas.

Curious Prospect of an ICEBE

ISLAND *of* SPITSBERGEN.

Spitsbergen es la isla más grande y única permanentemente poblada del archipiélago de Svalbard en Noruega. Limita con el Océano Ártico, el Mar de Noruega y el Mar de Groenlandia. Con un área de 37,673 km², es la isla más grande de Noruega. El centro administrativo es Longyearbyen. En 1999, el 58,5 % de la isla estaba cubierta de hielo.

el ecuador hasta los polos. Posteriormente, al enfriarse se hunden e inician el camino de regreso a través de un reino profundo y oscuro. Dicha circulación parecía lo bastante potente como para influir en el clima de la Tierra, pero había un problema.

Esta descripción de la circulación oceánica era sobre todo teórica y requería de pruebas para apuntalarla. Para ello se necesitaban barcos, con su tripulación al completo y sus salarios correspondientes, con los que hacer las mediciones. Además, estos estudios debían realizarse con los aparatos adecuados, lo cual también suponía un desafío técnico. Pensemos que, por ejemplo, los termómetros tenían que ser adaptados para soportar las grandes presiones submarinas. Los escollos fueron salvados gracias al desarrollo tecnológico y al creciente tráfico marítimo que agudizó la necesidad de comprender lo que pasaba en el mar[12]. En concreto, la expedición Challenger, llevada a cabo entre los años 1872 y 1876, destacó sobre todos estos esfuerzos. Tras ser alentado por la Royal Society, el Gobierno británico alquiló a la Royal Navy el buque de guerra H.M.S. Challenger. La embarcación sufrió toda una metamorfosis y fue convertida en una suerte de laboratorio del siglo xix, con el que indagar en las profundidades marinas para conocer sus parámetros físicos y químicos, así como la vida que allí medraba. El mando científico de la expedición fue puesto en manos de Charles Wyville Thompson, zoólogo marino escocés, el cual guio los esfuerzos para recabar muestras: centenares de sondeos en aguas profundas, recolección de sedimentos con dragas o de vida marina con redes de arrastre y mediciones de temperatura durante un recorrido de casi 130 000 km mientras daban la vuelta al mundo. John Murray, oceanógrafo escocés y encargado de recopilar la ingente cantidad de información en un informe, describió el proyecto como «el mayor avance en el cono-

---

12   Entre estos avances, podemos mencionar la vinculación que James Rennell, pionero británico de la oceanografía, halló entre los vientos dominantes y las corrientes superficiales marinas. También cabe destacar la figura de Matthew Fontaine Maury, oficial naval estadounidense, el cual estudió la meteorología marina, la navegación o la cartografía de vientos y corrientes. Además, propuso que barcos de todas las naciones recogieran datos sobre diversas variables atmosféricas. Tampoco debemos pasar por alto el desarrollo del telégrafo, lo cual precisó el conocimiento de los fondos oceánicos para poder instalar los cables submarinos de un punto a otro de la Tierra.

cimiento de nuestro planeta desde los célebres descubrimientos de los siglos xv y xvi»[13].

Mientras unos analizaban las entrañas oceánicas, otros posaron sus ojos en el Sol y la danza de la Tierra a su alrededor. Situémonos en el año 1866. A resguardo de un mensajero, los pensamientos de Charles Darwin viajan plasmados en cartas. El famoso naturalista también ha sido embrujado por el hechizo de los glaciares, a los que hace un hueco en su obra *El origen de las especies*:

> En Europa nos encontramos con las pruebas más claras del periodo glaciar, desde las costas occidentales de Gran Bretaña hasta la cordillera de los Montes Urales y, hacia el Sur, hasta los Pirineos. Podemos deducir de los mamíferos congelados y de la naturaleza de la vegetación de las montañas, que Siberia sufrió igual influencia.

En las siguientes líneas, Darwin pasa a enumerar los diferentes lugares del planeta donde se han encontrado pruebas del avance de los glaciares, además de dedicar varias páginas a desgranar cómo la distribución de ciertas especies se puede explicar teniendo en cuenta las edades de hielo. El tema también es recurrente en la correspondencia con diversas personalidades científicas[14]. El 7 de febrero le confesaba a Lyell que «siento una fuerte convicción de que pronto todo el mundo creerá que el mundo entero fue más frío durante el período glacial». Por aquel entonces, el famoso geólogo se había alineado en favor de las pruebas científicas, tal y como refleja en su carta de respuesta: «Estoy seguro de que el globo entero debe haber sido a veces superficialmente más frío».

En otro intercambio de ideas de aquel mismo año, Darwin y el botánico Joseph Hooker discutían sobre las supuestas pruebas glaciares que Agassiz aseguraba haber hallado en la mismísima cuenca del Amazonas en Brasil. «Sostengo esta doctrina, que

---

13   Otro de los hitos de la expedición Challenger fue la descripción de aproximadamente cuatro mil setecientas nuevas especies representantes de la vida marina. Además, el 23 de marzo de 1875 lograron un sondeo del fondo marino a 8184 m de profundidad, un registro que posteriormente fue confirmado como una de las regiones de la fosa de las Marianas.

14   Darwin mantuvo correspondencia con un gran número de naturalistas y científicos, que eran conocedores de diferentes materias. Una de sus motivaciones fue pedirles información y opinión sobre los temas que pretendía incluir en *El origen de las especies*.

hubo un período glacial, pero no fue un frío universal», sentenció Hooker en uno de aquellos papeles. A lo cual Darwin, unos días después, le replicaba: «Me atrevo a decir que hay una gran cantidad de verdad en sus comentarios sobre el asunto de los glaciares, pero estamos en una situación confusa y nunca llegaremos a un acuerdo». Entre aquellas letras garabateadas aparece el nombre de James Croll, nuestro siguiente protagonista, a quien Darwin describió como un «hombre maravilloso». Sin duda, el hecho de que el padre de la evolución se refiera a ti con esas palabras supera cualquier presentación. Pero mejor aún es que Darwin se interese por tu trabajo, tenga la consideración de tomar tus ideas para explicar su visión del mundo y, no menos importante, defienda tu punto de vista ante el resto de los científicos.

El escocés James Croll se asomó a la ciencia mientras ejercía como conserje en el museo de la Universidad de Anderson, ahora Universidad de Strathclyde, en Glasgow. Corría el año 1859 y, al parecer, convenció a su hermano para que lo sustituyese en su puesto mientras él se escabullía a la biblioteca universitaria. De esta forma, la mente de Croll se empapó de ciencia para, tiempo después, escribir artículos científicos de su puño y letra. El divulgador Bill Bryson lo relata así en su libro *Una breve historia de casi todo*:

> En la década de 1860, las revistas y otras publicaciones doctas de Inglaterra empezaron a recibir artículos sobre hidrostática, electricidad y otros temas científicos de un tal James Croll, de la Universidad de Anderson de Glasgow. Uno de los artículos, que trataba de cómo las variaciones en la órbita de la Tierra podrían haber provocado eras glaciares, se publicó en Philosophical Magazine en 1864 y se consideró inmediatamente un trabajo del más alto nivel. Hubo, por tanto, cierta sorpresa, y tal vez, cierto embarazo cuando resultó que Croll no era profesor en la universidad, sino conserje.

Son varios los puntos identificados por Croll que posteriormente se demostrarían importantes para el estudio del clima. Armado con números y ecuaciones, se dispuso a calcular cómo el efecto gravitacional del Sol, la Luna y los planetas del Sistema Solar influyen en el baile de la Tierra. Por un lado, dichas influencias hacen que la órbita del planeta alrededor del astro se alterne entre dos formas: elíptica y casi circular. La desviación con respecto a la circunferencia es lo que se conoce como excentricidad. El momento en el que estamos más alejados de nuestra estrella se denomina «afelio», mientras que la situación contraria recibe el nombre de «perihelio». Por tanto, los inviernos serán más fríos cuando la Tierra esté en afelio, ya que el calor que nos llega es menor. En estas operaciones también hay que tener en cuenta los cambios que se producen en el eje de rotación de la Tierra. Debido a la precesión del eje, en la actualidad el polo norte apunta hacia Polaris (la Estrella Polar). Sin embargo, dentro de unos doce mil años la estrella seleccionada será Vega. El fenómeno es fácil de imaginar si tenemos en mente el bamboleo de una peonza. Dicho movimiento también es conocido como «precesión de los equinoccios», ya que cambian los momentos en los que tienen lugar las estaciones. Por ejemplo, dentro de miles de años los veranos en el hemisferio norte tendrán lugar en diciembre. Pero dejemos que sea Croll quien nos ilustre sobre todo este tema. En 1868, los interrogantes de Darwin recibieron como respuesta una extensa carta donde le explicaba con detalles su teoría:

La condición glacial del clima parece resultar de un conjunto de causas físicas puestas en funcionamiento por un aumento en la excentricidad de la órbita terrestre. Cuando la excentricidad se acerca a su límite superior, el efecto combinado de todas esas causas físicas es bajar en un muy considerable grado la temperatura del hemisferio cuyos inviernos ocurren en afelio, y eleva casi al mismo nivel la temperatura del hemisferio opuesto, cuyos inviernos, por supuesto, ocurren en el perihelio. Debido a la precesión de los equinoccios y al movimiento del perihelio, el solsticio de invierno pasa del perihelio al afelio y del afelio al perihelio haciendo un período muy irregular que varía de 20.000 a 30.000 años. Los inviernos pasarán por tanto de afelio a perihelio o de perihelio al afelio en aproximadamente 10.000 o 15.000 años. En consecuencia, durante la época glacial, el hielo se transferiría de un hemisferio a otro cada 10.000 o 15.000 años[15].

---

15 En especial, Darwin se interesó por esta última idea de Croll, donde aseguraba que el hielo pasaba de un hemisferio a otro. Según el naturalista, dicha hipótesis explicaría cómo las especies habrían sobrevivido al distribuirse a lo largo del tiempo de un hemisferio a otro, sorteando así las penurias de una glaciación. Un aspecto que discutió con Hooker, el cual no estaba de acuerdo, ya que se preguntaba si realmente había pasado el tiempo suficiente desde la última glaciación para que las especies hubieran repoblado los lugares

El efecto albedo es el siguiente punto clave en el que debemos detenernos. De manera muy breve, dicho fenómeno tiene lugar cuando la radiación solar es reflejada por la superficie de un objeto. Se produce con mayor intensidad allí donde abunda el blanco, como en la nieve o las nubes, mientras que en el dominio del negro se produce la absorción de la radiación y el consecuente calentamiento. Extrapolando a nivel planetario, que la superficie de la Tierra sea más o menos clara va a repercutir en el termómetro y, por tanto, en el clima[16]. Croll razonó, de forma bastante acertada, que la acumulación de hielo y nieve formaban parte de aquellas «causas físicas puestas en funcionamiento», las cuales actuaban como si fueran una secuencia de carambolas que se suceden en una mesa de billar. En primer lugar, las variaciones orbitales incrementaban la intensidad de los inviernos. Acto seguido la extensión del hielo sobre la superficie aumentaba el efecto albedo, poniendo a la Tierra ante la puerta de una Edad de Hielo. Según Croll, dicha situación acabaría afectando al patrón de los vientos alisios que chocarían con la última bola, la corriente marina del Golfo, la cual sería desviada. Así se privaría al Ártico de la cálida caricia aportada por las aguas provenientes del Caribe. El saldo final es una Tierra más fría, donde el dominio del hielo es favorecido y, en consecuencia, de nuevo nos encontramos en la casilla de salida. Esto es lo que actualmente conocemos como un bucle de retroalimentación.

Por desgracia, a finales del siglo XIX las ideas de Croll acabaron en la papelera de reciclaje. Para la mayoría de la comunidad científica tener en cuenta el marco astronómico implicaba una enorme cantidad de cálculos, los cuales además estaban apoyados en demasiados datos inciertos. Así lo reflejan las palabras de

---

afectados. Por otro lado, en enero de 1869, Charles Lyell visitó a Darwin y se alojó en su casa, momento que su anfitrión aprovechó para debatir sobre las ideas de Croll. El geólogo no se mostró de acuerdo con esa visión y así se lo transmitió Darwin a Croll, nuevamente, por carta. De hecho, en 1866 Lyell parecía inclinarse más por la geografía (la posición de los continentes y el mar) como explicación del periodo glacial.

16   Aquí debemos mencionar que las nubes juegan una suerte de doble papel a través del albedo. Por un lado, actúan de la misma manera que la nieve al reflejar la radiación hacia el espacio, contribuyendo así al enfriamiento de la Tierra. Sin embargo, también pueden atrapar el calor que proviene de la superficie del planeta. Por tanto, la inclinación de la balanza va a depender del tipo de nube y la altura a la que se formen.

Lyell dirigidas a Darwin en una de sus cartas: «La peor de todas las incertidumbres es la que se relaciona con la temperatura del espacio». Así que nadie quiso tomar el relevo de Croll para perfilar esta hipótesis. Al menos hasta la década de 1930. Pero no vayamos tan rápido, porque entre estas fechas aún nos quedan más episodios por conocer.

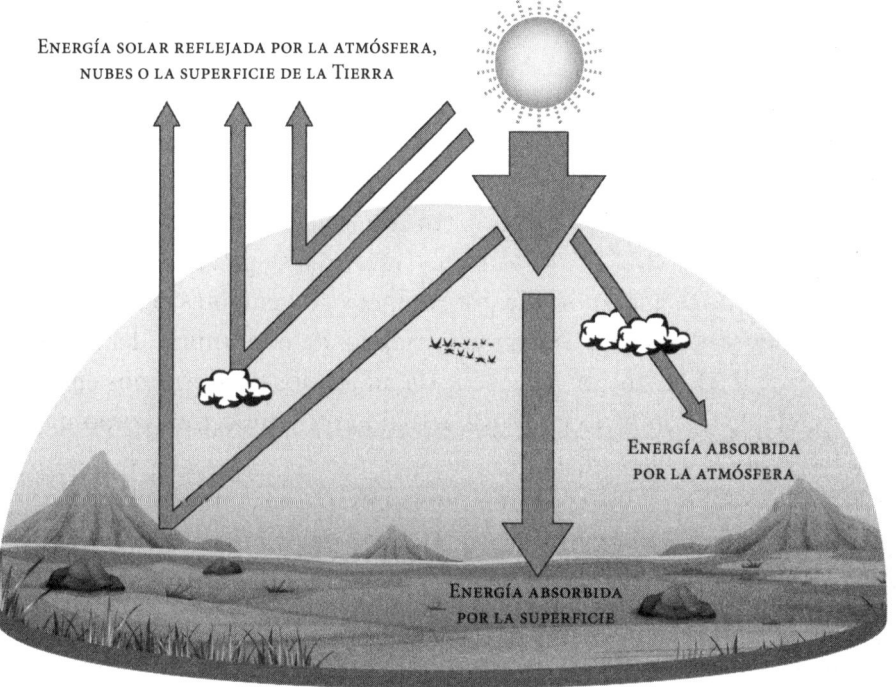

ENERGÍA SOLAR REFLEJADA POR LA ATMÓSFERA, NUBES O LA SUPERFICIE DE LA TIERRA

ENERGÍA ABSORBIDA POR LA ATMÓSFERA

ENERGÍA ABSORBIDA POR LA SUPERFICIE

El albedo es la fracción de luz solar reflejada por una superficie, medida en una escala de 0 a 1. Está influenciado por las propiedades de la superficie y la distribución de la radiación solar, la cual varía según la composición atmosférica, la ubicación y el tiempo [FS Typesetting].

Svante Arrhenius
s. t. Dr G. Bredig z. fr. Erg 14.8.1895.

Dahllöf   STOCKHOLM.
47 DROTTNINGGATAN 47

UN HILO QUE UNE GLACIARES,
VOLCANES, OCÉANOS... Y FÁBRICAS

El 22 de mayo de 1922, en el periódico *The New York Times*, una corta nota aparecía precedida de un titular aún más escueto: «VENUS IS NEXT». Desde Estocolmo, un experto afirmaba que el planeta Marte, un «mundo moribundo», estaba recibiendo demasiada atención por parte de los científicos, mientras que Venus se mantenía a la espera. La noticia se hacía eco de las reflexiones de Svante Arrhenius, quien era presentado por el rotativo como «ganador del Premio Nobel y uno de los científicos y astrónomos más importantes de Europa». En opinión del interlocutor, nadie podría comunicarse con unos «vecinos celestiales» cuyo hogar fuera Marte porque aquel era un lugar helado, seco y dominado por la arena. Es decir, un sitio poco amable con seres cuyas intenciones fueran crear una civilización. Si existía algún tipo de vida, debía de ser similar a las algas y estas no serían suficientes para mantener criaturas parecidas a animales. Añadía, además, que las supuestas observaciones de canales artificiales en el planeta rojo eran meras cicatrices provocadas por terremotos. Sin embargo, en Venus había esperanza para los soñadores. Según él, aquel lugar estaba empapado y cubierto por constantes nubes de lluvia de diez kilómetros de espesor. Por tanto, era un buen candidato para albergar una biología propia que desembocara, dentro de millones de años, en una floreciente colonia de seres inteligentes.

Svante Arrhenius, científico sueco, ganó fama mundial gracias a sus trabajos sobre química. En 1903 recibió el Premio Nobel de Química por «los extraordinarios servicios que ha prestado al avance de la química mediante su teoría electrolítica de la disociación». Sus investigaciones ayudaron a comprender cómo se conduce la corriente eléctrica en soluciones químicas[17]. Como hemos visto, también se interesó por la astronomía y, concretamente, por

---

17   En 1883 Arrhenius teorizó que, cuando la sal se disuelve en agua, se divide en los átomos que la componen: sodio, con carga eléctrica positiva, y cloro, con carga negativa. Dichos átomos, que se comportan como iones, crean una solución que es capaz de conducir la electricidad.

la posibilidad de que exista vida en otros planetas. Dicho aspecto lo llevó a impulsar la idea de la panspermia, la cual sostiene que la vida llegó asociada a objetos como meteoritos. A lo largo de su laureada vida, se convirtió en el director del Nobel Institute en 1905, escribió diversos libros que serían traducidos a varios idiomas y recibió múltiples honores por toda su carrera. Sin embargo, hoy en día su nombre se ha colado en una crónica científica totalmente distinta. Arrhenius fue una de las primeras personas en atisbar el vínculo existente entre los cambios climáticos y las concentraciones de CO_2. Aunque esta idea no le quitó el sueño, ya que la contempló como una posibilidad curiosa, remota e incluso beneficiosa.

A las puertas de un nuevo siglo, el origen de las glaciaciones seguía esquivando al intelecto científico. Tras las averiguaciones de Tyndall[18], el vapor de agua resultó ser el gas con mayor efecto invernadero y el mejor candidato para buscar un causante. Así que, siguiendo el camino indicado por el físico irlandés, el debate giraba en torno a cuál era la palanca que subía o bajaba las concentraciones de este gas en la atmósfera. Un murmullo que llamó la atención de Arrhenius:

> Sin duda, no habría emprendido estos tediosos cálculos sin un interés extraordinario relacionado con ellos. En la Sociedad de Física de Estocolmo ha habido de vez en cuando animadas discusiones sobre las probables causas de la edad de hielo; estas, en mi opinión, han llevado a la conclusión de que no hay actualmente ninguna hipótesis satisfactoria que pueda explicar cómo se dan las condiciones climáticas necesarias para una edad de hielo en tan poco tiempo como el que ha transcurrido desde los días del periodo glacial.

Arrhenius, tras enfrentarse a unos tediosos cálculos de los que hablaremos más adelante, se centró en el elemento que había sido pasado por alto. La fluctuación del vapor de agua variaba de forma significativa en el desarrollo de un solo día y, por tanto, no pare-

---

18   Esta nota es solo para dejar constancia de un dato curioso, que os hará arquear las cejas con cierto asombro, antes de seguir devorando las páginas de esta historia. Aunque, si no creéis en numerología o cosas por el estilo, no tiene mucha más relevancia. Aquí va: en el año 1859, mientras Arrhenius nacía y daba sus primeros pasitos en Suecia, Tyndall se encontraba en Inglaterra atareado en su laboratorio e interrogando a diferentes gases.

cía ir al mismo ritmo que el tiempo geológico. Así que señaló con el dedo al CO_2, cuya concentración fluctuaba en función de elementos como las erupciones volcánicas. Esto suponía una escala temporal mucho mayor, la cual podría encajar con la cronología de las glaciaciones. En su razonamiento, trazó una carambola que se iniciaba con un ligero descenso en la cantidad de CO_2, lo que conllevaba una temperatura más fría, una disminución del vapor de agua y el comienzo de una Edad de Hielo.

En 1895, ante los distinguidos socios de la Sociedad de Física de Estocolmo, nuestro protagonista explicó las claves de su idea. Según él, solo se necesitaba una variación del 40 % de las concentraciones de CO_2 para iniciar el avance del hielo. Apoyaba su idea con un modelo construido a base de ecuaciones y tablas. Algunas de aquellas cifras, que calculó obviamente a mano, fueron el fruto de unas diez mil e incluso cien mil operaciones. Para ello, tuvo en cuenta la temperatura, las estaciones del año, la latitud y el papel del CO_2 y del vapor de agua, así como la energía devuelta por la superficie terrestre, las nubes y también las capas de nieve. Tradujo aquel tsunami de cifras en una predicción: si la concentración de CO_2 se reducía a la mitad, las temperaturas globales caerían entre 4 y 5 °C. Este inmenso trabajo le tomó mucho tiempo. Aunque para Arrhenius, como explica el físico Spencer Weart en su libro *El calentamiento global*, resultó ser una suerte de terapia:

> Los cómputos numéricos requirieron un tedioso trabajo de meses y meses con el lápiz. Arrhenius calculó la humedad atmosférica y la radiación de entrada y salida de la Tierra en cada zona de latitud, y, al parecer, realizó aquella inmensa tarea como un medio de huir de la melancolía: acababa de pasar por un divorcio en el que perdió no solo a su esposa sino la custodia del hijo pequeño del matrimonio.

Por supuesto, la siguiente pregunta lógica es: «¿Y qué pasa, al contrario, cuando aumenta el CO_2?». La respuesta es obvia, pero esta parte de la historia se dibujó con un interesante matiz. Arrhenius coincidió en la Universidad de Upsala con Arvid Gustaf Högbom, geólogo sueco que dedicó parte de su carrera a desentrañar lo que hoy conocemos como «ciclo del carbono». Gracias a sus estudios, había determinado que la concentración de CO_2 atmos-

Arrhenius en la primera conferencia de Solvay
sobre química en 1922 en Bruselas .

G. CHAVANNE	O. DONY-HÉNAULT	F. SWARTS	CH. MAUGU
M. DELÉPINE	E. BIILMANN	H. WUYTS	T.-M. LOWRY	G. URBAIN	J.
CH. MOUREU	F.-W. ASTON	Sir W.-H. BRAGG	H.-E. ARMSTRONG

L. FLAMACHE   E. HANNON   AUG. PICCARD

     F.-M. JAEGER   A. DEBIERNE   H. RUPE   A. BERTHOUD   R.-H. PICKARD

E. SOLVAY   A. HALLER   S. ARRHÉNIUS   F. SODDY

férico dependía de procesos naturales como las erupciones volcánicas o la absorción de los océanos. La curiosidad también lo había llevado a poner la lupa sobre una fuente completamente distinta, la industria humana, llegando a una intrigante conclusión: el gas estaba siendo añadido por las sociedades humanas a una velocidad comparable a la de otros procesos geoquímicos de la Tierra.

Arrhenius tomó las ideas de Högbom, tachó de su enunciado la palabra «descender», añadió la de «aumentar» y se lanzó a un nuevo desafío de cálculos a mano. Fue así como llegó a la conclusión de que, si se duplicaba la concentración de CO_2, la temperatura subiría entre 5 y 6 °C. En 1896 presentó sus conclusiones en un artículo, publicado en la revista *Philosophical Magazine and Journal of Science*, donde resumió su descubrimiento con la siguiente regla: «Si la cantidad de ácido carbónico [CO_2] aumenta en progresión geométrica, el incremento de temperatura se producirá aproximadamente en progresión aritmética». Para rizar el rizo, predijo que la humanidad llegaría a dicho nivel dentro de tres mil años.

Tiempo después, el aumento de la quema de carbón por parte de la industria lo llevó a revisar su predicción. En su libro *Worlds in the Making, The Evolution of the Universe*, publicado en 1908, sugirió que a la humanidad le tomaría varios siglos alcanzar ese horizonte. Sin embargo, como comentamos al principio de este episodio, aquel escenario no le produjo ningún escalofrío al científico sueco:

> A menudo escuchamos lamentaciones de que la generación actual desperdicia el carbón almacenado en la tierra sin pensar en el futuro, y nos aterroriza la terrible destrucción de vidas y propiedades que ha seguido a las erupciones volcánicas de nuestros días. Encontramos una especie de consuelo en la consideración de que aquí, como en cualquier otro caso, hay bien mezclado con mal. Por la influencia del porcentaje creciente de ácido carbónico en la atmósfera, podemos esperar disfrutar de edades con más ecuanimidad y mejor clima, especialmente en lo que respecta a las regiones más frías de la tierra, edades en las que la tierra producirá cosechas mucho más abundantes que las actuales, en beneficio de la rápida propagación de la humanidad[19].

---

19   Arrhenius no fue el único científico que vio con buenos ojos este escenario. Walter Nernst, químico alemán, llegó a proponer que las vetas de carbón inútiles fueran quemadas para liberar CO_2 y, por consiguiente, calentar la Tierra.

Hint to Coal Consumers.

A Swedish professor, Svend Arrhenius, has evolved a new theory of the extinction of the human race. He holds that the combustion of coal by civilized man is gradually warming the atmosphere so that in the course of a few cycles of 10,000 years the earth will be baked in a temperature close to the boiling point. He bases his theory on the accumulation of carbonic acid in the atmosphere, which acts as a glass in concentrating and refracting the heat of the sun.

Un artículo de 1902 en *The Selma Morning Times* (Selma, Alabama) describe la teoría de Svante Arrhenius de que la combustión del carbón podría provocar un calentamiento global catastrófico.

Llegados a este punto, podemos decir que la ciencia había conseguido una imagen relativamente nítida de un nuevo gigante. Una criatura capaz de subir y bajar el termostato de la Tierra. Pero las ideas de Arrhenius se dieron de bruces con una comunidad escéptica que exigía pruebas, mientras deshilachaban los hilos tejidos en la hipótesis. Así fue como los colegas de Arrhenius encontraron que su modelo era demasiado simple y que no había tenido en cuenta, por ejemplo, los vientos o las corrientes oceánicas. Ahora sabemos que los datos de partida usados eran estimaciones, cuya validez académica no sería vista con buenos ojos en la actualidad[20]. Tampoco tuvo en cuenta que, al subir las temperaturas, el vapor de agua generado habría incrementado la cantidad de nubes, las cuales reflejan la luz solar. Por otro lado, expertos como el propio Högbom esgrimieron que el exceso de CO_2 sería absorbido por los océanos.

---

20 Para realizar sus cálculos, Arrhenius se aupó sobre los hombros de Samuel Pierpont Langley, astrónomo, físico y pionero de la aviación estadounidense. En 1880, Langley había inventado el bolómetro, un instrumento mediante el cual se puede medir la radiación infrarroja lejana. Con estas mediciones, trató de estimar la temperatura de la superficie de la Luna teniendo en cuenta, entre otros factores, la interferencia del dióxido de carbono atmosférico en la radiación infrarroja. Arrhenius se basó en estas indagaciones para realizar sus pesquisas, aunque el propio Langley había advertido que los números no estaban todo lo perfilados que deberían.

Sin embargo, el argumento que acabaría desterrando esta idea fue la convicción de que la Tierra ya había alcanzado el máximo efecto invernadero. Podemos imaginar el espectro de la radiación infrarroja como una sala donde hay un número limitado de asientos, cuya ocupación se traduce en más calor en el ambiente. Según los experimentos realizados con los espectrógrafos de aquella época, cuando el vapor de agua entraba en escena lo hacía acaparando todos los asientos de dicho espectro. De esta forma, cuando llegaba el CO_2, no había ningún sitio que ocupar por mucho que le apeteciera hacerlo. El hecho lo atestiguaban las bandas de radiación infrarroja superpuestas de los dos gases, obtenidas tras ser analizados en el laboratorio. Estas pruebas parecían apuntar a una conclusión lógica: da igual que entre más CO_2 en la atmósfera porque el vapor de agua es el elemento dominante. El artífice de este razonamiento fue Knut Ångström, físico sueco, quien en 1900 publicó sus indagaciones demostrando que Arrhenius se equivocaba. En realidad, la persona encargada de interrogar a los susodichos gases en tubos de cristal fue Herr J. Koch, asistente del laboratorio de Ångström. Hoy en día este episodio está considerado un error trascendental, el cual desvió una vez más el foco con base en experimentos incorrectos[21]. Con Arrhenius la idea esbozada por Eunice Foote había salido de nuevo a flote, para acto seguido volver a hundirse.

Esta colección de tropiezos demuestra lo difícil que es estudiar algo tan complejo como el clima. Es un gigante definido por demasiadas variantes y en aquel tiempo los humanos tenían pocas manos para medirlo. Aun así, tal y como explica Spencer Weart, la pieza colocada por Arrhenius fue una de las más importantes del puzle: «Aunque no logró probar, ni mucho menos, cómo cambiaría el clima si variase el CO_2, logró hacerse verdaderamente una idea aproximada de cómo podría cambiar».

He dejado para el último párrafo una de las reflexiones utilizadas contra el estrecho vínculo entre el CO_2, nuestra especie y las fuerzas que gobiernan la Tierra. Aquella era una visión que no podía encajar con un sentimiento, o corazonada, compartido por muchas personas del siglo XIX y principios del XX. ¿Cómo iba a ser equiparable la actividad humana con la influencia ejercida por los inmensos océanos o la totalidad de la atmósfera? ¿Cómo podía el *Homo sapiens* compararse con la sobrecogedora imagen de un volcán en erupción y su evidente influencia sobre el clima? Se equivocaban.

---

21 Si estuviésemos asistiendo a un debate televisivo, el primer plano de Ångström habría sido rotulado con las palabras «especialista en mediciones de la radiación solar», mientras explica los resultados de su errado experimento. En efecto, era considerado un experto en la materia que bien podría enterrar las ideas de Arrhenius. Además, contaba con un apellido que jugó a su favor. Su padre era Anders Jonas Ångström, físico sueco de prestigio, en cuyo honor se nombró la unidad de medida del espacio atómico: el ángstrom.

III. EL GIGANTE QUE MOLDEAMOS CON NUESTRAS MANOS

THE WORLD OF TOMORROW

Elektro medía 2,1 m de altura y pesaba 120,2 kg. Era un robot humanoide, con huesos de metal, entrañas compuestas por engranajes y cubierto de acero. Podía andar, mover la cabeza o los brazos. Hablaba mediante un fonógrafo que le daba la capacidad de expresarse con unas setecientas palabras. Sus ojos habían sido diseñados para distinguir la luz roja y la verde. Inflaba globos e incluso fumaba. Su fiel compañero era Sparko, un ser también metálico, con aspecto de perro y que, por supuesto, ladraba y se sentaba. Ambos, mientras el mundo se adentraba en la Segunda Guerra Mundial, fueron un bálsamo milagroso que prometía curar los achaques de la Gran Depresión.

La Feria Mundial de Nueva York de 1939 se inauguró el 30 de abril. El proyecto había nacido cuatro años antes, de la mano de un grupo de empresarios de la ciudad que pretendían alejar los fantasmas de la crisis económica. El resultado, esparcido por 486 hectáreas y con la complicidad de 33 países, fue un particular vistazo al futuro, aunque no con la intención de predecirlo, sino de hacerlo realidad. El porvenir de la humanidad podía ser imaginado con las herramientas, los materiales y las ideas que las sociedades ya tenían a su alcance. Elektro y Sparko eran uno de esos inventos que prometían un mundo mejor, pero también la televisión, el nailon, las máquinas de escribir y las escaleras eléctricas, las bombillas fluorescentes y el lavavajillas, entre otras maravillas[22]. En resumen, una suerte de desfile en honor a la modernidad presentado con el lema *The World of Tomorrow*.

Visto en perspectiva, el evento parece una diapositiva fuera de lugar. Alemania no participó en la exposición, pero sí lo hicieron Italia y Japón, los cuales contaron con sus respectivos pabellones. En una de las salas japonesas había un mural donde podía leerse «Dedicado a la paz eterna y la amistad entre Estados Unidos y Japón». También estuvo presente la Unión Soviética, la cual coronó su parcela con una estatua, de 79 m de altura, que representaba a un hombre alzando una estrella con una mano al más puro estilo soviético. El día de la apertura, el presidente estadounidense Franklin D. Roosevelt, flanqueado por dos *boy scouts*, expresó su deseo de paz y derribo de las barreras entre las naciones. Además de promesas sobre el futuro, la Feria se completó con atracciones entre las que se incluía una montaña rusa, espectáculos musicales acuáticos, exposiciones artísticas de autores como Salvador Dalí, ricas gastronomías o la celebración del Día de Superman. Al lugar acudieron más de 44 millones de personas hasta su cierre el 27 de octubre de 1940, conforme la guerra mundial avanzaba en Asia y Europa.

En nuestro viaje hemos parado en Nueva York para conocer la obra de Norman Bel Geddes. Diseñador teatral e industrial, en 1936 había ideado la escenografía *Metropolis City of 1960* como parte de una campaña publicitaria de Shell Oil. Este trabajo llamó la atención de General Motors, empresa que le encargó ampliar su visión en un pabellón de la Feria. No erraron en su decisión, ya que Geddes fue el artífice de la exposición más exitosa del evento. Cada día, los visitantes hacían largas colas para iniciar un emocionante viaje a través de *Futurama*. Tras tomar asiento, los espectadores asistían a través de un cristal a la visión de un enorme diorama móvil. El sistema estaba concebido para simular el vuelo de un avión aterrizando, de manera que al comienzo parecían sobrevolar un lejano paisaje para finalmente encontrarse inmersos en la ciudad del mañana.

---

22   Las televisiones presentadas en la Feria tenían las carcasas transparentes para mostrar los componentes internos y así evitar las miradas más inquisitivas. El invento era fruto del avance tecnológico, no de un truco de magia. El discurso de apertura fue retransmitido por, además de la radio, unos doscientos televisores repartidos por Nueva York.

Folleto publicitario de Futurama.

Futurama medía 3300 m² y contaba con más de quinientos mil edificios diseñados uno a uno, un millón de árboles de distintas especies y alrededor de cincuenta mil automóviles. Desde las simuladas alturas, los visitantes asistían a una representación de Estados Unidos donde las ciudades y pueblos estaban conectados por autopistas de hasta catorce carriles. Los coches, semiautónomos gracias al radiocontrol para evitar accidentes, se movían entre plantas de energía y granjas. La agricultura se desarrollaba en lugares donde la química protegería los cultivos de aquellos

Futurama fue una exhibición en la Feria Mundial de Nueva York de 1939, diseñada por Norman Bel Geddes y patrocinada por General Motors, que mostraba un posible modelo del mundo en 1959-1960 con carreteras automatizadas y extensos suburbios.

organismos que ansiaban devorarlos, mientras que la polinización era realizada de forma artificial. Las zonas urbanas, sitios en los que se podría hacer una vida cómoda y despreocupada, estaban separadas de las industriales o las comerciales. Los cielos se presentaron surcados por máquinas voladoras, las cuales aterrizaban en helipuertos plantados sobre rascacielos de más de 400 m. En este mundo imaginado por Geddes, los coches eran los reyes del transporte. Aquellos vehículos rodaban por el paisaje estadounidense gracias a autopistas que atravesaban todo el país, cruzando montañas, ríos y lagos, logrando así la conexión entre ciudades y pueblos. Todo ello aderezado con seguridad, comodidad, velocidad y un coste económico atractivo.

UN GIGANTE HECHO DE METAL, ALIMENTADO CON CARBÓN Y DE OJOS LUMINOSOS

No cabe duda de que, a excepción de algunos casos, la humanidad siempre ha buscado el confort de aquellos lugares etiquetados como hogar. Algo similar ocurre con la facilidad a la hora de enfrentarse a cualquier tarea. En cierta manera, *Futurama* y la colección de inventos ofrecidos en la Feria Mundial de Nueva York de 1939 aludían a este deseo cuyo origen se hunde más allá de los siglos. Si rascamos en dicha cuestión, podremos apreciar que tras cada salto hacia un nivel superior de bienestar hay un factor común, el cual ha impulsado el desarrollo de las sociedades. Tal y como indica la periodista científica Stephanie Pain en la revista *Nature*: «La historia del progreso humano, desde los cazadores-recolectores nómadas hasta los urbanitas con teléfonos inteligentes, es la historia de la energía».

Para este episodio de nuestro viaje, imaginemos que la sociedad humana es en realidad un gigantesco organismo que se nutre del medio que lo rodea. Su crecimiento, el de la población que lo compone, variará según la cantidad de alimento que consiga, pero, en última instancia, todo depende de cuánta energía logre acaparar. Si nos situamos en los tiempos de la Revolución neolítica, veremos que para este gigante la cuestión energética giraba en torno a la domesticación de plantas y animales. En esta ecuación también estaba incluida la quema de leña, o incluso de estiércol, para invocar al fuego. Esta idea la explica estupendamente el biólogo Lewis Dartnell en su libro *Orígenes*:

> A lo largo de la historia hemos aprendido a desviar la energía del sol a través del ecosistema y a canalizarla, en cambio, hacia nuestro cuerpo y nuestra sociedad. Era la radiación solar la que hacía madurar las cosechas y alimentaba los bosques. De hecho, durante la mayor parte de nuestra historia la productividad de la civilización ha dependido de la fotosíntesis (y ha estado limitada por ella) y de lo rápidamente que las plantas podían generar alimento y combustible en la tierra que teníamos a nuestra disposición.

Por tanto, el ascenso de *Homo sapiens* se puede describir mediante una serie de hitos que tuvieron como resultado una porción más grande del pastel energético. Siguiendo con la analogía de la enorme criatura, cada hito supone una nueva cualidad que le brinda la oportunidad de alcanzar más recursos. En el caso que tratábamos anteriormente, la adopción de cultivos nos permitió dejar de depender de las plantas silvestres y contar con más energía para afrontar diferentes tareas. En este círculo, el excedente de comida se tradujo en más población y, por tanto, en mayor potencia muscular para impulsar las extremidades del coloso. La domesticación de animales estimuló también este sistema, proporcionando más alimento y fuerza para trabajar los campos o viajar grandes distancias. Como hemos comentado, en esta revolución la madera fue muy importante para hacer uso del fuego en la producción de ingeniosos inventos, los cuales mejorarían la vida y abrirían nuevas vías hacia más energía. Volvamos a las palabras de Dartnell para remarcar esta idea:

> A medida que la civilización fue extendiéndose a otros lugares, el fuego se convirtió en un artículo de primera necesidad. Las ciudades crecían sin cesar, lo mismo que el número de sus habitantes. El fuego se usaba para calentar las casas, preparar los alimentos y fabricar objetos de metal, cerámica y vidrio a partir del hierro, la arcilla y la arena respectivamente.

El fuego, la domesticación, la fabricación de cerámica o el dominio del metal permitieron a nuestro gigante transformarse y medrar en la Tierra[23]. Curiosamente, muchos sitúan el comienzo del siguiente paso en las intrigas de la corte de Enrique VIII, el monarca británico famoso por contraer matrimonio con seis esposas. No vamos a entretenernos en conocer a todos los protagonistas de este culebrón real, ya que para esta historia nos basta con ver por encima la sinopsis del primer episodio. Ante la ausencia de un heredero varón, el rey decidió divorciarse de Catalina de Aragón, motivando así el desencuentro con la Iglesia católica. Una de las consecuencias de este conflicto fue la confiscación de las propiedades de la Iglesia en 1536 que, tras pasar por las manos del rey, fueron vendidas a otras personas para que llenaran sus arcas con los recursos que allí había. Es en este punto cuando la bravata de Enrique VIII confluyó con la escasez de madera en los campos ingleses. En efecto, la tala desmedida había provocado que los bosques proporcionasen menos material con el cual construir barcos o, en el caso que nos ocupa, la materia prima para crear carbón vegetal. Los ingleses debían importar madera de sitios cada vez más lejanos, lo que conllevaba un mayor desembolso económico. Sin embargo, las tierras arrebatadas en el norte de Inglaterra, ahora gestionadas por hombres de negocios, resultaron estar sembradas con minas de carbón. Es así como Londres y otras localidades coterráneas comenzaron su idilio con una nueva fuente de energía[24].

Pongamos este avance en perspectiva. Se calcula que una tonelada de carbón proporciona tanta energía térmica como toda la

---

23 Para no desviarnos mucho del camino, hemos pasado por alto el agua como fuente de energía. Obviamente, la energía hidráulica ha sido muy importante para el desarrollo de diferentes ingenios como, por ejemplo, los molinos para moler cereales. En el *Domesday Book*, un registro de Inglaterra publicado en 1086 por orden de Guillermo el Conquistador, se enumeran 5624 molinos de agua, aunque se cree que habría muchos más. Esto equivalía a un molino por cada trescientos cincuenta o cuatrocientos habitantes.

24 El idilio de la humanidad con el carbón y la puesta en marcha de la Revolución Industrial podría haber surgido en otro punto de la línea temporal. Durante la dinastía Song, que gobernó China entre los años 960 y 1279, los habitantes de Kaifeng utilizaron el carbón como principal fuente de energía. Tiempo después, entre finales del siglo XVI y principios del XVII, en los Países Bajos se extrajo tanta turba que las minas posteriormente abandonadas se convirtieron en lagos.

leña extraída de media hectárea de bosque durante un año. A pesar de la suciedad, lo cual motivó en un principio el rechazo de las clases más ricas, fue cuestión de tiempo que aquellas rocas negras, firma de bosques prehistóricos, reemplazaran a los troncos como principal fuente energética. El cambio abarató, por ejemplo, la fabricación de herramientas de metal o la nada despreciable cuestión de mantener caliente un hogar. Hacia el año 1620, Inglaterra obtenía la mitad de su energía del carbón.

Sin embargo, a los ingleses se les presentó un problema logístico que literalmente inundaba sus minas. La creciente demanda los llevó a profundizar en las minas, pero el agua se colaba en los negros y oscuros túneles haciendo que la empresa fuera inviable o muy costosa. Para sortear el desafío, debían achicar el agua a base de fuerza minera o mediante sistemas impulsados por caballos. Una nueva metamorfosis iba a proporcionar al gigante las herramientas que necesitaba. En 1712, un ingeniero británico llamado Thomas Newcomen construyó una máquina accionada por vapor. El ingenio tenía el propósito de bombear el agua de las entrañas de una mina y resultó ser muy eficaz. Con solo una de aquellas máquinas, Newcomen proporcionaba a la industria la fuerza condensada de cincuenta caballos. Además, su alimento estaba bien a mano: carbón[25].

Pero el invento de Newcomen no era tan eficiente. Este detalle fue olisqueado por James Watt, ingeniero escocés que trabajaba en la Universidad de Glasgow. Allí se dedicaba a la construcción de instrumentos matemáticos, como compases y un variado repertorio de herramientas para medir las cosas. En 1764, recibió el encargo de mejorar un modelo de la máquina de Newcomen perteneciente a la universidad. Según relata el propio Watt, en 1765 halló la solución mientras daba un paseo por el parque de Glasgow Green. Sus neuronas debieron de estallar en agitación al darse cuenta de que el sistema de refrigeración, el cual consistía

---

25   En realidad, el origen de la máquina de vapor podemos rastrearlo hasta el año 1606. Jerónimo de Ayanz y Beaumont, militar e inventor español, ideó una máquina de vapor para extraer el agua de las minas. También podemos mencionar al ingeniero inglés Thomas Savery, el cual patentó en 1698 una máquina que apodó como *The Miner's Friend*.

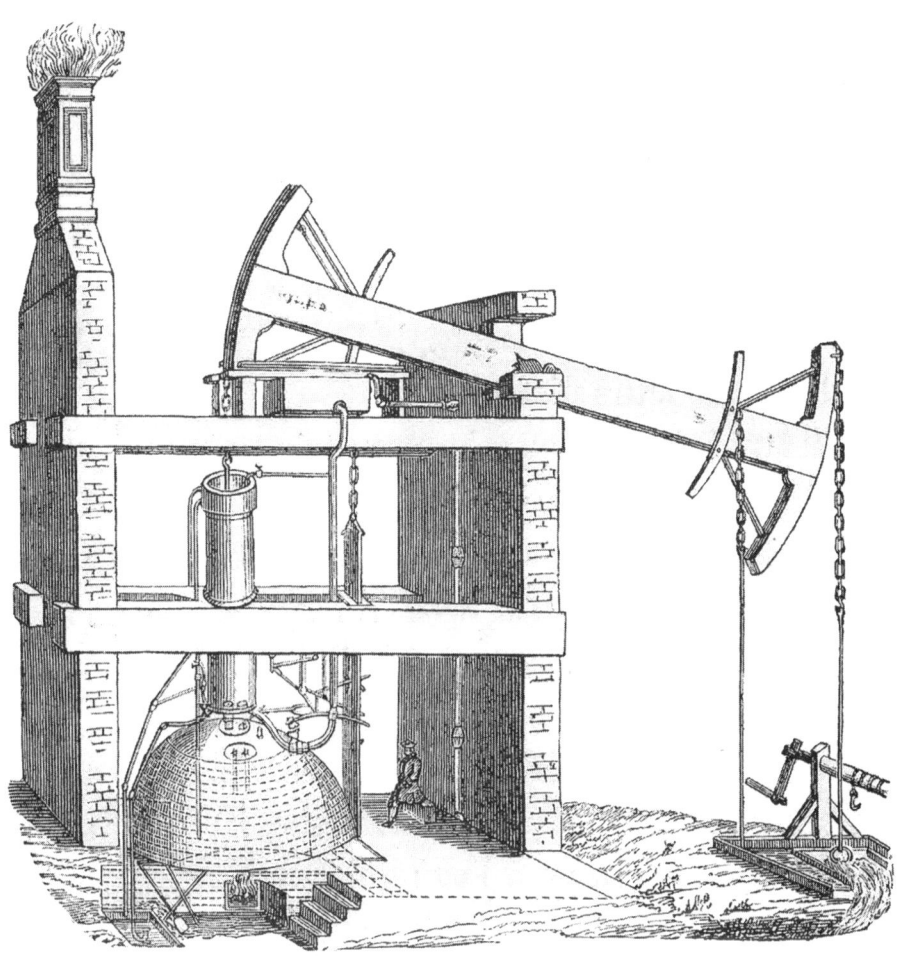

Máquina de vapor de Newcomen, por Luis Figuer, 1868.

básicamente en agua fría, estaba impidiendo que se mantuviera la temperatura en el cilindro donde trabajaba el vapor caliente. Esto suponía tener que volver a caldear aquel espacio, con el consiguiente gasto de tiempo y energía. En efecto, era necesario enfriar el vapor, pero mejor hacerlo en un compartimento aparte. Esta fue la primera mejora que el escocés añadió a la máquina de vapor. Posteriormente seguiría perfilando el artefacto, mejorando aún más su potencia y eficiencia.

Los chicos dorados, escultura de bronce dorado que homenajea en la Plaza del Centenario a Matthew Boulton, James Watt y William Murdock; Birmingham, UK.

En 1769, Watt patentó su invento y al año siguiente se asoció con Matthew Boulton, empresario afincado en Birmingham, para fundar la empresa Boulton & Watt. Como podréis imaginar, su objetivo era vender máquinas de vapor y, para principios del siglo XIX, ambos se habían enriquecido con la venta de unas cuatrocientas cincuenta de ellas. El inicio del nuevo mundo también supuso la hegemonía del carbón, el cual acabaría proporcionando la lumbre para cocinar la Revolución Industrial. Así el crecimiento de nuestro gigante, convertido ya en una criatura metálica devoradora de piedras negras, fue impulsado por un combo conformado por el carbón, la obtención de hierro y las máquinas de vapor. Dartnell nos explica cómo estos tres factores se alimentaron entre sí mediante un círculo vicioso:

> El vapor nos permitió extraer cantidades cada vez mayores de carbón, las fundiciones alimentadas con este produjeron cada vez más hierro, y tanto uno como el otro fueron utilizados para construir y hacer funcionar cada vez más motores usados para extraer carbón, producir hierro y construir maquinaria a ritmos crecientes.

Antes de marcharnos de las dependencias de Boulton & Watt, conozcamos a otra persona para que nos abra la puerta hacia el próximo hito de este relato energético. Con veintitrés años, el joven William Murdoch viajó a Birmingham con el propósito de trabajar en el negocio de las máquinas de vapor. Sus jefes quedaron maravillados con las habilidades mostradas, así que le encomendaron crear piezas para las máquinas. Esta labor le permitió añadir más mejoras a los ingenios metálicos de Watt. Pero su nombre aparece en estas páginas por otro de sus inventos.

Tratemos de imaginar la escena. La noche ha caído sobre las calles de la ciudad, haciendo que los ciudadanos busquen el amparo de sus hogares. En los interiores, las lámparas de aceite, las velas o las chimeneas procuran algo de luz a sus dueños. La oscuridad se asoma desde las ventanas, sugiriendo que cualquier incursión urbana debe ser aplazada hasta el amanecer. Pero en el exterior los muros se iluminan tenuemente, mientras la sombra de un hombre se recorta contra los ladrillos. Murdoch camina de regreso a casa tras una jornada de trabajo. Porta con él una rudi-

Ilustración de un motor de vapor concebido, fabricado y perfeccionado por el inventor escocés James Watt, patentado en 1769; basado en el movimiento paralelo de diferentes componentes metálicos con base de madera [J. J. Osuna Caballero].

mentaria linterna que, unida a una vejiga llena de gas, alumbra cada uno de sus pasos.

Aquel artilugio es fruto de una serie de experimentos, realizados en 1792, donde Murdoch había indagado sobre los gases surgidos tras quemar madera, carbón y otros materiales similares. Dos años después, logró domar las emanaciones del carbón para transformarlas en una fuente de luz. De esta forma, además de fabricar una curiosa linterna, en 1797 nuestro protagonista había convertido su hogar, emplazado en la localidad de Redruth, en uno de los primeros sitios del mundo en ser iluminados con gas. Tal y como él mismo indicó, si aquella sustancia se conducía a través de tubos «podría ser empleada como un sustituto económico de lámparas y velas». El siguiente paso consistió en alumbrar la Soho Foundry, una fábrica propiedad de Boulton & Watt donde daban forma a sus máquinas tras fundir el metal. Este evento ocurrió en 1798 y fue proseguido por una demostración pública, en 1802, donde los exteriores de la fundición brillaron ante los ojos de los ciudadanos de Birmingham. Siguiendo esta estela, en 1805 se equipó una fábrica de algodón en Manchester con el mismo prodigio, mientras que en 1807 los londinenses se asomaron a Pall Mall Street para ver el nacimiento de la primera calle con alumbrado público[26].

Sin embargo, lejos de allí, en el estado estadounidense de Pensilvania, uno de los primeros productos derivados del petróleo reclamó el espacio conquistado por el gas de carbón. El queroseno también resultó ser un buen candidato para alumbrar hogares, calles, fábricas o minas. Volveremos a Pensilvania más adelante. De momento, nos quedaremos con el hecho de que a mediados del siglo XIX ambas sustancias proporcionaron al gigante unos ojos luminosos para enfrentar la noche.

Por conveniencia, hemos empezado este episodio en el siglo XVIII. Pero el deseo que nos hizo abrazar el gas de carbón o el que-

---

26   Murdoch no logró patentar su sistema de iluminación basado en gas. Por este motivo, el honor de iluminar Pall Mall Street corresponde al inventor alemán Frederick Albert Winsor. En 1812, Winsor había creado la primera empresa que contaba con una planta de gas pública y se encargaba de distribuir el gas mediante una red de tuberías subterráneas.

roseno tiene una historia mucho más antigua. Se trata de un sentimiento que ya nos atrapó mientras nuestros antepasados observaban recelosos el avance del atardecer. El fuego fue la primera cosa que utilizamos para desprendernos de este miedo y, en cierta manera, el horizonte que se abrió ante las llamas nos embrujó. Isaac Asimov, gracias a su particular celo mediante el cual apuntaba todo lo que leía para luego divulgarlo, lo cuenta de esta forma en su breve libro *Cómo descubrimos el petróleo*:

> El fuego era asimismo necesario para alumbrar. En muchos países de Europa, durante los largos meses de invierno no hay luz natural durante 15 o 16 horas al día. Como, por regla general, nadie duerme tanto y la gente quiere hacer algo más que estar sentada en la oscuridad, necesita el fuego para tener luz. Pero, además, quiere tenerlo allí donde pueda necesitarlo y no solamente en el hogar. Lógicamente, las hogueras no pueden transportarse de un lugar a otro, pero sí las antorchas. Una antorcha es simplemente un palo de madera con un extremo impregnado de aceite.

Durante mucho tiempo el fuego fue un invitado bienvenido en los hogares. Pero siempre en pequeñas dosis, dada su pretensión a devorar cualquier material combustible que se ponga a su alcance. El gas de carbón y el queroseno ayudaron a domar al fuego, aunque el peligro de un incendio siempre estaba latente. Debido a esta cuestión, el dominio de la electricidad se alzó como ganador en esta carrera por nuestro amor. En 1879, Thomas Alva Edison nos enseñó a invocar la luz sin temer las dramáticas consecuencias. Así fue como las raíces eléctricas crecieron para zigzaguear a través de las entrañas del titán humano. El 12 de enero de 1882 se puso en marcha la primera central eléctrica, situada en Londres y conocida como Holborn Viaduct. Ese mismo año, el 4 de septiembre, en Nueva York la Pearl Street Station comenzó a nutrir cientos de lámparas del alumbrado público. Ambas usaban carbón para impulsar las turbinas de vapor. Tras estos primeros pasitos, la electricidad se convirtió en el alimento de un sinfín de aparatos: planchas, ventiladores, calentadores, lavadoras, frigoríficos, televisores y un largo etcétera con el que compartimos nuestro hogar. Ingenios que, como veíamos al principio de este capítulo, nos proporcionan comodidad y ahorran trabajo.

Edwin Laurentine Drake (29 de marzo de 1819 – 9 de noviembre de 1880), también conocido como coronel Drake, fue un empresario y el primer estadounidense en perforar con éxito en busca de petróleo.

BARRILES DE PETRÓLEO PARA SACIAR AL TITÁN

El nombre de Edwin Laurentine Drake, un revisor de ferrocarriles del estado de Nueva York, quedó ligado a la historia de la humanidad el 28 de agosto de 1859. Ese domingo brotó desde las entrañas de la Tierra el preciado material que llevaba días buscando: petróleo. Los hechos ocurrieron cerca de la ciudad de Titusville, situada en Pensilvania. Exactamente la escena tuvo lugar en una construcción de madera, cuyo aspecto recordaba al de una iglesia mal diseñada, pero que acabaría convirtiéndose en el icono de los primeros pozos de petróleo del mundo. Sin embargo, el día anterior el horizonte no parecía prometedor. La broca que usaban para perforar el suelo había alcanzado una grieta a 21 m de profundidad sin dar fruto alguno. Las tornas cambiaron a la mañana siguiente ante los sorprendidos trabajadores, quienes recogieron los primeros litros de aquel ansiado líquido negro en una bañera. Se ponía así en marcha un río viscoso, denso y oscuro que ofrecería a las sociedades humanas múltiples y prácticas sustancias.

Dicho episodio no fue el primer escarceo de la humanidad con el petróleo. El pozo de Drake tampoco puede considerarse el primero en construirse. En realidad, nuestro protagonista no viajó a ciegas en esta empresa. Sin marcharnos de Pensilvania, para no alejarnos demasiado, podemos decir que esta historia se inició con Samuel Kier, quien era el dueño de varios pozos de salmuera que explotaba para producir sal[27]. En la década de 1840 el petróleo se había convertido en un engorro que ensuciaba dichos pozos. Dado su escaso valor, aquel material era clasificado como inútil y siempre se optaba por quemarlo o desecharlo a través de ríos o canales. Sin embargo, en una ocasión, Kier observó que el petróleo ardía fácilmente y pensó que tal vez podría tener una función más

---

27   Esta tendencia del petróleo a ensuciar pozos de salmuera venía de lejos. Así nos lo explica Asimov: «Se solían excavar pozos para obtener agua potable. Si se ahondaba aún más, en lugar de agua dulce se extraía agua muy salada que, entre otros usos, se utilizaba a modo de salmuera para conservar los alimentos. En ocasiones, esta agua salada salía mezclada con petróleo. Hay relatos donde se narra que esto sucedía ya en China y Birmania hace 2.000 años. Cuando de un pozo de salmuera salían gases de este tipo, los antiguos chinos les prendían fuego. El agua se evaporaba por el calor y obtenían así sal sólida».

lucrativa. Así que, durante la década de 1850, comenzó a refinar petróleo y experimentó con las sustancias surgidas tras el proceso. Inicialmente los aceites elaborados se convirtieron en un remedio para la salud, los cuales vendía en botellas de cristal, o en un tipo de vaselina que pretendía ser un ungüento para la piel. Como podréis imaginar, estos productos no rentaron muchos beneficios para su creador. Entonces Kier observó que con la susodicha materia prima podía obtener queroseno, un combustible que representaba un prometedor filón de negocio.

A lo largo de este relato energético hemos pasado por alto otro combustible que alimentaba las lámparas. Entre los siglos XVII y XVIII las ballenas sufrieron una terrible cacería, la cual iba en aumento ya que, entre otras razones, con su grasa se fabricaban grandes cantidades de aceite. Llegados al siglo XIX, la masacre había mermado su población y el «recurso» se volvió demasiado escaso como para iluminar los hogares humanos. Este fue uno de los motivos que generó más interés en el petróleo. Sobre todo, tras el desarrollo de una lámpara inventada por el propio Kier, la cual funcionaba a base de queroseno.

En poco tiempo, las ocupaciones de Kier se difundieron hasta llegar a Nueva York. En aquella ciudad, las promesas de negocio despertaron la curiosidad del abogado George Bissell. ¿Sería posible extraer el suficiente petróleo como para desarrollar una industria de aceite para lámparas? Bissell le encargó al químico Benjamin Silliman Jr. que indagara sobre la viabilidad del proyecto y, tras la respuesta afirmativa, fundó la empresa Pennsylvania Rock Oil Company. Así fue como, en 1857, Drake entra en esta historia al ser contratado por dicha compañía para viajar a Titusville en busca de petróleo.

Al año siguiente, Drake se acabaría convirtiendo en el presidente de Seneca Oil Company, la empresa heredera de la anteriormente mencionada. Pero sus indagaciones en aquella región se toparon con un muro de reveses, la ausencia de resultados e incluso la mirada burlona de los habitantes locales. Tanto es así que la compañía se dio por vencida y optó por retirar la financiación. Entonces Drake decidió jugar su última carta e invertir sus ahorros para lograr un crédito con el que costear más perforaciones.

Tras el descubrimiento en Titusville, las promesas de riqueza atrajeron la atención de más personas y, finalmente, todo acabaría desembocando en una fiebre por el petróleo. La región noroeste de Pensilvania se transformó en el primer campo petrolífero del mundo[28]. Los competidores surgieron alrededor de la pequeña parcela adquirida por Drake, quien se deslizó hacia el crudo desenlace de esta historia. Asimov resume en unas pocas líneas lo sucedido: «Drake no patentó su sistema y, como tampoco era un hombre de negocios avispado, no se hizo rico. Murió en 1880 sumido en la pobreza». Podemos añadir, además, que su propia empresa lo despidió dados los rendimientos insuficientes del pozo; y que las ganancias conservadas desaparecieron tras invertir en Wall Street.

De esta manera, el horizonte de la historia de nuestra especie comenzó a recortarse con las figuras de los pozos de petróleo. El nuevo combustible fósil había iniciado su ascenso, aunque antes debió superar un pequeño traspié. Como hemos relatado anteriormente, la electricidad tuvo tan buena acogida que apenas dejó hueco para otras opciones. El queroseno había fracasado en su primer cometido. Este podría haber sido el final del petróleo, pero ya sabemos que no fue así. La clave debemos buscarla en las otras sustancias refinadas que, aunque en un principio eran descartadas por no servir en el alumbrado, resultaron de especial interés para nutrir otro ingenio de la humanidad: el coche.

El siguiente pasaje podéis imaginarlo como una suerte de panteón del automóvil, donde se suceden los bustos de las personas que lo hicieron posible. Pero antes hagamos hincapié en un pequeño matiz tecnológico, por muy obvio que parezca. Se considera que las máquinas de vapor actúan mediante motores de combustión externa, ya que la fuente de calor (el fuego que calienta el agua) está fuera del motor. Por tanto, podemos decir que en cierta manera la innovación del motor de combustión interna fue darle la vuelta al asunto, llevando así el combustible en forma de gas al

---

28   Como decíamos al comienzo de este episodio, el pozo petrolífero de Drake no fue el primero del mundo. Se considera que este honor recae sobre un pozo perforado al noreste de Bakú, actual capital de Azerbaiyán, en el año 1846.

A LAMPFUL OF OIL.

MAN'S ingenuity in the production of artificial light has spanned the gap between the primitive striking of flints and the brilliant electric glow of modern times. Though gas and electricity are the highest forms of this evolution, petroleum, soon after its introduction, as a cheap, portable, and brilliant illuminant, superseded all rivals as "the poor man's light." Whale and kindred oils had long occupied this position, but were about ready to resign it, as the pursuit of the whale had driven it to Northern latitudes, increasing the cost and scarcity of its products. The aid of chemistry was invoked to discover a substitute. This was found in the distillate of bituminous coals and shales, and its manufacture was largely increasing when the drill in Pennsylvania revealed vast quantities of a superior natural fluid. Refined petroleum literally "cast into the shade" all animal, vegetable, and other mineral oils, and its steady flame now not only burns in the frontiersman's cabin and the tenement-houses of the poor, but is the popular light in our villages and towns. Thirty-five years ago known only for its medicinal virtues, petroleum to-day is one of our great staple domestic products, and the fourth article in value of our exports.

Petroleum is a universal product, whose existence and burning properties have been known from the dawn of history. It is therefore very remarkable that its practical utilization should have

A FIELD OF DERRICKS—EFFECT OF A TORPEDO.

«Una lámpara llena de petróleo» es un artículo original de 1886 aparecido en la revista *Harper's Monthly Magazine*, escrito por George R. Gibson, sobre el coronel Edwin Laurentine Drake.

interior del motor para usarlo como generador de energía. Tal y como explica Asimov, este sistema era mucho más eficiente: «La ventaja más notable de los motores de combustión interna es que su funcionamiento es inmediato, mientras que en una máquina de vapor había que esperar a que hirviera el agua, y para ello había que esperar cierto tiempo».

La mente del inventor francés Étienne Lenoir fue la que alumbró el primer motor de combustión interna en 1860. Poco después el ingeniero alemán Nikolaus Otto, el cual sería uno de los fundadores de BMW, creó en 1861 un motor alimentado con gasolina, mientras que en 1876 diseñó el motor de combustión interna de cuatro tiempos. En 1886 serían construidos los primeros automóviles del mundo con las manos de Karl Benz y Gottlieb Daimler, quienes habían trabajado en el invento de forma separada. Cercanos al final del siglo XIX, en 1892, el ingeniero alemán Rudolf Diesel presentó un nuevo motor de combustión interna, cuyo alimento fue bautizado como diésel o gasóleo. Así, el motor diésel se convirtió en el corazón de camiones, autobuses y barcos. En 1908 el modelo T, hijo de Henry Ford, pasó a la historia como el primer automóvil familiar. Ford también puso en marcha un sistema para construir coches en cadena y en 1913 logró marcar el hito de fabricación de mil coches al día.

En esta historia no debemos olvidarnos de lo que estaba pasando en el aire. La icónica escena de los hermanos Wilbur y Orville Wright pilotando el primer avión sucedió en 1903. Dichas máquinas, que están animadas mediante motores de combustión interna cuyo principal alimento es el queroseno, serían el vehículo con el que alumbrar un mundo más conectado. La científica Hope Jahren, en su libro *The Story of More*, nos ofrece una pequeña visión de estos cielos repletos de aviones:

> Hoy, la flota global, compuesta de veinticinco mil aviones, aterriza treinta y cinco millones de veces al año en las pistas de los cuarenta mil aeropuertos que hay en todo el mundo. Así, estos aviones llevan a cerca de cuatro mil millones de pasajeros a otros lugares del mundo y de vuelta a sus países.

"Hope Jahren is the voice that science has been waiting for." —*Nature*

THE STORY OF MORE

How We Got to Climate Change and Where to Go from Here

HOPE JAHREN

Bestselling Author of *Lab Girl*

Portada del libro de Hope Jahren, *The Story of More*.

La gasolina, el diésel y el queroseno hicieron que, para la década de 1930, el petróleo adelantara al carbón como principal combustible. Conforme se disparaba su demanda, el coloso humano se volvía más dependiente del líquido negro. Una realidad que se puso de manifiesto tras las crisis del petróleo de 1973 y 1979, eventos que impulsaron los precios de esta materia y pusieron en marcha toda la maquinaria geopolítica mundial. Podemos decir que estos sucesos fueron usados por el gas natural, la hidroeléctrica o la nuclear como un resquicio para posicionarse como otras fuentes de energía. Los temores a una escasez también dieron alas a una idea, cuyo eco se transmitió desde los círculos especializados hasta los medios de comunicación y el gran público: el oscuro maná que impulsa nuestra civilización puede agotarse en algún momento.

Llegados a este punto, podemos decir que el gigante moldeado con nuestras propias manos se nutre de tres elementos. Uno sólido (carbón), otro líquido (petróleo) y un tercero gaseoso (gas natural). Volvamos a las palabras de Jahren para entender la realidad en la que estamos inmersos:

> El petróleo se quema principalmente en los motores de combustión de los automóviles; el carbón se quema especialmente para generar electricidad en las centrales eléctricas; y el gas natural se quema sobre todo en los hornos que alimentan a las fábricas. La quema de combustibles fósiles no es el único método que existe para alimentar un motor y para generar electricidad y calor, pero es, con mucho, el de uso más frecuente en la actualidad. Casi el 90 % de la energía que se utiliza en la Tierra (para conducir, cocinar, alumbrar, calentar, enfriar, fabricar...) procede de la quema de combustibles fósiles.

Asumimos que la electricidad siempre estará ahí para que nos ilumine el camino hasta el baño. Suponemos que viajar entre ciudades alejadas no es una pérdida de tiempo porque el coche, el tren o el avión parecen haber hecho más pequeño el concepto de kilómetro. Paseamos entre las estanterías de un supermercado, o escudriñando escaparates, admirando cosas sin preguntarnos por las fábricas que las producen. No solemos preguntarnos de dónde viene la energía que mueve todo esto, sino que abrazamos el mundo del mañana, con sus comodidades e indiscutibles avances, sin mirar la maquinaria oculta detrás de las cortinas. Si asumimos el riesgo de echar un vistazo, las gráficas nos hablan de la preocupante sombra del gigante. Tomemos el caso de la Unión Europea, región donde los combustibles fósiles aportaron el 71 % de toda la energía en el año 2019. El reparto fue de un 36 % para el petróleo, un 22 % en el caso del gas natural y un sorprendente 13 % para el carbón. Este escenario ha sido posible gracias a la tecnología que, siguiendo la estela iniciada por el fuego, nos dio acceso a un torrente de energía muy generoso. Pero en este camino el titán se ha transformado en, si se me permite el rizo de la metáfora, un ser detritívoro que se alimenta de los restos de una vida prehistórica. Un festín cuyas consecuencias no son tan confortables.

IV. LA SOMBRA DEL GIGANTE HUMANO

UN ALUVIÓN DE PREGUNTAS

Es 29 de mayo, jueves. Mientras saboreas el primer café del día, hojeas el periódico saltando de titular en titular. Una de las noticias llama tu atención. Algo está pasando en el Ártico. Los glaciares se derriten más rápido de lo normal y el nivel de los océanos asciende. Son las advertencias de un científico, Hans Ahlmann, que clasifica el fenómeno como «un serio problema internacional». El experto asegura que la temperatura del aire en el Ártico está en aumento, pero también la del agua que baña el archipiélago de Svalbard. Esto podría estar relacionado con el retroceso de los glaciares y, si se trata de un suceso que ocurre al mismo ritmo en lugares como la Antártida o Groenlandia, el agua del deshielo podría hacer que «las superficies oceánicas aumenten en proporciones catastróficas». Ahlmann recuerda que no es algo inverosímil, ya que «sabemos que los trópicos han sentido un cambio climático en los últimos quince o veinte años»; evento que secó e hizo encogerse a algunos lagos africanos como el Victoria. Aquella información te hace recordar tu adolescencia, las clases de Ciencias en el instituto y el tiempo en el que el mundo no se había vuelto loco por la guerra. Cierras las páginas del *The New York Times*, miras el reloj y te apresuras para no llegar tarde al trabajo. En 1947 las palabras «cambio climático» no le quitan el sueño a nadie.

Hans Wilhelmsson Ahlmann
con la princesa Ingeborg de
Suecia en la inauguración de la
Exposición Noruega de 1943.

Hans Ahlmann, glaciólogo y diplomático sueco, dedicó parte de su vida entre las décadas de 1930 y 1940 a indagar sobre los glaciares de Svalbard, Islandia, Groenlandia o Suecia. Sus ojos se familiarizaron con aquellas moles de hielo, hasta el punto de convertirse en toda una autoridad internacional sobre el tema. Dicho trabajo lo hizo llegar a la conclusión de que los glaciares estaban menguando y que, de alguna forma, el suceso parecía tener relación con el clima. Las causas le resultaban desconocidas, pero las consecuencias eran demasiado importantes como para dejarlas pasar por alto. En aquella noticia de 1947 Ahlmann afirmaba que se trataba de un serio problema, tanto como para crear una agencia internacional con la que estudiar el fenómeno a nivel mundial. Sus palabras, recogidas por el periodista, no dejan lugar a dudas: «Eso es lo más urgente»[29]. Visto desde la década de 2020, este episodio nos puede resultar increíble. La realidad es que por aquel entonces algunos empezaron a apreciar las consecuencias de la sombra del gigante.

Los datos meteorológicos, recopilados con diligencia en tablas y gráficas por todo el mundo, indicaban un generalizado aumento de las temperaturas. Las pruebas se estaban materializando ante la perplejidad de los meteorólogos, quienes se enfrentaban a una incógnita que ponía a prueba los conocimientos adquiridos durante años. Los cuchicheos académicos terminaron por llamar la atención de la prensa. En 1939, la revista *Time* publicaba un artículo, titulado «Science: Warmer World», que comenzaba de la siguiente forma:

> Hacía mucho frío en Europa la semana pasada, pero los viejos que afirman que los inviernos eran más duros cuando eran niños tienen razón, salvo que el cambio es demasiado pequeño para ser detec-

---

29   Obviando la incógnita sobre cuáles eran las causas del cambio climático, resulta sorprendente cómo la noticia de *The New York Times* podría hacerse pasar por una de las muchas que hoy en día aparecen en los medios de comunicación. Tal y como se recoge en la noticia, Ahlmann incluso habla de los aspectos «positivos» para la navegación: «Uno de los efectos del cambio, dijo, ha sido la mejora de las condiciones de navegación a lo largo del borde norte de Europa, un desarrollo de principal interés para Rusia». Por otro lado, Ahlmann identificó los glaciares como un punto importante para estudiar las variaciones del clima, algo a lo que prestamos bastante atención en la actualidad, incentivando que los glaciares fueran objeto de estudios multidisciplinares.

tado excepto por instrumentos y estadísticas en manos de meteorólogos profesionales. Los meteorólogos no tienen ninguna duda de que el mundo, al menos por el momento, se está volviendo más cálido.

El oceanógrafo y meteorólogo noruego Harald Sverdrup fue uno de los investigadores que se percató del cambio. A sus espaldas contaba con una dilatada carrera académica, la cual incluía ser el jefe científico de las expediciones de Roald Amundsen al Polo Norte y ocupar el cargo de director de la Scripps Institution of Oceanography en California. Como curiosidad, resaltemos que en 1934 exploró los glaciares de Svalbard junto con Ahlmann. Las indagaciones de Sverdrup lo llevaron a asegurar que el agua del océano Ártico era más cálida en 1931 que en 1918. Un hecho similar había sido registrado por algunos meteorólogos soviéticos en la década de 1920. La tendencia también afloró tras juntar los datos, que incluían series de un siglo o más, recabados por la United States Weather Bureau. Desde Nueva York, el meteorólogo aeronáutico James Henry Kimball se unió a este coro. El trabajo de Kimball consistía en asesorar a los aviadores transatlánticos, labor que le permitió observar el incremento en los termómetros tras comparar registros desde 1831 hasta 1938. Pero el causante del trazo ascendente rehuía los escrutinios. La última frase del artículo en *Time* resume muy bien la incertidumbre instalada entre los expertos: «Los meteorólogos no saben si la actual tendencia cálida durará 20 años o 20.000 años».

¿Quién estaba subiendo el termostato de la Tierra? En el Londres de 1938, un ingeniero especializado en máquinas de vapor se presentó ante la Royal Meteorological Society asegurando que tenía la respuesta. Guy Stewart Callendar entra aquí en escena para recoger el testigo de Svante Arrhenius. A modo de pasatiempo, Callendar había recopilado distintas estadísticas meteorológicas y comprobado el hecho que muchos estaban resaltando. A continuación, se propuso buscar pruebas para señalar al que según él era el presunto culpable: el CO_2. La primera pista la encontró entre los registros de las concentraciones atmosféricas de dicho gas, donde se apreciaba un aumento aproximado del 10 % en los últimos cien años. De esta forma, se volvía a poner

Sverdrup con muestras de agua a bordo del Maud en 1922
[Instituto Polar Noruego / Biblioteca Nacional de Noruega].

sobre la mesa el nexo entre el CO_2 y la temperatura de la Tierra. Una idea que también aderezó con la hipótesis de una innegable influencia humana. Para defender su postura, Callendar plasmó su razonamiento en un artículo cuyo primer párrafo no deja lugar a dudas sobre el camino que la ciencia debía seguir:

> Pocos de los que están familiarizados con los intercambios naturales de calor de la atmósfera, que intervienen en la formación de nuestro clima y tiempo [meteorológico], estarían preparados para admitir que las actividades del hombre podrían tener alguna influencia sobre fenómenos de tan vasta escala. En el siguiente artículo espero mostrar que tal influencia no solo es posible, sino que realmente está ocurriendo en la actualidad[30].

En aquellos párrafos, Callendar aseguraba que el ser humano «ha agregado al aire alrededor de 150 000 millones de toneladas de dióxido de carbono durante el último medio siglo». Gran parte de este gas se habría acumulado en la atmósfera, teniendo como consecuencia un aumento de la temperatura media de 0,003 °C por año. Aunque, siguiendo la misma línea de su predecesor Arrhenius, la interpretación que hizo de este fenómeno fue positiva. Según explicó, el resultado de la quema de combustibles fósiles podría resultar «beneficioso para la humanidad de varias maneras». Entre las supuestas buenas noticias, citó un mejor clima para practicar la agricultura en regiones frías, un mayor crecimiento de las plantas gracias al aporte de CO_2 y el retraso indefinido de los «mortales glaciares».

A todas luces la hipótesis debía ser perfilada, en especial aquella visión que parecía mostrar un horizonte de provecho. Además, debemos añadir que Callendar había decidido enfrentarse a una tarea titánica: predecir qué pasaría en los caóticos sistemas que gobiernan la Tierra. Tal y como le había sucedido a Arrhenius, el escrutinio de los expertos puso en evidencia que sus cálculos no eran precisos. Una vez más, la ciencia volvía a mostrarse escéptica ante los argumentos esgrimidos. George Simpson, direc-

---

30   El artículo en cuestión es «The artificial production of carbon dioxide and its influence on temperature», publicado en *Quarterly Journal of the Royal Meteorological Society*.

tor de la Royal Meteorological Society, interpretó el aumento de temperatura y de los niveles de CO_2 como una simple coincidencia. Otros pusieron en duda la afirmación sobre el incremento de dicho gas. Esta no era una postura tomada a la ligera, ya que, en aquellos tiempos, las mediciones de concentración de CO_2 necesitaban instrumentos más precisos. El viento, el cual podía aportar emisiones de fábricas cercanas, o el hecho de tomar datos junto a un rebaño de ovejas respirando son ejemplos de factores con una molesta propensión a interferir.

La cuestión de la absorción del CO_2 por parte de los océanos también fue apuntada en la pizarra. Callendar argumentó que, en poco tiempo, el gas acabaría saturando la capa de agua más superficial, quedando así el resto en la atmósfera. La oceanografía aún no tenía un cuadro completo sobre el funcionamiento de estas regiones y, por tanto, la incertidumbre en este aspecto tampoco aportó un suelo seguro para la hipótesis. Por otro lado, debemos recordar los experimentos de Knut Ångström, realizados por Herr J. Koch, que habían descartado la capacidad del CO_2 para absorber más radiación infrarroja debido al papel del vapor de agua. Callendar señaló acertadamente que esta visión era errónea: existían franjas del espectro donde la radiación infrarroja quedaba a disposición del CO_2 sin interferencias del vapor de agua. Aun así, dicho aspecto era igualmente un terreno inseguro donde el debate científico tiraba de la alfombra en diferentes direcciones. Desde la United States Weather Bureau se descartó esta premisa al zanjar que, en cuanto a radiación se refiere, el aumento de CO_2 en la atmósfera no aportaba nada.

En 1939, en la revista *The Meteorological Magazine*, Callendar insistió en ese aspecto que hoy en día nos resulta innegable: «El hombre ha llegado a ser capaz de acelerar los procesos de la naturaleza». Pero la ciencia necesita pruebas con las que construir un razonamiento que no se desmorone ante miradas inquisitivas. Es el momento de dar un salto en el tiempo para conocer a nuestro siguiente protagonista.

Estamos en el año 1955. Un contrariado Morfeo abandona la casa de Gilbert Norman Plass tras fracasar en su empeño por repartir sueño. El físico canadiense, empleado de Lockheed

Retrato de Gilbert Plass [Hodges Photographers, Emilio Segrè Visual Archives].

Aircraft Corporation, donde estudia la radiación infrarroja para el desarrollo de misiles, lleva varias noches repasando conceptos, analizando razonamientos y garabateando argumentos. El origen de estas averiguaciones se remonta a 1946, cuando Plass trabajaba en la Universidad Johns Hopkins. En dicha institución había investigado sobre la radiación infrarroja gracias a los fondos aportados por la Office of Naval Research. Entonces, mientras su curiosidad se saciaba con textos de ciencia básica, leyó sobre los fracasados intentos para explicar las glaciaciones mediante fluctuaciones del CO_2 atmosférico. De nuevo, el misterio de los glaciares volvía a instalarse en una mente inquieta. ¿Acaso se hallaba la respuesta en descifrar cómo aquel gas absorbía la radiación infrarroja? Despejar esta duda, como ya hemos relatado, suponía una avalancha de cálculos. Sin embargo, Plass contaría con un nuevo aliado de la ciencia: las supercomputadoras.

Es así como llegamos a julio de 1956. Ese mes, en la revista *American Scientist*, Plass publica el artículo «Carbon Dioxide and the Climate», donde esgrime por qué la ciencia se había equivocado al desechar la hipótesis defendida por Callendar o Arrhenius. ¿Qué había cambiado desde entonces? Principalmente, las mejoras en las mediciones infrarrojas y la suma de la potencia de cálculo de los ordenadores. Volvamos a la metáfora del espectro de la radiación infrarroja visto como una sala, donde los asientos están en su mayoría acaparados por el vapor de agua. En realidad, existen «miles de líneas espectrales», o miles de pequeñas salas, donde el CO_2 puede sentarse sin obstáculo alguno. Además, las características de dicho espectro «ni siquiera son las mismas en todas las alturas de la atmósfera, ya que el ancho y la intensidad de las líneas espectrales varían con la temperatura y la presión». Es decir, tal y como remataba Plass en aquellas páginas, los «cálculos recientes y más precisos que tienen en cuenta la estructura detallada de los espectros de estos dos gases muestran que son relativamente independientes entre sí en su influencia sobre la absorción infrarroja». Esto demostraba que el ir y venir de los glaciares podría ser explicado por la variación de la concentración de CO_2 atmosférico. Según los cálculos realizados por Plass, si se duplicaba la cantidad de dicho gas, la temperatura superficial de la

Tierra aumentaría 3,6 °C; mientras que una reducción a la mitad de la cantidad inicial tendría como resultado una disminución de 3,8 °C. Por supuesto, este descubrimiento también desvelaba que la sombra del gigante no era algo que debía tomarse a la ligera. Ni mucho menos recibirla con los brazos abiertos:

> Por otro lado, la teoría del dióxido de carbono es la única que predice una temperatura promedio en continuo aumento para lo que resta de este siglo debido a la acumulación de dióxido de carbono en la atmósfera como resultado de la actividad industrial. De hecho, el aumento de temperatura por esta causa puede ser tan grande en varios siglos que presentará un grave problema para las generaciones futuras. [...] Si a finales de este siglo la temperatura media ha seguido aumentando, y además la medición también muestra que la cantidad de dióxido de carbono atmosférico también ha aumentado, entonces estará firmemente establecido que el dióxido de carbono es un factor determinante en la causa del cambio climático.

Después de trabajar con el superordenador, Plas llegó a la conclusión de que la humanidad podría encaminarse a un calentamiento de 1,1 °C por siglo; siempre y cuando continuase quemando combustibles fósiles al mismo ritmo que en la década de los cincuenta del siglo XX. El análisis de los expertos volvió a revelar hilos sueltos, los cuales hicieron dudar sobre la robustez de aquella predicción pero no sobre la hipótesis. Por ejemplo, si hace más calor, habrá entonces más vapor de agua y, por consiguiente, más nubes. Así pues, ¿qué papel tendrían estas últimas en el clima? ¿Estaba realmente bien representado en aquel modelo el funcionamiento de los océanos? ¿Se había pasado por alto algún factor del caótico funcionamiento de la Tierra? El aluvión de preguntas no debe ser tomado como algo negativo, sino como el combustible que hace avanzar a la ciencia. Tras aquel interrogatorio, hubo una prueba científica que se mantuvo en pie: el aumento de CO_2 no es una cuestión insignificante cuando hablamos de efecto invernadero.

ÁTOMOS DE CARBONO RADIACTIVOS

Pocos inventos, probablemente ningún otro, generan tanta consternación como las bombas nucleares. El infierno materializado sobre Hiroshima y Nagasaki, fruto de un camino torcido tras la revelación de los secretos atómicos, fue la desgarradora prueba de una realidad. La humanidad puede ser tan destructiva como cualquier otra pesadilla encarnada por sucesos naturales. El 16 de julio de 1945, en el desierto de Jornada del Muerto (Nuevo México, Estados Unidos), ocurrió la primera demostración de este poder. Aquel día fue detonada la bomba Trinity, alumbrada por el proyecto Manhattan. Desde entonces, se han producido cerca de dos mil quinientas pruebas nucleares[31]. Sumadas una tras otra, se traducen en más de quinientos cuarenta megatones de energía que han sacudido distintos puntos de la superficie de la Tierra.

Uno de estos lugares fue el atolón Bikini, situado en las Islas Marshall, el cual está conformado por treinta y seis islas que rodean una laguna de aproximadamente 600 km². Vistos desde el aire, sus 6 km² de superficie terrestre se asemejan a un círculo de hilo blanco que flota sobre la superficie del inmenso océano Pacífico. Aquellas playas podrían haber protagonizado postales turísticas, pero su destino fue quedar cegadas por el destello de las explosiones nucleares. En 1946 Estados Unidos decidió desalojar a los habitantes del atolón para así poder iniciar una serie de pruebas. El 1 de julio de aquel año, la bomba Gilda fue lanzada desde un avión y detonada a 160 m de altura. Pocos días después, el 25 de julio, le siguió la bomba Helen of Bikini, la cual explotó tras ser transportada bajo una barcaza. Resguardados en el perímetro de seguridad, los militares y científicos implicados en la Operación Crossroads anotaban todos los detalles. En total, entre 1946 y 1958 se realizaron veintitrés ensayos nucleares en la región.

---

31 Hasta el año 1992, Estados Unidos ha detonado 1129 bombas nucleares. Le siguen en el *ranking* la Unión Soviética (981), Francia (217), Reino Unido (88), China (48), India (6), Pakistán (6) y Corea del Norte (6). El Gobierno norcoreano realizó su última prueba nuclear en 2017.

Al mando de la Sección Oceanográfica de la Operación Crossroads estaba el comandante Revelle, nuestro siguiente nexo en esta historia. Antes de la guerra, en 1931, Roger Revelle había iniciado una tesis en la Scripps Institution of Oceanography con el objetivo de estudiar lodos recolectados en las profundidades del océano Pacífico. Este fue el primer paso para convertirse en un experto mundial en la química del agua marina. Aunque previamente, seis meses antes del ataque a Pearl Harbor, entró a formar parte del servicio naval donde se implicaría en la creación del Office of Naval Research. Acabado el conflicto bélico, en 1946 asumió la coordinación de ochenta científicos que debían analizar la capacidad de las bombas lanzadas sobre Bikini para, por ejemplo, crear tsunamis, arrasar los recursos pesqueros o alterar la química natural de las aguas.

El Gobierno de Estados Unidos quería saber cuál era el precio de usar las armas nucleares. ¿Cuáles serían sus efectos geofísicos? ¿Qué impacto medioambiental tendría la radiación? ¿Podríamos, en un futuro no lejano, lanzar los desechos nucleares al mar y olvidarnos de ellos? En 1954 responder a muchas de estas cuestiones se convirtió en un asunto apremiante. La explosión Castle Bravo, realizada en el atolón de Bikini el 28 de febrero, no salió según lo previsto, ya que alcanzó los quince megatones, tripli-

Daigo Fukuryū Maru (Dragón Afortunado Cinco) está en el Museo Naval de Tokio desde 1976.

cando de forma accidental la fuerza esperada. En tan solo diez minutos, creció un hongo nuclear con más de 40 km de altitud y 100 km de diámetro. La tierra acabaría desgarrada con un cráter de 2 km de diámetro y 70 m de profundidad. Sin embargo, lo más preocupante fue la ceniza compuesta por arena y coral pulverizado, la cual cayó sobre las Islas Marshall en forma de ceniza blanca radiactiva. Alrededor de 18 000 km² del Pacífico se vieron afectados por la contaminación, que además llegó hasta Australia, India, Japón y algunas regiones de Estados Unidos o Europa. El ensayo también afectó a la tripulación del barco Daigo Fukuryū Maru (traducido como *Dragón Afortunado Cinco*), un pesquero japonés que se encontraba faenando cerca del lugar, pero al margen del perímetro de seguridad. Con los efectos de Hiroshima y Nagasaki aún muy presentes, el Gobierno y el pueblo japonés exigieron responsabilidades a Estados Unidos. En particular, se temía que no fuera seguro consumir el pescado capturado en la región pacífica. Desde la Administración estadounidense se pusieron en marcha una serie de investigaciones para determinar cómo se comportaría la lluvia radiactiva y su efecto en el medio ambiente. Revelle fue nombrado presidente de un comité científico de la National Academy of Sciences, cuya labor consistió en estudiar los efectos en la pesca.

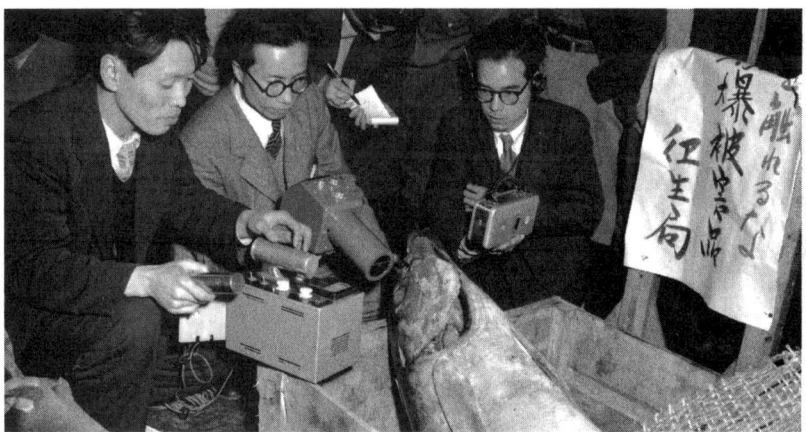

Operarios japoneses miden la radiación en el atún.

Revelle y otros científicos también vieron en estas pruebas la oportunidad de recabar datos para completar el puzle de la oceanografía. Entender los efectos del desastre de Castle Bravo exigía comprender cómo se mezclaban los océanos y las aguas que los componían. Por eso aprovechaban cada ocasión para recopilar más piezas. Por ejemplo, en 1955 durante el transcurso de la Operación Wigwam, realizada en el Pacífico a 800 km de San Diego (California), se detonó la bomba Betty a una profundidad de 610 m. El equipo de Revelle descubrió que la radiación resultante se había extendido en láminas de 100 km^2, las cuales apenas llegaban al metro de espesor. Dicha prueba, que generó cierta sorpresa entre los expertos, demostraba cómo una capa de agua puede abarcar grandes superficies sin mezclarse con otras capas.

¿Qué tiene que ver este episodio radiactivo con el cambio climático? En 1956 Plass puso el foco sobre el CO_2 por ser un agente importante en el efecto invernadero. Esto no significaba que ya se podía dar carpetazo al asunto, puesto que, aunque se había avanzado, desde este nuevo punto surgieron nuevas preguntas. Comprender los efectos de las pruebas nucleares ayudó a mejorar el conocimiento oceanográfico, lo cual, como veremos más adelante, tendría importancia en esta historia. Además, otra de las consecuencias de dichas explosiones, la creación de isótopos de carbono-14, acabaría brindando una oportunidad para entender mejor la atmósfera.

Cada vez que se producía una explosión nuclear, los neutrones liberados podían chocar con átomos de nitrógeno atmosférico, generando así isótopos de carbono-14. Se calcula que, entre las décadas de 1950 y 1960, dichas pruebas duplicaron los niveles atmosféricos de carbono-14. Este suceso es conocido como *Bomb]«C»* o *«Bomb Carbon»* en inglés. Tras la firma del Tratado de Prohibición Parcial de Ensayos Nucleares, la producción de estos isótopos disminuyó, pero el restante se difundió por los distintos sumideros de la Tierra. El evento fue utilizado por los científicos para comprender mejor la circulación atmosférica global, validando así los modelos previamente desarrollados, y también para analizar los detalles del ciclo del carbono. Una de aquellas revelaciones indicaba que, en una escala de pocos años, el CO_2 emitido podía expandirse por todas las regiones atmosféricas del planeta.

El carbono 14 también tiene un origen natural. En 1939, el físico Serge Korff descubrió que cuando los rayos cósmicos llegan a la atmósfera superior generan neutrones, los cuales participan de igual forma en la transformación del nitrógeno. Este sería el punto de partida para una teoría armada por Willard Libby, químico y físico estadounidense, en 1946. Los seres vivos incorporan a lo largo de su vida carbono-14 en sus tejidos al nutrirse y, como es lógico, este aporte es interrumpido cuando mueren. Libby apreció que este aspecto escondía una poderosa herramienta. Sabiendo que la vida media de dicho isótopo es de alrededor de 5730 años, podríamos medir la cantidad presente en un objeto para así datar su edad. En la década de los 50 del siglo xx el desarrollo de esta técnica revolucionó los estudios de arqueología y paleontología[32]. Gracias a este trabajo, en 1960 Libby recibió el Premio Nobel de Química «por su método para usar carbono-14 para la datación de la edad en arqueología, geología, geofísica y en otras ramas de la ciencia».

El carbón y el petróleo están hechos con los restos de organismos del pasado. ¿Podríamos usar el carbono-14 para su datación? En este caso la respuesta es negativa. Dichos elementos son tan antiguos que en ellos no queda rastro alguno de estos isótopos. Sin embargo, esta cuestión aportó una valiosa prueba para nuestro relato. En 1955 Hans Suess, químico de origen austriaco que trabajaba en la Universidad de Chicago[33], se percató de que la presencia de carbono-14 en maderas más reciente era menor a la esperada; mientras que en maderas anteriores su concentración era ciertamente la pronosticada. ¿Qué estaba pasando? Suess había descubierto la huella de la quema de combustibles fósiles y sus consiguientes emisiones, cuyo isótopo principal es el car-

---

32 Para desarrollar la técnica de detección del carbono-14, Willard Libby recibió el apoyo financiero de la Fuerza Aérea de Estados Unidos. Tal y como explica Spencer Weart: «La Fuerza Aérea tenía un interés insignificante en las fechas de las momias egipcias, pero tenía una gran preocupación por las delicadas mediciones de radiactividad (un uso probable era la detección de residuos de las pruebas de bombas nucleares soviéticas)».

33 Durante la Segunda Guerra Mundial, Hans Suess había trabajado con un equipo de científicos alemanes en el estudio de la energía nuclear y la producción de agua pesada. En el año 1950, emigró a Estados Unidos, donde inicialmente investigaría junto con Harold Urey los elementos hallados en meteoritos.

Hans Suess (1909-1993) junto a una compañera en el laboratorio en 1971. Suess fue un físico-químico y físico nuclear austro-estadounidense, nieto del geólogo austriaco Eduard Suess. Obtuvo su doctorado en química en 1935 en la Universidad de Viena. Durante la Segunda Guerra Mundial, formó parte de un equipo alemán que estudiaba la energía nuclear y asesoró en la producción de agua pesada en una planta noruega. Después de la guerra, colaboró en el modelo de capas del núcleo atómico con Hans Jensen, futuro ganador del Premio Nobel en 1963. En 1950, emigró a los Estados Unidos y realizó investigaciones en cosmología química junto a Harold Urey en la Universidad de Chicago. En 1955, fue reclutado por la Institución de Oceanografía Scripps y en 1958 se convirtió en uno de los cuatro miembros fundadores de la Universidad de California, San Diego, donde permaneció hasta 1977 y luego como profesor emérito. Se enfocó en la distribución de carbono-14 y tritio en los océanos y la atmósfera, contribuyendo a la calibración de la escala de datación por radiocarbono y al estudio del efecto Suess, que se refiere a la dilución del radiocarbono atmosférico por el dióxido de carbono de combustibles fósiles. El mineral suessita lleva su nombre en su honor [Universidad de California, San Diego].

bono-12. Es decir, los árboles del siglo XX estaban tomando CO_2 de una atmósfera cada vez más llena de carbono prehistórico[34].

Podemos estirar un poco más la trama del carbono-14. Regresemos al despacho de la oceanografía de aquellos años cincuenta. El trabajo de Plass acababa de ser puesto sobre una mesa de caoba ocupada por conchas, cartas náuticas y sesudas lecturas marítimas. Un dedo índice apuntaba a una de las cuestiones garabateadas entre los papeles: ¿absorberán los océanos el CO_2 que está emitiendo la humanidad? Dicho de otra forma, ¿serían los océanos nuestro colchón de seguridad? En realidad, esta pregunta se bifurcaba en dos incógnitas. Por un lado, tenemos nuevamente un interrogante sobre las corrientes oceánicas. ¿Cuánto tiempo tarda el agua en circular por los océanos? Si el proceso es relativamente rápido, significa que el CO_2 acabará pronto en las profundidades y que podríamos olvidarnos de él. En 1955 la incertidumbre en este aspecto era considerablemente grande, tal y como apuntó Revelle: «nadie sabe si se necesitan cien años o diez mil». En segundo lugar, la lupa también está puesta sobre las capas de aguas superficiales donde se produce el intercambio gaseoso con la atmósfera. En este punto, ¿cómo afecta la química marina a la absorción de CO_2? Cuando nos bañamos en la playa, lo hacemos en algo más que agua con sal. Mientras chapoteamos, a nuestro alrededor tiene lugar una compleja constelación de reacciones químicas, las cuales pueden abrir la puerta o no al CO_2.

En diciembre de 1955 Suess empezó a trabajar en la Scripps Institution of Oceanography junto con Revelle. Tenían en mente el objetivo de perseguir al carbono-14 a lo largo de los complejos sistemas atmosféricos y oceánicos. El isótopo mostró que la superficie de los océanos podría renovarse por completo en el transcurso de varios cientos de años. Además, descubrieron que una molécula de CO_2 atmosférico tarda aproximadamente una

---

34   Existen dos isótopos estables del carbono: carbono-12 y carbono-13. El primero de ellos, además de ser el más abundante en la atmósfera, es el más ligero. Debido a esta característica, durante la fotosíntesis realizada por plantas y otros organismos, el carbono-12 es el isótopo principalmente incorporado a la biomasa. Por este motivo, al quemar combustibles fósiles liberamos más carbono-12, aumentando su proporción frente a la de carbono-13.

década en ser absorbida por las capas superficiales. Parecían buenas noticias. Sin embargo, en 1957 Revelle y Suess publicaron un artículo donde detallaban cómo la química marina se interponía en la absorción. Así lo cuenta Spencer Weart en su libro *El calentamiento global*:

> Aunque era cierto que gran parte de las moléculas de CO_2 añadidas a la atmósfera acabaría en pocos años en las aguas superficiales de los océanos, la mayoría de ellas (y otras presentes ya en los mares) no tardaría en evaporarse. Revelle calculó que, en resumidas cuentas, la superficie del océano no podía absorber realmente mucho gas (apenas una décima parte de la cantidad predicha por cálculos anteriores). Fuera cual fuese la suma de CO_2 añadida por la humanidad a la atmósfera, los océanos no la tragarían con rapidez sino solo al cabo de milenios.

En su artículo, Revelle y Suess identificaban el uso de combustibles fósiles como una causa pequeña en el aumento del CO_2 atmosférico. Aunque también entendieron que tenía el potencial de convertirse en algo «significativo en las próximas décadas si la quema de combustibles industriales continúa aumentando exponencialmente». Para avanzar en esta cuestión (si el CO_2 emitido por los humanos será más o menos importante), la ciencia necesitaba conocer la cantidad total de dicho gas en la atmósfera y el papel de los distintos factores implicados; pero los datos que se tenían por aquel entonces eran «inadecuados». Al menos un aspecto parecía claro. Aquella idea, heredada del siglo XIX, la cual aseguraba que la humanidad no puede influir en los sistemas naturales, quedaba ya desterrada. En palabras de nuestros protagonistas: «los seres humanos ahora están llevando a cabo un experimento geofísico a gran escala de un tipo que no podría haber ocurrido en el pasado ni reproducirse en el futuro».

LA RESPIRACIÓN DE LA HUMANIDAD

Para comprender el alcance total de la sombra del gigante nos falta un dato. Una cosa es seguir el rastro del CO_2 a lo largo de la Tierra y otra dar una cifra exacta de su composición en la atmósfera. Este aspecto era clave para demostrar que, en efecto, la quema de combustibles fósiles y otros factores estaban incrementando la cantidad de dicho gas. Recordemos el anterior intento de Callendar, quien había comparado los registros de CO_2 atmosférico en Kew (al suroeste de Londres) tomados desde el año 1898 hasta el 1901 y que reflejaban un promedio de 274 ppm[35], con los anotados en el este de Estados Unidos entre 1936 y 1938 donde el promedio se situó en 310 ppm. El aumento parecía bastante evidente. Aunque, como ya hemos comentado, dichas mediciones no eran todo lo precisas que se requería y, por tanto, no servían para zanjar el debate.

¿Acaso no se podía tomar una fotografía del CO_2 atmosférico presente en la Tierra en un determinado momento? Esta labor exigía refinar los aparatos de medición y ser muy meticulosos. Uno de los primeros intentos tuvo lugar en 1954. El meteorólogo Stig Fonselius, de la Universidad de Estocolmo, encabezó un grupo de investigadores escandinavos dispuestos a conseguir cifras concretas. Para ello, establecieron una red de estaciones de muestreo con ojos en Suecia, Finlandia, Noruega y Dinamarca. Sin embargo, el proyecto fue abandonado porque las concentraciones variaban demasiado según el sitio y el tiempo, lo cual parecía reforzar la idea de que conocer la cantidad global del gas no tenía sentido. Por contra, otros científicos pensaban que el siguiente paso lógico consistía en hallar la forma de no naufragar en aquel baile de números. Si realmente la humanidad estaba incrementando la concentración de CO_2, la detección de la tendencia debía de ser posible de alguna manera. En su artículo de 1957, Revelle y Suess

---

35   La cantidad de CO_2 presente en la atmósfera se expresa en «partes por millón» o ppm. Mientras escribo estas líneas, en agosto de 2022, el CO_2 ronda las 417 ppm, lo cual quiere decir que en un millón de partículas de aire hay cuatrocientas diecisiete moléculas de CO_2. Parecen pocas, pero eso nos da una idea de su importancia como gas de efecto invernadero.

apuntaron que esa esquiva pieza podría ser hallada en el marco de la puesta en marcha de un proyecto científico a escala mundial: «Existe una oportunidad durante el Año Geofísico Internacional para obtener gran parte de la información necesaria».

El Año Geofísico Internacional (AGI) comenzó el 1 de julio de 1957 y se prolongó hasta el 31 de diciembre de 1958. Desde principios de la década de 1950, diversos científicos se habían movilizado para preparar un gran evento de investigación, el cual fue programado para que coincidiera con un periodo de máxima actividad solar. Una suerte de maratón científica, regada con la financiación de sesenta y siete países, cuyo espíritu perseguía el intercambio libre de datos más allá de las fronteras. Las lupas se focalizaron en descifrar los secretos de la actividad solar, las auroras, los rayos cósmicos, el geomagnetismo, la ionosfera, la oceanografía o la sismología. La teoría de la tectónica de placas fue una de las beneficiadas, ya que se logró tener una mejor imagen de las dorsales submarinas. Otro de los logros consistió en el descubrimiento de los cinturones de Van Allen, dos zonas de la magnetosfera terrestre, gracias al satélite estadounidense Explorer 1; o el lanzamiento por parte de la Unión Soviética del Sputnik 1, considerado el primer satélite artificial de la historia. Uno de nuestros protagonistas, Roger Revelle, también estuvo metido en el ajo. En 1956, había sido nombrado presidente del Panel sobre Oceanografía del AGI. Así fue como desde la Scripps Institution of Oceanography se asumió el reto de medir el CO_2 atmosférico y para ello contaban con un nuevo fichaje: Charles David Keeling.

Revelle describió a Keeling como una persona «peculiar», la cual quería medir con precisión la cantidad de CO_2 allí donde estuviese el gas. Incluso hasta en el interior de su estómago. Keeling labró su camino profesional con la curiosidad centrada en la geología, concretamente en la química que tenía lugar en este campo. En 1953, había iniciado un posdoctorado en Caltech con el objetivo de determinar cómo extraer uranio del granito. Posteriormente su atención saltó hacia los carbonatos y su interacción con el agua, las calizas y la atmósfera. A fin de ser lo más preciso posible, dicho trabajo exigía desarrollar un instrumento capaz de medir correctamente el CO_2 presente en las muestras.

El siguiente paso consistió en comprobar la eficacia del aparato, así que Keeling visitó diversos sitios de Pasadena donde esperaba poder rastrear a su sujeto de estudio. Sin embargo, tal y como les había pasado a otros investigadores previamente, las cifras bailaban demasiado debido a la influencia de fábricas y otras interferencias cercanas. Tenía que encontrar un lugar que estuviera aislado de esta cacofonía y lo halló en Big Sur, una región poco poblada de California donde las montañas de Santa Lucía se alzan sobre el océano Pacífico. Allí el ansiado dato emergió y se repitió durante varios días: 310 ppm. Como relata Spencer Weart, por fin se encontró un camino prometedor desde donde tomar el testigo de otros investigadores y desvelar un poco más sobre la geoquímica que rige el mundo:

> Keeling leyó el trabajo de Plass, habló con él y quedó impresionado. Al comenzar a estudiar los niveles de fluctuación del CO_2 en la atmósfera, había hablado de sus posibles aplicaciones en la agricultura. Pero lo que le interesaba de verdad era el estudio puramente científico de la geoquímica a escala mundial. ¿Qué procesos afectaban al nivel de CO_2, y sobre qué influía, a su vez, ese nivel?

Tras pisar sobre suelo seguro en Big Sur, el siguiente escalón debía estar allí donde se pudiera lograr una fotografía con mayor nitidez del CO_2. En 1956, Roger Revelle y Harry Wexler, meteorólogo de la United States Weather Bureau, movieron las fichas necesarias para que un pedacito de la financiación del AGI se destinase a esta labor. Así fue como la Scripps Institution of Oceanography contrató a Keeling para que realizara más mediciones en lugares alejados de las interferencias. El nuevo proyecto consistió en poner a trabajar los oportunos aparatos en dos sitios: la cima del volcán Mauna Loa, localizado en la isla de Hawái, y una de las bases científicas construidas en la Antártida. Después de depurar los resultados, para evitar los efectos de las emisiones del volcán o de cualquier maquinaria humana, se lograron cifras certeras que reflejaban la concentración real del CO_2 atmosférico. Concretamente, en marzo de 1958 el registro de Mauna Loa marcó 313 ppm.

A los pocos años de iniciarse este estudio, ante los ojos de la comunidad científica comenzó a materializarse la ya anticipada tendencia al alza. En 1960, en el artículo «The concentration and isotopic abundances of carbon dioxide in the atmosphere» publicado en la revista *Tellus*, Keeling anotó cuál podría ser la respuesta que nos esperaba tras el telón: «un aumento mundial del CO_2 de año en año». Sin embargo, la falta de fondos y la finalización del AGI acabaron cerrando la ventana situada en la Antártida. En 1963, la ausencia de dinero también afectó a la otra pata del proyecto, aunque por fortuna Keeling logró la financiación suficiente para seguir realizando mediciones en Mauna Loa. Este trabajo tuvo como fruto una de las imágenes más icónicas del cambio climático: la curva de Keeling. Se trata de una gráfica donde aparece reflejado cómo el susodicho gas de efecto invernadero sube año tras año debido a las actividades humanas. Una prueba irrefutable de nuestra huella en el cielo.

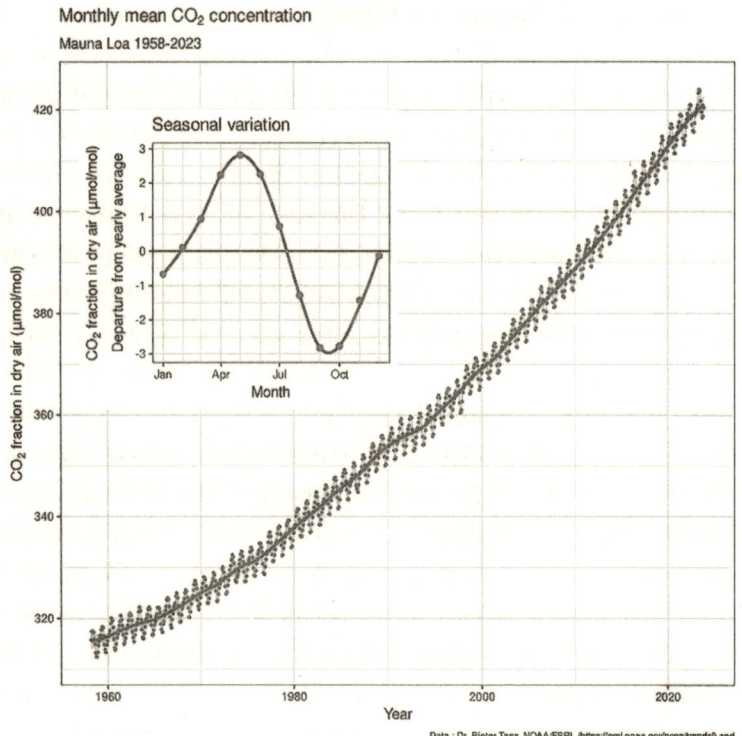

Data : Dr. Pieter Tans, NOAA/ESRL (https://gml.noaa.gov/ccgg/trends/) and Dr. Ralph Keeling, Scripps Institution of Oceanography (https://scrippsco2.ucsd.edu/). Accessed 2023-12-15
https://w.wiki/4ZWn

La curva de Keeling también muestra un aspecto algo menos llamativo. La línea ascendente de la gráfica está trazada por pequeñas subidas y bajadas, como si fueran los dientes de una sierra. Estas fluctuaciones son las marcas de las plantas, quienes se concentran en su mayoría en el hemisferio norte. Así nos lo explica el propio Keeling: «Estábamos presenciando por vez primera cómo la naturaleza extraía CO_2 del aire para el crecimiento de las plantas durante el verano y cómo lo devolvía en cada invierno posterior». Expresado de forma poética, se suele decir que se había descubierto la respiración de la Tierra. Ojalá esta gráfica solo fuese un cuadro con el que regocijarnos al comprender el mundo donde vivimos; pero la sombra del gigante se ha apropiado de todo lo contenido por el marco, recordándonos que la naturaleza no puede contrarrestar la gran exhalación de la humanidad.

¿Por qué estas cifras deberían darnos escalofríos? ¿Con respecto a qué se consideran elevados estos niveles de CO_2? Existe una forma de comparar nuestro cielo con aquellos reinantes en otros tiempos. Para ello, debemos acudir a las inmensas cantidades de hielo que descansan sobre la superficie de Groenlandia y la Antártida. Con el paso de los años, en estas regiones se han depositado capas y capas de hielo junto con burbujas de aire y otros elementos que nos ofrecen pistas sobre el pasado. Una suerte de libro congelado que narra la historia más reciente de la Tierra, cuyas páginas aprendimos a descifrar y leer en la década de los ochenta del siglo XX. De forma muy resumida, la técnica consiste en realizar perforaciones para extraer núcleos de hielo, tratarlos de forma adecuada, triturarlos e inspeccionar la composición de las burbujas que contienen.

En 1985, en la estación Vostok de la Antártida, se logró reunir la secuencia de un núcleo de hielo que en conjunto sumaba dos kilómetros de longitud. Su análisis ofreció datos de hasta ciento cincuenta mil años. Posteriormente, los investigadores de Vostok consiguieron muestras de hielo que se remontaban a cuatrocientos mil años. La procesión de burbujas de aire describió un clima oscilante donde en los periodos más cálidos el CO_2 se situó en 280 ppm, mientras que en los tiempos fríos la cifra bajó a 180 ppm. Durante el Holoceno, época que comenzó hace aproximadamente once mil setecientos años, la concentración varió entre unos 275 y 285 ppm. Este aspecto propició que las condiciones climáticas fueran más o menos estables y, lo más importante, favoreció el florecimiento de las distintas civilizaciones humanas. Sin embargo, alrededor del año 1750, el impulso de la Revolución Industrial comenzó a alejarnos del escenario marcado por las 280 ppm.

El siglo XIX se inauguró con un brusco cambio en las concentraciones de CO_2. Hacia el año 1900 el umbral de las 300 ppm ya se había sido superado y, a medida que el gigante se transformaba y crecía, la incorporación del gas de efecto invernadero se aceleró. En 2005, cuando Keeling falleció a los setenta y siete años, en Mauna Loa se registró un máximo de 380 ppm. El 9 de mayo de 2013 se alcanzó la barrera de las 400 ppm. Estas cifras muestran cómo nos hemos convertido en el mayor emisor de CO_2. En palabras del físico Lawrence M. Kraus: «Hasta hoy [2021], la actividad humana de los últimos sesenta años ha provocado la emi-

Sello impreso en Rusia (1965) que homenajea la mítica la estación del Polo Sur «Vostok» [Perro Baka].

sión de unas 400 Gt de carbono a la atmósfera. Esta cifra equivale a unos dos tercios del CO_2 previamente existente en la atmósfera durante el último millón de años, más o menos». Gran parte de esas emisiones han sido absorbidas por los océanos y otros sumideros de carbono de la Tierra, aunque queda claro que estos sistemas no son capaces de compensar la avalancha[36]. Pocos eventos han mellado este ascenso, entre los que podemos mencionar la Segunda Guerra Mundial. En 2020, durante los momentos más dramáticos de la COVID-19, las emisiones cayeron un 5,4 % con respecto a 2019. Sin embargo, aquel mismo año la Organización Meteorológica Mundial advirtió que la concentración de CO_2 atmosférico había marcado un nuevo récord: 413 ppm. La última vez que se alcanzaron estas concentraciones fue hace más de tres millones de años, durante el Plioceno Medio, cuando las temperaturas se situaron entre 2 °C y 3 °C más cálidas que las registradas en el tiempo preindustrial, mientras que el nivel del mar era entre quince y veinticinco metros más elevado que el actual.

Comenzamos este episodio con un gas que pasaba desapercibido o esquivaba todas las preguntas. El camino ha sido largo, lo normal en cualquier epopeya científica, pero el fruto final tras las hipótesis, debates y pruebas es una certeza inquebrantable. Finalmente, la sombra del gigante, ese CO_2 que liberamos en la quema de combustibles fósiles y otros procesos como la deforestación, ha quedado delimitada en forma y magnitud. ¿Es esto suficiente como para asegurar que el titán ensombrece a otros sistemas de la Tierra? ¿Hacia dónde nos encamina una mayor concentración de CO_2 en la atmósfera? Sobre el papel, todo parecía indicar que se produciría un aumento de las temperaturas. Aunque para estar seguros de esta afirmación la ciencia tenía que buscar, de nuevo, un camino seguro. El puzle debía ser completado con las piezas de la atmósfera y el clima.

---

36   En 2021, durante la erupción del volcán de Cumbre Vieja en La Palma de las islas Canarias, se liberaron unas tres mil toneladas diarias de CO_2 en los momentos de mayor actividad. En comparación, tan solo el tráfico aéreo de aquel momento suponía unas emisiones de trescientas treinta mil toneladas de CO_2 al día.

V. LA HELADORA DANZA CELESTIAL

MATEMÁTICAS PARA VIAJAR A MARTE

Una pesada puerta de hierro se cerró tras Milutin Milankovitch. Sentado en la cama de su celda, tan solo le quedaba reflexionar sobre cómo el futuro puede cambiar de un día para otro. Los acontecimientos los habían sorprendido en Dalj, su pueblo natal situado en el Imperio austrohúngaro y cercano a la frontera con Serbia, donde se encontraba celebrando con Kristina Topuzović su luna de miel. Pero el 28 de junio de 1914, a algo más de 300 km de aquel lugar, dos disparos hicieron estallar la tensión contenida en Europa. Durante una visita a Sarajevo, el archiduque Francisco Fernando de Austria y su esposa Sofía, duquesa de Hohenberg, fueron asesinados por Gavrilo Princip, estudiante serbobosnio perteneciente al movimiento revolucionario de la Joven Bosnia. En una vorágine que traspasó fronteras, las alianzas y enemistades tiraron de las naciones configurando el escenario bélico. Milankovitch acabó detenido por su condición de ciudadano serbio en territorio austrohúngaro. Sin duda era una situación bastante desafortunada, aunque pronto recordó que en su equipaje de mano portaba diversos manuscritos sobre sus investigaciones científicas. Armado con su pluma, se dispuso a escribir y calcular, evadiéndose así de la prisión y del comienzo de la Primera Guerra Mundial. Años más tarde, rememorando aquellos momentos, aseguró que «la pequeña habitación me pareció como un alojamiento para una noche durante mi viaje al Universo».

Milutin Milankovic (1879-1958).

¿Qué es lo que mantuvo distraída su mente? Pues el mismo misterio helador que atrapó a otras personas en el pasado, de quienes ya hablamos en el segundo capítulo. En 1909, Milankovitch había dejado a un lado su vida como ingeniero en la ciudad de Viena para trasladarse a la Universidad de Belgrado, donde ocuparía una cátedra de Matemáticas Aplicadas. Gracias a aquel nuevo rumbo, en 1912 la cuestión de las edades de hielo se cruzó en su camino mientras leía algunos trabajos del climatólogo Julius von Hann. Así fue como tuvo conocimiento sobre las indagaciones de otros científicos, en especial de Joseph Adhemar y James Croll, cuyas reflexiones habían señalado a las variaciones en la órbita terrestre como responsables del ir y venir de los glaciares[37]. Estas ideas habían caído en el olvido, debido a que los cálculos y razonamientos esgrimidos no habían convencido a los expertos en la materia. Sin embargo, Milankovitch juzgó la posibilidad de que sus defensores realmente tuvieran razón. Si esto fuera así, ¿qué sería necesario para demostrarlo? La avalancha de números que se escondía detrás de esa pregunta requería de cierta entereza y, más importante aún, de contar con las herramientas necesarias para alcanzar la meta.

Milankovitch inició su andadura analizando el papel de las matemáticas en la meteorología. Se percató de que en realidad «las matemáticas avanzadas no tenían ningún papel en esa ciencia», aunque se usaban cálculos elementales además de aplicar el marco de la física. Es decir, no se estaba aprovechando todo el potencial que ofrecían los números para describir lo que ocurría en la atmósfera. Por tanto, en 1912 una de sus primeras incursiones consistió en aplicar sus conocimientos matemáticos para delinear el clima actual de la Tierra con base en cómo la insolación, la energía que depende de la radiación solar, influye en la temperatura de la superficie terrestre. Un año después logró desarrollar una teoría matemática para describir las zonas climáticas teniendo en cuenta, de nuevo, la insolación. Gracias a este trabajo,

---

37   Joseph Alphonse Adhémar, matemático francés, es considerado como la primera persona que sugirió la relación entre las glaciaciones y las fuerzas astronómicas. Mencionó esta vinculación en su libro *Revolutions of the Sea*, publicado en 1842.

Milankovitch estaba sentando las bases para poder relacionar las características climáticas de la Tierra con su movimiento alrededor del Sol. Además, había esbozado una suerte de máquina con la que ir mucho más lejos, hacia otros mundos y épocas:

> Tal teoría nos permitiría ir más allá del rango de las observaciones directas, no solo en el espacio, sino también en el tiempo [...] Permitiría la reconstrucción del clima de la Tierra, y también sus predicciones, así como darnos los primeros datos fiables sobre las condiciones climáticas en otros planetas.

En efecto, Milankovitch había hallado la forma de viajar en el tiempo para conocer la historia climática de la Tierra. Con los ojos puestos en la astronomía, que explica cómo tienen lugar las variaciones de la órbita, se podía determinar la radiación solar recibida por el planeta y finalmente responder a la cuestión sobre los climas que reinaron en el pasado. El hielo de los glaciares lucía ahora menos misterioso. Esta era la cuestión que mantenía ocupada la mente de nuestro protagonista cuando la guerra estalló en 1914.

Mientras su marido estaba detenido, Kristina Topuzović acudió a Viena, donde se reunió con Emanuel Czuber. El matemático austriaco, quien había sido mentor de Milankovitch, utilizó sus contactos para que su amigo cumpliera la condena en Budapest, capital de Hungría, donde disfrutaría de unas condiciones radicalmente mejores. Así nos lo relata Bill Bryson en *Una breve historia de casi todo*[38]:

> Pasó la mayor parte de los cuatro años siguientes en Budapest, sometido a un arresto domiciliario flexible que no le obligaba más que a presentarse a la policía una vez por semana. El resto del tiempo lo pasaba trabajando en la biblioteca de la Academia de Ciencias Húngaras. Es posible que fuese el prisionero de guerra más feliz de la historia.

Fue Koloman von Szilly, matemático y director de la susodicha biblioteca, quien le abrió las puertas de su nuevo lugar de

---

38   Emanuel Czuber pertenecía al grupo de asesores de la corte del Imperio austrohúngaro. Por otro lado, su hija Bertha Czuber era la esposa morganática del archiduque Fernando Carlos de Austria, hermano menor de Francisco Fernando de Austria.

trabajo. Durante este tiempo, Milankovitch utilizó su peculiar máquina para franquear fronteras y el dominio de la Tierra con el objetivo de estudiar el clima de planetas como Marte. Finalizada la Primera Guerra Mundial, en 1919 regresó a Belgrado, donde continuó desarrollando sus modelos matemáticos para rastrear las glaciaciones a lo largo de miles de años. En esta labor no estuvo solo. Recibió el apoyo de científicos como el climatólogo Wladimir Köppen y Alfred Wegener, yerno de Köppen y geofísico que alumbraría la teoría de la deriva continental. Ambos, en 1924, publicaron un artículo en el que apoyaban la idea de la influencia astronómica en las glaciaciones[39].

Las indagaciones de Milankovitch demostraban que Croll tenía razón. Aunque el problema subyacente era cómo montar un puzle que sobrepasaba con creces el concepto de simple. Las variaciones estudiadas dependían de la excentricidad de la órbita de la Tierra (la cual presenta un ciclo de 100 000 años), la inclinación del eje terrestre (que dura unos 41 000 años por ciclo) y la precesión de los equinoccios (cuyos ciclos son de aproximadamente 23 000 años). Había que comprender aquel baile cósmico con todo detalle, para así hallar la cantidad real de radiación solar que llegaba al planeta. Por otro lado, también fue necesario cierto cambio de perspectiva. Previamente, Croll había puesto la lupa sobre los inviernos: una temporada invernal más fría de lo normal conllevaría una mayor acumulación de hielo y, debido al efecto albedo, las condiciones se retroalimentarían hasta una Edad de Hielo. Sin embargo, Köppen señaló que la causa se escondía en los veranos frescos, momentos en los que no se produciría el suficiente calor para derretir la nieve caída meses antes. En esos casos el siguiente invierno partía con ventaja. Por ello, Köppen sugirió centrar los cálculos entre las latitudes cincuenta y cinco y sesenta y cinco grados norte, ya que eran las zonas más sensibles a dichas situaciones. Armado con su modelo, y suponemos que

---

39 La contribución científica más importante de Wladimir Köppen tiene que ver con su trabajo a la hora de clasificar los diferentes climas de la Tierra. Para ello estableció una correlación entre los tipos de vegetación y el clima donde se desarrollaban. La conocida como «clasificación climática de Köppen» se sigue usando hoy en día, tras ser perfilada con algunas variaciones.

Belgrado, Serbia, 11 de abril de 2019. Monumento al célebre
científico Milutin Milankovic [Baloncici].

también con mucha paciencia, Milankovitch calculó los cambios en la radiación solar durante los últimos seiscientos cincuenta mil años, esperando encontrar la sombra de los glaciares.

¿Consiguió Milankovitch convencer a la ciencia de su tiempo? Para ello necesitaba que su modelo tuviera correlación con lo observado en el mundo real. Es decir, que las pruebas físicas de las edades de hielo, las cuales llevaban siendo recopiladas desde el siglo XIX, encajasen con la nueva ficha hecha con números. Una de las primeras pruebas aportadas a su favor fueron las varvas. Dicho término hace referencia a las capas de sedimentos depositados de forma estacional en los lagos, cada una de las cuales se conoce como «varva». En 1878, dichas formaciones situadas en lagos glaciares escandinavos llamaron la atención de Gerard De Geer, geólogo sueco, que vio en ellas una interesante semejanza: «De la obvia similitud con los anillos regulares anuales de los árboles, tuve la impresión de que ambos deberían ser depósitos anuales». De Geer pensaba que, en su mayoría, los sedimentos que formaban las varvas habían sido arrastrados por el agua del deshielo de los glaciares, el cual en última instancia estaba controlado por la cantidad de radiación solar. Por tanto, estudiando este «termógrafo de autorregistro natural gigantesco» podríamos seguir las pulsaciones de las glaciaciones. Junto con sus colaboradores, De Geer desplegó sus esfuerzos por todo el globo para analizar varvas en Suecia, Finlandia, Noruega, América del Norte, el Himalaya, África Oriental, América del Sur y Nueva Zelanda. El objetivo final de la búsqueda era hallar una teleconexión, o asociación entre variables climáticas alejadas entre sí, cuya existencia podría apuntalar la hipótesis astronómica: «Si la última glaciación en todas partes mostrara ser sincrónica y el origen de la última Edad de Hielo fuera de naturaleza general, la suposición de una era cósmica difícilmente sería evitable». Pero las pruebas inequívocas nunca llegaron, ya que la formación de las varvas era, de nuevo, un asunto no tan sencillo.

Para la década de 1930, cuando Milankovitch ya había publicado su libro *La climatología matemática y la teoría astronómica de los cambios climáticos*, la falta de pruebas alimentó el escepticismo hacia la hipótesis astronómica. Sus cálculos se enfrenta-

Sello postal servio emitido para conmemorar el centenario
del calendario de Milutin Milankovic.

ron a un campo científico bien establecido y cuyas fisuras, desde
donde se podría promover cierto cambio de pensamiento, eran
difíciles de hallar. En 1909, los geógrafos alemanes Albrecht Penck
y Eduard Brückner habían publicado *Los Alpes en la Edad de
Hielo*, una obra de tres volúmenes donde defendían que durante
el Pleistoceno la Tierra vivió cuatro periodos glaciales: Günz,
Mindel, Riss y Würm. Ni más, ni menos. Este canon se mantuvo
durante décadas y, para desgracia de Milankovitch, su modelo no
encajaba aquí, haciendo que solo recolectase gestos de incredu-
lidad. En palabras del físico Spencer Weart: «La mayoría de los
científicos consideraba traída por los pelos la afirmación de que
una minúscula alteración de la luz solar pudiese sepultar medio
continente bajo el hielo». La hipótesis astronómica regresó a la
papelera de reciclaje.

PISTAS ENCERRADAS EN FÓSILES

Imaginemos a un belemnite en algún mar del Cretácico, hace cien millones de años. Está devorando la última presa que ha tenido la desgracia de sucumbir ante sus diez tentáculos. Tras el tentempié, el primitivo cefalópodo nada buscando su próxima comida en un mundo dominado por reptiles gigantes. Sus entrañas y bioquímica procesan cada aporte de nutrientes, transformándolos en las moléculas que han de configurar al molusco. Un ajetreo microscópico, caótico pero ordenado, que se traduce en el crecimiento del organismo hasta el momento de su muerte. Si las condiciones son favorables, los sedimentos reclamarán sus restos y el proceso de fosilización preservará algunos vestigios de esta forma de vida ya extinta. En el caso de los belemnites, las conchas internas en forma de bala representan sus fósiles más comunes. Dichas estructuras, además de hablarnos sobre la anatomía de estos animales, guardan en su interior pistas sobre el mundo de los dinosaurios. En concreto, sobre el clima que la Tierra tenía en aquellos momentos.

En vida, nuestro belemnite construyó su cuerpo con infinidad de átomos de carbono, hidrógeno, oxígeno, nitrógeno y demás elementos. Centrémonos solo en el oxígeno presente en la concha del molusco, entre cuyos átomos podemos hallar dos tipos de isótopos que no están representados por igual: oxígeno 18 (^{18}O) y oxígeno 16 (^{16}O). El primero es poco común dado que su abundancia en la naturaleza es del 0,2 %, mientras que el segundo es la forma abrumadoramente mayoritaria al constituir el 99,76 %[40]. También debemos tener en cuenta que el ^{18}O es dos neutrones más pesado que el ^{16}O. De esta forma, las moléculas de agua (H_2O) formadas con ^{18}O serán de mayor peso que las otras. Aquí se halla la clave para el siguiente episodio de esta historia. Las moléculas de agua con ^{18}O requieren más energía, es decir, más calor, para ser evaporadas frente a las que tienen ^{16}O. Por tanto, cuando en la Tierra impera el frío, aumenta la cantidad de ^{18}O presente en

---

40   Obviamente, entre el ^{18}O y el ^{16}O encontramos el ^{17}O. Este isótopo tiene una abundancia natural del 0,0373 %.

Belemnites fósiles [Viacheslav Lopatin].

los océanos y, por extensión, entre los organismos que chapotean, beben y comen en este medio. La persona que reparó en este detalle fue Harold Urey, químico nuclear estadounidense. En 1947, mientras trabajaba en el Institute for Nuclear Studies o Enrico Fermi Institute de la Universidad de Chicago, demostró que los isótopos de oxígeno podían ser usados en la investigación paleoclimática. Para ello, examinó la relación $^{18}O/^{16}O$ presente en un fósil de belemnite que vivió hace cien millones de años, logrando así determinar las temperaturas de verano e invierno experimentadas por el cefalópodo durante cuatro años. Había encontrado un termómetro oculto en los fósiles.

Sin embargo, quien se adentró en esta nueva senda fue otro científico. En 1945, Cesare Emiliani se había especializado en micropaleontología en Bolonia, Italia. Poco después, emigró a Estados Unidos y comenzó a trabajar en la Universidad de Chicago, donde tomaría el testigo de Urey para estudiar paleoclimatología a través de los isótopos. Aunque Emiliani puso su lupa sobre unas criaturas mucho más pequeñas que los belemnites. Los foraminíferos, a pesar de ser organismos eucariotas, no pueden encajarse en el reino animal, ni entre las plantas u hongos. Son seres unicelulares, por lo general con un tamaño menor de 1 mm[41], que presentan conchas o estructuras duras. Al morir, sus restos acaban en el fondo marino, donde quedarán sepultados tras capas y capas de sedimento. En este libro escrito con fósiles de foraminíferos, Emiliani esperaba poder leer las proporciones de $^{18}O/^{16}O$ y traducirlas para comprender los cambios climáticos del Pleistoceno. Pero antes de curiosear en las primeras páginas, Emiliani razonó que era preciso conocer cuánto se tardaba en escribir cada una de ellas. Es decir, ¿cuál era la escala temporal representada en cada capa de sedimentos? A fin de despejar esta incógnita, recurrió al estudio del carbono 14, isótopo que resultó

---

41   Por lo general, los foraminíferos tienen un tamaño menor de 1 mm. Sin embargo, en el catálogo de estas criaturas podemos hallar verdaderos gigantes celulares. El mayor de ellos, un xenofióforo de la especie *Syringammina fragilissima*, es un organismo unicelular multinucleado que alcanza los 20 cm de diámetro. En comparación, la célula humana más grande, el óvulo, mide una décima de milímetro de diámetro.

eficaz para calcular el tiempo de sedimentación en las muestras más recientes[42].

En noviembre de 1955, el trabajo de Emiliani apareció plasmado en un artículo titulado «Pleistocene Temperatures», el cual se publicó en *The Journal of Geology*:

> Los análisis isotópicos de oxígeno de los foraminíferos pelágicos de los núcleos de aguas profundas del Atlántico, el Caribe y el Pacífico indican que la temperatura de las aguas superficiales en el Atlántico ecuatorial y el Caribe sufrió oscilaciones periódicas durante el Pleistoceno con una amplitud de alrededor de 6 °C.

Los foraminíferos resultaron ser un buen registro de las temperaturas, cuya representación en gráficas mostraban los últimos ciclos climáticos experimentados por la Tierra. Ciclos que desentonaban con el canon geológico y las cuatro edades de hielo establecidas por Penck y Brückner. El hallazgo de «oscilaciones periódicas», donde las glaciaciones debían de hacer acto de presencia de forma recurrente, exigía una explicación. Y la hipótesis astronómica, defendida tiempo atrás por Milankovitch, aportaba aquí un marco prometedor.

Emiliani se embarcó en una campaña para conseguir más pruebas. El problema es que estas se encontraban enterradas bajo el fondo marino. Por eso, tras ser convencido por el oceanógrafo Walton Smith, se trasladó a la Universidad de Miami, donde contaban con los barcos y los profesionales necesarios para extraer núcleos de sedimentos. Así llegó hasta sus manos una serie de núcleos cuya edad se remontaba a más de cuatrocientos mil años y, lo más importante, que confirmaba que el esquema de cuatro glaciaciones era incorrecto. Con la confianza que aportaban aquellas piezas, Emiliani aseguró haber hallado el rastro de docenas de glaciaciones, defendió su correlación con los cálculos de Milankovitch y lanzó una predicción. En 1966, tras calcular el

---

42　En este trabajo también participó Hans Suess, a quien ya conocimos en el capítulo anterior, el cual investigó bajo la batuta de Harold Urey para conocer los compuestos hallados en meteoritos. Suess utilizó el carbono 14 para mejorar la cronología, descubriendo así ciclos climáticos de unos cuarenta mil años.

futuro del actual ciclo, declaró que «una nueva glaciación comenzará dentro de unos pocos miles de años».

¿Dieron los foraminíferos la solidez definitiva que necesitaban las ideas de Milankovitch y Emiliani? A estas alturas de nuestra historia no nos debería sorprender que la comunidad científica, siempre dispuesta a buscar hilos sueltos, aplicase su filtro escéptico. De forma muy resumida, diremos que hacían falta más pruebas. Aunque en esta ocasión una caballería de registros climáticos acudiría al rescate. Y aquí los isótopos de oxígeno aún tenían mucho que decir. En la década de 1950, el paleoclimatólogo danés Willi Dansgaard había desarrollado en la Universidad de Copenhague un espectrómetro de masas capaz de analizar los isótopos presentes en el agua. Dansgaard descubrió que, conociendo la proporción de $^{18}O/^{16}O$ de una muestra de lluvia o nieve, era posible determinar la temperatura de las nubes desde donde había caído. Si el ambiente era más cálido, habría una mayor cantidad de ^{18}O y viceversa[43]. Además, tras evaporarse en los océanos, el agua inicia un viaje atmosférico con destino a alguno de los dos polos. En este camino, las moléculas con ^{18}O tienden a apearse antes cuando se producen precipitaciones. Teniendo todo esto en cuenta, si analizamos el ^{18}O presente en las capas de hielo acumuladas durante miles de años en Groenlandia o la Antártida, se puede adivinar la temperatura terrestre en el momento de su formación. Extraer núcleos de hielo no era una tarea sencilla, dadas las condiciones heladoras, pero en los años sesenta los esfuerzos de diversos grupos comenzaron a dar sus frutos. En Camp Century, una base militar de investigación científica de Estados Unidos situada en Groenlandia, se logró en 1966 perforar hasta la base del hielo. Habían alcanzado 1387 m de profundidad. Poco después, en 1968, el mismo taladro usado en Camp Century fue transportado hasta la Base Byrd, también estadounidense y establecida en la Antártida durante el Año Geofísico Internacional.

---

43   El deuterio, un isótopo de hidrógeno que contiene un neutrón, también resulta muy útil en este tipo de estudios. Al igual que pasa con el ^{18}O, se necesita más energía para evaporar el deuterio. Por tanto, midiendo la presencia de deuterio en núcleos de hielo podemos inferir la temperatura. Dansgaard fue el primero en interrogar al deuterio para conocer climas del pasado.

Aquí se llegó igualmente hasta el lecho rocoso, localizado a 2164 m. Al comparar los registros de ambas regiones, se constató el carácter global y no canónico de los cambios climáticos.

La Tierra resultó estar llena de libros donde leer su historia climática. Los *loess*, depósitos de limos formados por la acción del viento, también guardaban pistas sobre las glaciaciones. El primero en darse cuenta de ello fue el climatólogo George Kukla, tras evaluar las capas que componían un *loess* en la antigua Checoslovaquia. Para estudiar este tipo de registro se recurrió al paleomagnetismo, donde se analiza la variación del campo magnético de la Tierra a lo largo del tiempo, el cual incluso puede invertirse completamente. Estos cambios quedan plasmados en los minerales ferromagnéticos creados en ese momento determinado. Las capas de limos fueron datadas usando dicha técnica, encontrando así otra correlación con los ciclos de Milankovitch.

Mientras tanto, el geoquímico estadounidense Wallace Broecker puso sus ojos sobre los arrecifes de coral que, con el paso de los milenios, se habían visto sometidos al descenso o ascenso del nivel del mar. En última instancia, dichos eventos también tienen relación con las épocas glaciares. Cuando el hielo se acumula en los continentes, el nivel del mar baja y esto acaba afectando al crecimiento de los corales. ¿Cómo se podía descifrar esta prueba? La clave se encontraba en la datación por uranio-torio, la cual permite determinar la edad de los materiales con carbonato de calcio. El isótopo de uranio 234 (^{234}U) tiene una vida media de 245 000 años y, tras descomponerse, da lugar a torio 230 (^{230}Th), que presenta una vida media de 75 000 años. Usando esta herramienta, centrada en el equilibrio entre ^{234}U y ^{230}Th, puede alcanzarse un límite que ronda los quinientos mil años. En 1965, durante una conferencia en Boulder (Colorado), Broecker habló sobre la investigación que había capitaneado y sentenció: «La hipótesis de Milankovitch ya no puede considerarse solo una curiosidad interesante». Poco después, en 1968, tras una expedición a Barbados, halló más pruebas. La historia que narraban los arrecifes de coral coincidía con los ciclos marcados por la hipótesis astronómica.

La prueba definitiva llegaría en 1973 de la mano de Nicholas Shackleton, paleoclimatólogo inglés. Aquel año publicó un artí-

De izquierda a derecha: Gerald J. Wasserburg, César Emiliani, y el Dr. Urey, ganador del Premio Nobel de Química en 1934 [Universidad de Chicago, Illinois, 1955].

culo en la revista *Quaternary Research*, junto con el geólogo estadounidense Neil D. Opdyke, donde relataban cómo habían descifrado los secretos del conocido como «núcleo Vema 28-238». Durante una expedición, cerca de las islas Salomón en el océano Pacífico, el buque de investigación Vema había extraído de las entrañas del fondo marino, a una profundidad de 3120 m, el susodicho núcleo de sedimentos. A simple vista, una muestra de Vema 28-238 no tenía más atractivo que un puñado de fango oscuro. Pero uno de los aspectos más fascinantes de la ciencia consiste en usar distintas lentes para revelar lo que nuestros ojos no pueden ver. Si recordamos, Emiliani había datado capas de sedimentos recientes gracias al carbono 14, aunque este sistema no permitía ir más allá, dada la vida media de dicho isótopo. En el caso de Vema 28-238 se recurrió a la datación por potasio-argón, que permitía la medición de tiempos mayores. Las rocas volcánicas presentan isótopos de potasio 40 (^{40}K), los cuales al desintegrarse generan argón 40 (^{40}Ar), gas que queda atrapado en la roca. Conociendo la vida media del ^{40}K, unos muy largos 1251 x 10^9 años, podemos nuevamente dar fechas. La otra cuestión importante de este caso es el registro del campo magnético en esas mismas muestras con isótopos. Gracias a este doble enfoque, se logró una datación más precisa al correlacionar las escalas de la proporción $^{40}K/^{40}Ar$ y del paleomagnetismo. Los sedimentos de Vema 28-238 resultaron remontarse hasta hace ochocientos setenta mil años e incluían la última inversión del campo magnético, la cual ocurrió hace unos setecientos mil años. Tras determinar el tiempo registrado en las capas de sedimento, el siguiente paso consistió en analizar los foraminíferos que allí yacían. Utilizando el mismo sistema descrito anteriormente, los isótopos de oxígeno narraron una historia climática donde existía «una correlación detallada con las secuencias descritas por Emiliani». El fango de Vema 28-238, visto desde el prisma de la ciencia, reveló veintidós etapas que «representan épocas alternas de alto y bajo volumen de hielo en el hemisferio norte».

Las ideas de Milankovitch contaban por fin con las suficientes pruebas científicas. La década de 1970 marcó un punto de transición, tras el cual las variaciones orbitales lucieron como una pieza razonable para explicar el clima terrestre. Shackleton, junto con el geólogo James Hays y el oceanógrafo John Imbrie, publicó en 1976 un artículo en *Science* titulado «Variations in the Earth's Orbit: Pacemaker of the Ice Ages». En este trabajo demostraron que ambas actuaciones (el relato de los foraminíferos con sus isótopos de oxígeno y el baile astronómico de la Tierra) formaban parte de la misma gran obra teatral. El clima de nuestro planeta estaba influido por un marcapasos que dictaba «períodos de 23.000, 41.000 y aproximadamente 100.000 años», lo cual llevaba a concluir que «los cambios en la geometría orbital de la Tierra son la causa fundamental de la sucesión de las glaciaciones del Cuaternario». Esta investigación también les permitió echar un vistazo al futuro, alineándose con lo predicho por Emiliani:

> Un modelo del clima futuro basado en las relaciones orbitales-climáticas observadas, pero ignorando los efectos antropogénicos, predice que la tendencia a largo plazo durante los próximos miles de años es hacia una extensa glaciación en el hemisferio norte.

Hemos llegado al final de otro sendero. Ahora la ciencia entendía mejor cómo había cambiado el clima de la Tierra. Era un gran avance, aunque seguían quedando más incógnitas. ¿Cómo era posible que variaciones sutiles en la radiación solar resultaran en cambios drásticos del clima? En este punto confluye el camino que recorrimos en el capítulo IV, mientras le seguíamos la pista al CO_2 hasta las burbujas de aire atrapadas en el hielo de Groenlandia o la Antártida. Estos registros de otros tiempos mostraron que el gas de efecto invernadero también estaba implicado. El CO_2, cuya concentración oscilaba siguiendo sus propias dinámicas, actuaba como un amplificador de los cambios orbitales. Tampoco debemos olvidar que este puzle debe completarse con otras piezas, como los volcanes o la actividad solar, pero no nos adelantemos. Podremos colocarlas próximamente. La moraleja de esta historia, que iniciamos con Croll y terminamos con Shackleton, es que mirar al pasado nos permitió comprender cómo los gigantes gobiernan nuestro hogar.

VI. LOS SECRETOS OCULTOS EN EL CIELO

LA FÁBRICA DE LOS PRONÓSTICOS

La fábrica consiste en una gran sala esférica con múltiples palcos a diferentes alturas. El lugar es luminoso, lo cual permite admirar el mapa de la Tierra que decora toda la pared del recinto, centímetro a centímetro. Si miramos al techo, veremos el reino blanco del Ártico y Groenlandia. Un poco más abajo, aparecen Inglaterra, los Grandes Lagos de América del Norte o la inmensa extensión de Rusia. El Caribe, el desierto del Sáhara, la India y la enorme manta azul del océano Pacífico van surgiendo hasta llegar al ecuador, el cual se halla, fiel a la realidad, a mitad de la esfera. Después continúan América del Sur y África y, tras terminar Asia, se representan las islas de Indonesia y Australia, justo por donde hemos entrado. Y más hacia abajo se encuentra la Antártida. El ambiente está dominado por el sonido de libros siendo usados, folios susurrando e innumerables lápices garabateando números. Es el murmullo de los trabajadores de la fábrica, quienes están atareados en los palcos. Hay miles de personas calculando. Una plantilla de sesenta mil calculadores que se turnan a lo largo del día. Cada uno de ellos se centra en una parte del mapa, siendo su misión resolver las ecuaciones que gobiernan esas regiones. Señales luminosas proyectan de forma instantánea en sus mesas de trabajo los valores obtenidos por los calculadores contiguos, haciendo que el sistema esté conectado de norte a sur. Aun así, para evitar errores,

Lewis Fry Richardson (1881-1953).

en cada palco hay un funcionario de nivel superior que supervisa las fórmulas y resultados. Desde el corazón antártico, se alza hasta la mitad de la esfera un enorme pilar coronado por una gran tribuna. Este es el puesto de la persona a cargo de todo, el director de una orquesta matemática, así como de sus ayudantes y los mensajeros. Desde allí garantizan que las operaciones fluyan a la velocidad adecuada. El director proyecta un haz de luz roja sobre las regiones que se adelantan a su cometido, mientras que el haz azul indica que van atrasados. La labor de los mensajeros, que ocupan el penúltimo eslabón, es recopilar los pronósticos futuros tan rápido como se hayan deducido y enviarlos por tubos neumáticos a otra habitación. En ese lugar tiene lugar la preparación de la información y, finalmente, su transmisión por teléfono a las estaciones de radio. Así los ciudadanos podrán saber si, al salir de casa, deben llevar o no paraguas.

Esta fábrica de los pronósticos fue imaginada por Lewis Fry Richardson a principios del siglo xx. Por aquel entonces, la predicción precisa del tiempo atmosférico era una suerte de reliquia para los meteorólogos, quienes debatían si la ciencia algún día sería capaz de lograr dicho cometido. En realidad, era una cuestión que venía de lejos. En 1854, el oficial de la Royal Navy Robert FitzRoy, el cual había capitaneado el HMS Beagle durante el famoso viaje de Charles Darwin, se desempeñó en esta labor a través de la Met Office o Meteorological Office de Reino Unido. El servicio de esta oficina estaba dirigido a los marineros, siendo uno de sus objetivos evitar la pérdida de vidas en el mar. La amenaza de las tormentas era un asunto serio, cuyas consecuencias podían ser catastróficas. Concretamente, la gran tormenta de 1859 hizo evidente la necesidad de vigilar los cielos. Entre los días 25 y 26 de octubre de aquel año, una tormenta azotó el mar de Irlanda provocando el hundimiento de unos ciento treinta barcos y cobrándose la vida de unas ochocientas personas. Gran parte de las víctimas, más de cuatrocientas cincuenta, viajaban a bordo del *clipper* Royal Charter, el cual fue arrastrado hacia las rocas. Para evitar estos desastres, FitzRoy coordinaba el trabajo de quince estaciones costeras que seguían de cerca la evolución de la atmósfera. Gracias al telégrafo, los datos podían ser recopilados y enviados al periódico *The Times*. Como relata el meteorólogo José Miguel Viñas, en su libro *El tiempo*, FitzRoy uso las herramientas de su época para mirar a través de una bola de cristal:

> El 1 de agosto de 1861, FitzRoy dio un paso más allá al añadir a su habitual informe meteorológico en el citado periódico un pequeño texto con la predicción del tiempo para los dos días siguientes. Por primera vez en la historia, un periódico publicaba un pronóstico meteorológico.

Al mismo tiempo, el astrónomo y matemático francés Urbain Le Verrier también escudriñó la atmósfera a fin de evitar desgracias en el mar. En 1854, una tormenta ocurrida en el mar Negro causó graves destrozos en la flota anglofrancesa, la cual debía enfrentarse a los barcos rusos durante el transcurso de la guerra de Crimea. Napoleón III, el emperador de Francia, encargó a Le Verrier estudiar el fenómeno con la intención de evitar futuras catástrofes. Le Verrier descubrió que, combinando la recopilación de datos meteorológicos realizados por distintos observatorios y el uso del telégrafo para mantener la conexión, el suceso podría haber sido predicho; y sus consecuencias, evitadas.

Sello postal francés con la efigie de Le Verrier (1811-1877).

Sin embargo, los pilares de la previsión meteorológica moderna serían erigidos por Vilhelm Bjerknes. A principios del siglo xx, el físico noruego señaló que, para abordar el problema de la predicción del tiempo, la meteorología debía centrarse en dos aspectos claves: conocer de forma exacta el estado de la atmósfera en el momento inicial y comprender, también de manera precisa, las leyes físicas que actúan en dicho sistema. De esta forma, Bjerknes instó a prestar atención a variables como la presión, la temperatura, la humedad o la velocidad del viento, cuyos datos servirían para alimentar ecuaciones de movimiento hidrodinámico o termodinámicas, entre otras. Con dicho objetivo en mente, en 1912 desde la Universidad de Leipzig (Alemania) promovió la publicación de mapas meteorológicos basados en datos recabados en distintos puntos de Europa. El camino hallado por Bjerknes invitaba al optimismo: «Quizá algún día sea posible utilizar un método de este tipo como base para un servicio meteorológico práctico diario».

En 1913, Richardson tuvo conocimiento de las ideas de Bjerknes mientras trabajaba en la Met Office como superintendente del Eskdalemuir Observatory, situado en Escocia. ¿Sería posible realizar predicciones meteorológicas diarias usando las herramientas dispuestas por la física? Esta inquietud acompañaría a Richardson durante años, incluso en uno de los tiempos más convulsos de la humanidad. Impulsado por su educación cuáquera, la cual le había inculcado un profundo pacifismo, durante la Primera Guerra Mundial renunció a su puesto en la Met Office[44]. En su lugar, se unió a la Friends' Ambulance Unit para desempeñarse como conductor de ambulancias en Francia. Estuvo dos años trabajando cerca de los combates y sufriendo el estruendo de la artillería, pero aun así no perdió de vista la incógnita científica. Al mismo tiempo, gracias a un método matemático basado

---

44 Cuando Richardson regresó de la guerra, volvió a ser contratado por la Met Office. Sin embargo, permaneció en el puesto solamente durante un año. La Met Office había pasado a estar gestionada por el Air Ministry, cuya responsabilidad también incluía a la Royal Air Force. Por tanto, como pacifista comprometido, Richardson renunció una vez más a su trabajo. Incluso llegó a destruir algunos de los resultados de sus investigaciones, para evitar su uso con fines militares.

en ecuaciones diferenciales desarrollado por él mismo, trató de poner a prueba las ideas de Bjerknes. Usando los datos y mapas recopilados por el físico noruego, Richardson centró su pronóstico en un día concreto, el 20 de mayo de 1910, partiendo desde las 07:00 a. m. hasta avanzar unas seis horas después. Aunque sus pesquisas iban bien encaminadas, el resultado fue a todas luces infructuoso. Los cálculos arrojaron una variación de la presión atmosférica totalmente alejada de la realidad. Además, para hallar la solución había invertido seis semanas de trabajo con papel y lápiz. En 1922 Richardson publicó el libro *Weather Prediction by Numerical Process*, donde detallaba cómo las matemáticas eran la vía para alcanzar el pronóstico del tiempo. Sin embargo, la ardua pendiente de operaciones seguía siendo un factor muy persuasivo: «Es posible que algún día de un impreciso futuro se puedan realizar los cálculos antes de que el tiempo se eche encima». La fábrica de los pronósticos parecía algo que solo podía existir en el mundo de los sueños.

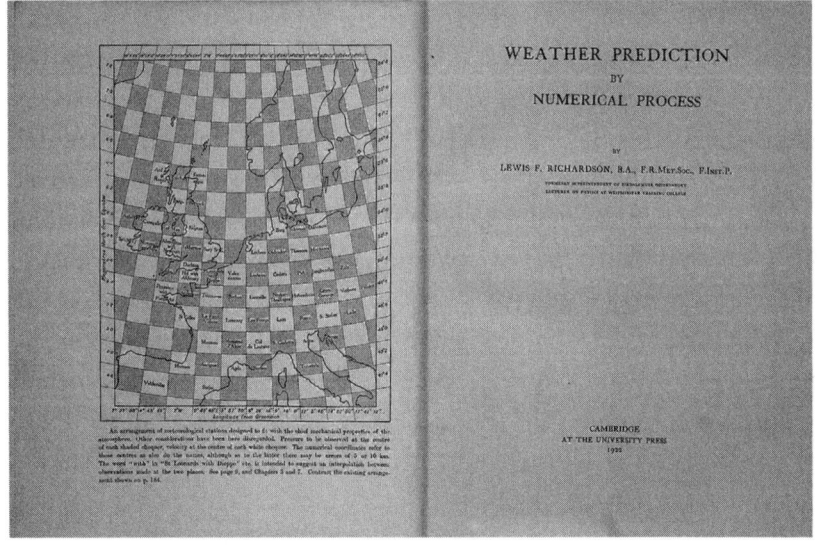

La obra de Richardson *Weather Prediction by Numerical Process*.

La ensoñación de Richardson, y de quienes dibujaban los mapas meteorológicos, no tardaría en hacerse realidad. Demos un salto en la línea cronológica hasta el año 1950. En el mes de noviembre, la revista *Tellus* publicó un artículo firmado por los meteorólogos Jule Gregory Charney y Ragnar Fjørtoft, junto con el matemático John von Neumann. En el trabajo se detallaba una serie de pronósticos, los cuales habían sido calculados mediante un sistema de predicción meteorológica numérica. Justo al final de la publicación, la sección de agradecimientos comenzaba con la siguiente frase: «Los escritores desean agradecer a la Sra. K. von Neumann por la instrucción en la técnica de codificación para ENIAC y por verificar el código final». Una escueta mención para la mujer cuyo trabajo fue decisivo en la siguiente parada de nuestro relato.

Klára Dán y John von Neumann se conocieron en Budapest en el año 1937 y, tras ambos divorciarse de sus respectivas parejas, se casaron al año siguiente. Debido al auge del nazismo en Alemania y al estallido de la Segunda Guerra Mundial, emigraron a Estados Unidos, donde Von Neumann ocupó una cátedra en la Universidad de Princeton. Poco después, Von Neumann se trasladó a Los Álamos (Nuevo México) para formar parte del Proyecto Manhattan, destinado a construir las primeras armas nucleares, mientras que Dán permaneció en Princeton trabajando en la universidad. Finalizada la guerra, el matrimonio trabajaría codo con codo en la programación de la máquina MANIAC I, localizada en Los Álamos y utilizada en la investigación de procesos termonucleares[45]. Estas recién aparecidas y enormes máquinas computadoras también ofrecían la posibilidad de digerir otros asuntos, donde se acumulaban enormes montañas de números. Por eso, en 1946, Von Neumann financió la creación del

---

45 Entre los logros de MANIAC I se encuentra el de ser la primera computadora en ganar a un humano en una variante de ajedrez conocida como «ajedrez Los Álamos». En esta modalidad, el tablero es de 6x6 casillas en lugar de 8x8 y se juega sin alfiles. Esta reducción se realizó para adaptar el juego a la memoria y poder de cálculo de MANIAC I. Sucedió en 1956.

Meteorological Program de la Universidad de Princeton con fondos de la Marina de Estados Unidos. Este proyecto se serviría de la máquina conocida como ENIAC (*Electronic Numerical Integrator And Computer*) para superar la escabrosa senda de los pronósticos meteorológicos.

ENIAC había sido construida en 1945 por los ingenieros John Presper Eckert y John William Mauchly en la Universidad de Pensilvania. Posteriormente, en 1947, fue trasladada a una instalación del ejército estadounidense localizada cerca de Aberdeen (Maryland). La mudanza no debió de ser fácil. ENIAC era un gigante de metal alimentado con electricidad: pesaba 27 toneladas, ocupaba cerca de 170 m^2 y medía más de 2 m de alto y 24 m de largo. Estaba compuesta por más de diecisiete mil tubos de vacío, siete mil doscientos diodos de cristal, mil quinientos relés, setenta mil resistencias, diez mil condensadores y unos cinco millones de soldaduras. La criatura era capaz de hacer cinco mil sumas y trescientas sesenta multiplicaciones por segundo. Pero trabajar con esta herramienta no era algo sencillo, ya que no disponía de botones a los que ir pulsando para ver los resultados cómodamente en una pantalla. ENIAC debía controlarse de forma manual, mediante miles de tarjetas perforadas que contenían las instrucciones y la inserción de cables en unas seis mil clavijas para conducir sus procesos internos. La tarea de programar ENIAC recaía sobre las mentes de mujeres, entre quienes se encontraban Betty Snyder, Betty Jennings, Kathleen McNulty, Marlyn Meltzer, Ruth Lichterman y Frances Bilas. Ellas fueron las seis primeras calculadoras de ENIAC.

A principios de 1950, Charney, Fjørtoft y otros meteorólogos se unieron al Meteorological Program, tras desarrollar durante varios años las ecuaciones atmosféricas que debía resolver ENIAC. Mientras tanto, Dán y Von Neumann habían estado trabajando en la máquina para incorporarle un sistema de almacenamiento de datos que mejoraría su rendimiento. Aunque no aparecería como autora de los descubrimientos del equipo, Dán fue la directora de orquesta de la primera fábrica de los pronósticos. Ella administró y preparó las cien mil tarjetas perforadas necesarias para dar las instrucciones a ENIAC. Un solo fallo implicaba volver a comenzar, haciendo que la investigación durase más días. Gracias a su trabajo y pericia, la máquina pudo ser programada para realizar el cálculo de una predicción meteorológica que marcaría un hito científico. Dán también verificó el código final de dicho trabajo. En total trabajaron durante más de un mes, tanto de día como de noche, para lograr dos pronósticos retrospectivos de doce horas y cuatro de veinticuatro horas en la región de América del Norte. Quizás la persona más adecuada para valorar este avance fuera Richardson, quien, cuando tuvo noticias sobre los resultados, no dudó en calificarlos como un «enorme avance científico»[46].

Con el pronóstico de ENIAC se inició una nueva era en la meteorología. Aunque nosotros vamos a desviarnos un poco para no perder el hilo de esta historia. Predecir lo que iba a suceder sobre nuestras cabezas, al menos durante los días más inmediatos, estaba cada vez más al alcance gracias a los ordenadores. Este avance abrió el camino hacia otro pasaje. ¿Podríamos comprender mediante este sistema novedoso lo que ocurre en la atmósfera a nivel global? Esta no iba a ser una tarea sencilla, e incluso el escepticismo afloraba en los círculos académicos cuando se planteaba dicha cuestión. En 1952, el meteorólogo sueco Bert Bolin lo reflejó de esta forma en la revista *Advances in Geophysics*:

> Debido a la complejidad de los movimientos atmosféricos, hay muy pocas esperanzas en la posibilidad de deducir una teoría para la circulación general de la atmósfera a partir de las ecuaciones hidrodinámicas y termodinámicas completas. Por lo tanto, el problema esencial debe ser construir modelos de la atmósfera que contengan las características más importantes de su comportamiento, pero que permitan un tratamiento matemático.

Aun así, los primeros logros en este camino no tardaron en llegar. Lo hicieron de la mano de Norman Phillips, meteorólogo estadounidense, quien construyó el primer modelo matemático que mostraba de forma realista la circulación general de la atmós-

---

46   Otras mujeres calculadoras que estuvieron implicadas en este avance científico fueron Norma Gilbarg, Ellen-Kristine Eliassen y Margaret Smagorinsky, quienes tuvieron que calcular manualmente las ecuaciones de ENIAC.

ENIAC (Electronic Numerical Integrator and Computer), c. 1946
[Moore School of Electrical Engineering, University of Pennsylvania].

fera. En 1956 Phillips sintetizó este nuevo hito científico en el artículo «The general circulation of the atmosphere: A numerical experiment», donde detallaba patrones de flujo «bastante realistas». Sin embargo, dicho reflejo de la realidad resultó ser muy efímero. Pasados tres días, al igual que le sucedió a Richardson, los cálculos dibujaban un mundo que no existía. En palabras de Spencer Weart, «el modelo de Phillips acabó estallando en pedazos». Estos desaguisados en los modelos podían deberse a errores de cálculos, a una falta de calidad en los datos o a la limitada capacidad de los ordenadores para recrear la realidad. También alimentaron aún más el escepticismo entre las filas de meteorólogos y climatólogos. ¿Existía realmente alguna forma de evitar que los modelos terminaran descosidos y rotos? Tocaba ponerse manos a la obra para perfilar las ecuaciones o encontrar la manera de solucionar dichos escollos. Lo que no sabían era que se les estaba escapando un pequeño matiz con enormes consecuencias.

Edward Lorenz.

Ya hemos pasado fugazmente por allí, en el capítulo anterior, pero volvamos a Boulder en Colorado. En esta ciudad se celebró en 1965 una modesta conferencia sobre las causas del cambio climático. Es el mismo evento donde Wallace Broecker proclamó la veracidad de la hipótesis de Milankovitch. En aquella reunión, la cual fue presidida por Roger Revelle, se reunieron expertos de diversos campos con la intención de debatir, contrastar hipótesis y, suponemos, también atesorar anécdotas que comentar entre los pasillos de sus instituciones. De nuevo, la incógnita estrella eran las edades de hielo, aunque también se dio paso a otras cuestiones como los cambios climáticos abruptos. La persona encargada de dar el discurso de apertura fue Edward Lorenz, del Instituto Tecnológico de Massachusetts, cuyo trabajo en meteorología computarizada sugería que, para comprender sistemas como la atmósfera, era necesaria una nueva perspectiva.

Retrocedamos un poco hasta 1961. Con ayuda de un ordenador, Lorenz había desarrollado un modelo climático bastante acertado. Su intención era ir construyendo, paso a paso, una representación cada vez más compleja. Para ello partió de tres ecuaciones cuyos cálculos se realizaban teniendo en cuenta cifras de hasta seis decimales. En una ocasión decidió repetir las operaciones y, para que todo fuera un poco más rápido, ingresó las condiciones iniciales solo con los tres primeros decimales. De esta forma Lorenz tropezó con una serendipia. Él suponía que los efectos de esos pequeños cambios debían de ser mínimos, reflejando únicamente resultados ligeramente distintos. No fue así, sino que el desenlace de los cálculos se desviaba más allá de lo que cabría esperar. Al repetir el experimento, volvía a producirse el mismo descontrol. La clave eran aquellos decimales desechados como unas pelusillas, cuya importancia parecía insignificante. El funcionamiento real de la atmósfera se estaba poniendo de manifiesto ante sus ojos. En Boulder, Lorenz explicó a los asistentes cómo cambios mínimos en las condiciones iniciales podrían tener un gran efecto en todo el clima. Una idea que sintetizó tiempo después, en 1979, en su famosa frase: «El aleteo de una mariposa en Brasil, ¿provoca un tornado en Texas?».

La comunidad científica comprendió entonces que cuestiones como la meteorología y el clima debían ser abordadas de otra forma. La explicación sobre el comportamiento de algunos sistemas naturales (por ejemplo, el movimiento de los planetas) era factible con las mismas herramientas usadas desde hacía siglos. Si conocemos las condiciones iniciales y echamos mano de las ecuaciones que describen su comportamiento, podemos saber su estado en un momento determinado. Sin embargo, sistemas como el atmosférico debían ser desmadejados incorporando una nueva idea, la cual pasaría a ser conocida como «teoría del caos». En su artículo «Deterministic Nonperiodic Flow», publicado en 1963 en la revista *Journal of the Atmospheric Sciences*, Lorenz explicaba las implicaciones que esto tenía en las tan ansiadas predicciones:

> El resultado [del estudio detallado en el artículo] tiene consecuencias de gran alcance cuando el sistema considerado es un sistema observable no periódico cuyo estado futuro podemos desear predecir. Implica que dos estados que difieren en cantidades imperceptibles pueden llegar a convertirse en dos estados considerablemente diferentes. Por lo tanto, si hay algún error en la observación del estado actual, y en cualquier sistema real tales errores son inevitables, una predicción aceptable de un estado instantáneo en un futuro lejano puede ser imposible.

La ciencia ahora se encontraba en un nuevo terreno. Aquí el estudio de la atmósfera era un poco más complicado. Aun así, este gigante de la naturaleza resultaba ya menos desconocido. Gracias a la física, las matemáticas y los pequeños mundos esbozados en ordenadores, quedaban cada vez menos secretos que revelar.

UN DESCUBRIMIENTO COLATERAL

Hagamos una breve recapitulación. Iniciamos este camino con los glaciares y la intriga que generaban. El estudio de las edades de hielo es uno de esos relatos científicos, entre muchos otros, cuyo desenlace nos ha permitido comprender mejor el rompecabezas de la Tierra. Conforme avanzamos en esta historia, la fría pieza del hielo se ha ido conectando con otras, las cuales fueron recabadas por diferentes ramas de la ciencia: física, matemáticas, climatología, meteorología, oceanografía, geología, vulcanología y astronomía, entre otras más. Todas ellas contribuyeron a construir un sólido edificio donde se produjo un descubrimiento colateral. Al ser un gas de efecto invernadero, el CO_2 ganó poco a poco un papel de protagonista. Pero esta nueva ficha, en vez de suponer un estimulante misterio, arrojaba una sofocante bocanada de aire caliente. Urgía hallar respuestas ante las preguntas que suscitaba el CO_2. Los engranajes de la ciencia volvían a ronronear.

Como hemos visto anteriormente, en esta etapa la comunidad científica aprendió a navegar en un nuevo territorio. Los modelos climáticos son como pequeños mundos donde es posible analizar el reflejo de la realidad. Es decir, son potentes herramientas que permiten a sus constructores desmadejar los procesos más complejos. Aquí es donde nos encontramos con Syukuro Manabe, cuyo trabajo lo ha convertido en una importante figura entre dichos arquitectos. Manabe ganó el Premio Nobel de Física en 2021, junto con el climatólogo Klaus Hasselmann y el físico Giorgio Parisi. Según la Real Academia Sueca, la medalla fue concedida «por sus contribuciones pioneras a nuestra comprensión de los sistemas complejos». Con permiso de Parisi, cuyo descubrimiento de patrones ocultos en materiales complejos desordenados le valió este reconocimiento internacional, la entrega del galardón a Manabe y Hasselmann fue muy importante, ya que remarcó la solidez que hay detrás de los estudios sobre el cambio climático. Nuevamente, así lo expresó la Real Academia Sueca al indicar que fueron seleccionados «por la modelización física del clima de la

Syukuro Manabe, 2018 [Bengt Nyman, Vaxholm, Suecia].

Tierra, la cuantificación de la variabilidad y la predicción fiable del calentamiento global»[47].

La familia de Manabe quería que estudiara Medicina en la Universidad de Tokio. Pero, tal y como él mismo relató a la prensa, consideraba que no tenía las cualidades necesarias para ser un buen médico: «Pensaba que mi único rasgo bueno era contemplar el cielo y perderme en mis pensamientos». Así que se especializó en meteorología. Sin embargo, debido a los estragos de la Segunda Guerra Mundial, en 1958 Manabe emigró de Japón a Estados Unidos a la edad de veintisiete años. Por aquel entonces, se había centrado en la cuestión del pronóstico meteorológico, aunque posteriormente, al incorporarse a uno de los laboratorios de la National Oceanic and Atmospheric Administration (NOAA), comenzó a estudiar el clima. En este puesto dirigió los esfuerzos de un equipo de programadores informáticos, cuyo objetivo era mejorar los modelos al incorporarles diferentes aspectos que faltaban de la física. En esta tarea debían hallar la forma de codificar de forma sencilla, pero viable, cuestiones como los intercambios de calor y vapor de agua entre el aire y la tierra, así como el papel de otros agentes como el océano o el hielo. La meta, la cual lograrían alcanzar tras veinte años de trabajo, era construir un modelo climático acertado.

El punto clave de este proyecto debemos buscarlo en el año 1967. Junto con el meteorólogo Richard Wetherald, Manabe indagó sobre cómo incluir el papel de los gases de efecto invernadero en los modelos climáticos. Querían analizar la interacción entre la radiación y las nubes para determinar cómo afectarían a la distribución del calor en la atmósfera. También aprovecharon para analizar la contribución del CO_2. En un principio optaron por un modelo tridimensional, pero la complejidad de este camino resultaba inviable incluso para las computadoras de la época. Debían bajar un escalón, hacia un modelo unidimensional más simple pero igualmente válido.

---

47   Debemos añadir que las investigaciones de Hasselmann permitieron crear modelos para estudiar la relación entre el tiempo atmosférico y el clima. Además, fue pionero en identificar las huellas dactilares de las actividades humanas en el clima, logrando diferenciarlas de las naturales y demostrando, por tanto, la implicación humana en la crisis climática.

Fruto de dicha investigación, Manabe y Wetherald redacta-
ron el que muchos consideran como el artículo más importante
de la ciencia climática. El documento fue publicado en *Journal
of the Atmospheric Sciences*, bajo un título que incluso el propio
Manabe considera poco atractivo: «Thermal Equilibrium of the
Atmosphere with a Given Distribution of Relative Humidity».
Pero no nos dejemos llevar por las nulas sensaciones que suelen
provocar los títulos de los artículos científicos. Lo importante está
en el interior, justo en la tabla número 5, donde aparecía reflejado
el importante papel del CO_2. Como relata en *The Conversation*
Piers Forster, físico especializado en cambio climático, esa tabla
pasará a la historia «como la primera estimación sólida de cuánto
se calentaría el mundo si se duplicaran las concentraciones de dióxido de carbono». Concretamente, «Manabe y Wetherald calcula-
ron un calentamiento de 2,36 °C, no muy lejos de la mejor estimación actual de 3 °C».

VOL. 24, NO. 3   JOURNAL OF THE ATMOSPHERIC SCIENCES   MAY 1967

Thermal Equilibrium of the Atmosphere with a Given Distribution
of Relative Humidity

SYUKURO MANABE AND RICHARD T. WETHERALD

Geophysical Fluid Dynamics Laboratory, ESSA, Washington, D. C.

(Manuscript received 2 November 1966)

ABSTRACT

Radiative convective equilibrium of the atmosphere with a given distribution of relative humidity is
computed as the asymptotic state of an initial value problem.
The results show that it takes almost twice as long to reach the state of radiative convective equilibrinm
for the atmosphere with a given distribution of relative humidity than for the atmosphere with a given
distribution of absolute humidity.
Also, the surface equilibrium temperature of the former is almost twice as sensitive to change of various
factors such as solar constant, CO_2 content, O_3 content, and cloudiness, than that of the latter, due to the
adjustment of water vapor content to the temperature variation of the atmosphere.
According to our estimate, a doubling of the CO_2 content in the atmosphere has the effect of raising the
temperature of the atmosphere (whose relative humidity is fixed) by about 2C. Our model does not have the
extreme sensitivity of atmospheric temperature to changes of CO_2 content which was adduced by Möller.

El estudio publicado en *Journal of the Atmospheric Sciences*, de mayo de 1967.

La ciencia contaba, por fin, con una herramienta para estimar con precisión el impacto climático de las actividades humanas. En la década de 1960, los modelos informáticos y las mediciones de la concentración de CO_2 atmosférico empezaban a mostrar la magnitud del gigante moldeado por nuestras manos[48]. Y el horizonte no parecía agradable. Había que tomar cartas en el asunto, por tanto, la cuestión del cambio climático debía traspasar la esfera académica.

Ante el Congreso de los Estados Unidos, el 8 de febrero de 1965, el presidente Lyndon Johnson dio un discurso para defender la necesidad de conservar y restaurar la «belleza natural». El patrimonio natural de la nación estaba siendo arruinado por el crecimiento poblacional, cuya «demanda de espacio para vivir» devoraba cada vez más terreno; o el desarrollo de la tecnología moderna, la cual tiene «un lado más oscuro» encarnado por la contaminación. Entre sus palabras, Johnson incluyó al CO_2 como una de las amenazas que tener en cuenta:

> La contaminación atmosférica ya no se limita a lugares aislados. Esta generación ha alterado la composición de la atmósfera a escala mundial mediante materiales radiactivos y un aumento constante del dióxido de carbono procedente de la quema de combustibles fósiles.

¿Cómo acabó el desconocido gas de efecto invernadero pisando los pasillos de la Casa Blanca? Lo hizo gracias a un informe que Johnson había encargado al Science Advisory Committee. El objetivo de dicho documento, titulado *Restoring the quality of our environment*, era analizar los potenciales problemas derivados de la contaminación ambiental. En este trabajo, Roger Revelle estuvo a cargo de la redacción de un apéndice, de veintitrés páginas, destinado a advertir a la clase política sobre los efectos del aumento de CO_2. El tono usado en aquellos párrafos, además de muy divulgativo, era bastante claro sobre el problema al que se enfrentaba la humanidad[49].

---

48 Recordemos que, cuando el artículo de Manabe y Wetherald fue publicado, Keeling ya llevaba varios años trazando su famosa curva.

49 La cuestión del CO_2 acabaría siendo superada por otros asuntos que la administración de Lyndon Johnson consideró de mayor importancia. Por ejemplo, el desarrollo de la guerra de Vietnam o el asesinato de activistas por los derechos civiles en Misisipi por parte del Ku Klux Klan.

Es cierto que en aquellos momentos se desconocían todos los detalles de los procesos implicados. Aun así, Revelle y el resto de los autores del anexo pensaban que, frente a los científicos que los habían precedido, la información recabada durante años les permitía decir «mucho más sobre el cambio en las concentraciones de dióxido de carbono atmosférico». La realidad era que la humanidad había irrumpido en el ciclo del carbono: «en unos pocos siglos, estamos devolviendo al aire una parte importante del carbono que fue extraído lentamente por las plantas y enterrado en los sedimentos durante 500 millones de años». Gracias a sus investigaciones, podían concluir que una fracción del CO_2 sería absorbido por los océanos, aunque advertían que «la parte que permanezca en la atmósfera puede tener un efecto significativo en el clima». Dicho efecto era, por supuesto, una senda hacia un calentamiento global donde se podrían dar «marcados cambios en el clima, no controlables mediante esfuerzos locales o incluso nacionales». En resumen, el cambio climático era perjudicial «desde el punto de vista del ser humano»[7][50].

---

50   En las conclusiones de dicho apéndice no se menciona la necesidad de reducir las emisiones de CO_2, sino que se propone buscar soluciones a través de la geoingeniería: «Por lo tanto, hay que explorar a fondo las posibilidades de provocar deliberadamente cambios climáticos compensatorios». Entre las ideas barajadas, se sugiere modificar el efecto albedo «esparciendo partículas reflectantes muy pequeñas sobre grandes áreas oceánicas» que envíen de vuelta la radiación infrarroja y así contrarrestar la absorción llevada a cabo por el CO_2. Otra opción esgrimida era la inyección en la atmósfera de núcleos de condensación, para así favorecer la formación de nubes que actuarían igualmente reflejando la radiación infrarroja.

VII. EL FANTASMA DE LA EDAD DE HIELO

EL VOLCÁN HUMANO

En 1969 Bernt Balchen, aviador y explorador polar de origen noruego, hizo circular un documento que pretendía movilizar a los especialistas polares. Balchen se mostraba preocupado porque la capa de hielo del océano Ártico era cada vez más delgada. Fundamentaba dicha idea con sus propias observaciones sobre el terreno, pero también haciendo referencia a las diferentes pruebas y certidumbres atesoradas por otros expertos. Las pruebas que esgrimía incluso se remontaban hasta finales del siglo XIX. Concretamente, mencionaba el informe redactado en 1893 por el explorador noruego Fridtjof Nansen, el cual había indicado que en algunas regiones el grosor del hielo marino rondaba aproximadamente los 13 m. Según Balchen, las medidas realizadas posteriormente demostraban un constante adelgazamiento del casquete polar ártico. Si la tendencia continuaba, cabía la posibilidad de que el Ártico algún día amaneciera sin rastro alguno de hielo. Un evento que sin duda tendría, al menos, un impacto catastrófico en el clima de América del Norte y Eurasia.

No todos estaban de acuerdo con esta visión. Las palabras de Balchen fueron recibidas con cierto escepticismo por parte de la comunidad académica. La razón era que, durante los años sesenta, había comenzado a tomar forma una historia radicalmente distinta al supuesto calentamiento que derivaría en el des-

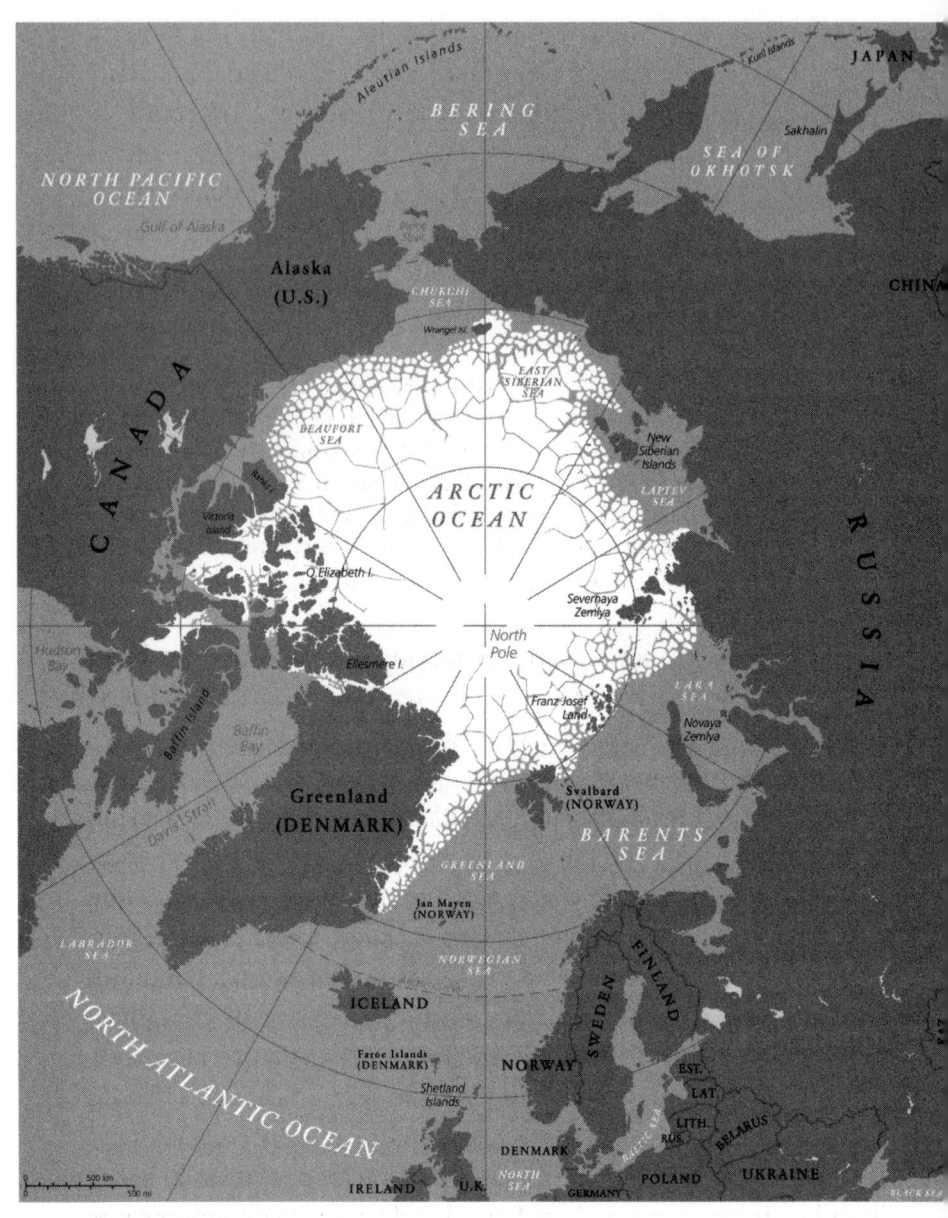

Mapa de la región Ártica [Peter Hermes Furian].

hielo: la Tierra se estaba enfriando. Walter Sullivan, el pionero periodista científico del *The New York Times*, le dedicó a este tema un artículo en febrero de 1969. En dicho reportaje, confrontó los argumentos de quienes pensaban que nos hallábamos ante el aumento de las temperaturas, frente a aquellos que defendían el descenso. Sin embargo, tal y como relataba Sullivan, a las puertas de la década de los setenta pocos dudaban sobre el efecto que tendría la liberación de CO_2 por parte de la humanidad:

> Hasta hace poco se sospechaba que la tendencia al calentamiento del siglo anterior a 1940 era un subproducto de la revolución industrial. El dióxido de carbono, producido por la combustión, hace que la atmósfera sea menos transparente a la radiación infrarroja, atrapando así el calor de la tierra como el techo de un invernadero. Hay pruebas de que el contenido de dióxido de carbono en el aire del mundo ha aumentado del 10 al 15 % durante el último siglo.

Entonces, ¿a qué se debía el recelo mostrado por un buen puñado de expertos? Como buenas personas de ciencia, su postura estaba sostenida por hechos. En efecto, diversas observaciones parecían indicar que la tendencia, la subida de la temperatura, se había revertido. Por ejemplo, Sullivan narra cómo la Marina de los Estados Unidos, ante las advertencias de Balchen, se interesó en el tema. Así que encargaron una evaluación sobre lo que estaba pasando en el casquete polar ártico a Norbert Untersteiner, considerado como el padre de la física moderna que estudia el hielo marino. Untersteiner apuntó que usar referencias antiguas, como el reporte de Nansen, no era confiable puesto que la capa de hielo varía demasiado según la estación y la ubicación. Otro de los especialistas a los que hace referencia el reportaje era Walter I Wittmann, de la Naval Oceanographic Office. Su trabajo lo había llevado a realizar cinco viajes bajo el hielo a bordo de submarinos nucleares estadounidenses. Según Wittmann, durante estos viajes no habían hallado pruebas de una «inminente desintegración» de la capa de hielo.

Cuando en ciencia nos topamos con un debate amplio, el cual implica al conjunto de expertos y expertas de una determinada materia, resulta obvio que aún quedan flecos por perfi-

El oso polar (*Ursus maritimus*) es un mamífero icónico del Ártico, conocido por su capacidad para sobrevivir en las duras condiciones de esta región. Una hembra de oso polar camina sobre el hielo en la Isla Spitsbergen, parte del Archipiélago de Svalbard en Noruega. Spitsbergen, la isla

más grande del archipiélago, ofrece un hábitat crucial para los osos polares, proporcionando acceso a las focas y otros recursos necesarios para su supervivencia [GTW].

lar. En especial para entender este episodio debemos remontarnos a 1961. Aquel año el meteorólogo J. Murray Mitchell Jr., de la United States Weather Bureau, publicó un estudio donde analizaba el efecto de las erupciones volcánicas sobre la temperatura global. Esta idea (que los volcanes podían afectar al clima) llevaba tiempo siendo barajada. Por ejemplo, las partículas emitidas durante la erupción del Krakatoa, sucedida en 1883, redujeron la cantidad de luz solar recibida por la Tierra. Hoy en día sabemos que dicho evento provocó un fenómeno conocido como «invierno volcánico». La conexión entre ambos fenómenos ya se sospechaba en el siglo XIX, aunque la falta de registros meteorológicos impidió determinar de forma fehaciente su efecto en la temperatura.

Ahora la ciencia contaba con más información y herramientas. Seguir la pista a los aerosoles o partículas, para conocer su papel en la atmósfera, era algo con lo que estaba familiarizado Murray. Entre otros trabajos, previamente había registrado el viaje del polvo fino inyectado en la estratosfera por las pruebas de bombas nucleares. Su nueva investigación lo llevó a descubrir que, tal y como se suponía, las erupciones volcánicas estaban detrás de algunas variaciones de la temperatura observada, de forma independiente, en los dos hemisferios. Sin embargo, tras trazar las gráficas, se materializó ante Murray un enigma: desde 1940 las temperaturas promedio estaban descendiendo. En el propio artículo donde relataba sus hallazgos, trató de dar una explicación para dicho fenómeno, pero este resultó imposible de encajar. Así que hubo de contentarse con señalar la incógnita en sus conclusiones:

> Este artículo concluye con algunas observaciones preliminares sobre la importancia de las tendencias globales observadas [el enfriamiento] para las teorías cuantitativas existentes sobre el cambio climático, incluyendo la variabilidad solar, el aumento secular del dióxido de carbono y la actividad volcánica. Dichas teorías parecen ser insuficientes para explicar el reciente enfriamiento.

En 1963 Murray pondría sobre la mesa más pruebas del puntilloso misterio. Gracias a los datos recabados por el proyecto World Weather Records, el cual estaba bajo el paraguas de la Organización Meteorológica Mundial e incluía más de doscientas estaciones meteorológicas, demostró que en la década de 1940 el clima había comenzado a enfriarse. Un giro que contrastaba con el calentamiento cuya tendencia, según daban a entender los registros, había sido constante al menos desde 1880. ¿A qué se debía este cambio de guion?

El camino hacia la respuesta sería hallado por Reid Bryson, meteorólogo de la Universidad de Wisconsin, durante un vuelo en avión en 1962. Desde su ventanilla, mientras sobrevolaban India, Bryson observó cómo una gran cantidad de polvo le impedía ver el territorio que atravesaban. Dicho fenómeno no tenía un origen natural, sino que aquellas partículas provenían del polvo generado por el sobrepastoreo o de las cenizas emitidas por los incendios asociados a la expansión de cultivos. Al quedar suspendidas en la atmósfera, podrían actuar igual que las partículas producidas en las erupciones volcánicas. ¿Acaso las crecientes agricultura, ganadería e industria humana habían alcanzado tal nivel que amenazaban con alterar el clima del planeta? Bryson se puso manos a la obra. En 1968 presentó sus conclusiones ante la comunidad académica, durante un simposio sobre los efectos globales de la contaminación ambiental celebrado en Dallas (Texas). Allí relató los pormenores de una investigación que había realizado sobre el Cáucaso, la cual le permitió descubrir una correlación entre el aumento de la producción económica rusa y los niveles de aerosoles de origen humano. De esta forma, argumentó que cabría esperar un descenso de las temperaturas dado el incremento de la turbidez atmosférica. Con esta nueva pieza del puzle, la cual podemos considerar una suerte de «volcán humano», volvía a ponerse de manifiesto nuestra capacidad para alterar las reglas de la Tierra.

La visita de Leonid Ilyich Brezhnev, Secretario General del Comité Central del Partido Comunista de la Unión Soviética (PCUS), a los Estados Unidos en junio de 1974, es un evento histórico significativo en el contexto de la Guerra Fría y la política de distensión entre las dos superpotencias, la Unión Soviética y los Estados Unidos. Durante esta visita, Brezhnev se reunió con el presidente estadounidense Richard Nixon en la Casa Blanca. Esta reunión fue parte de una serie de encuentros que se llevaron a cabo entre los líderes soviéticos y estadounidenses en la década de 1970, con el objetivo de reducir las tensiones y el riesgo de un conflicto nuclear a través de la negociación y los tratados de control de armas [Nast Egle].

UNA CARTA PARA NIXON

Al poco de estrenarse la década de los setenta del siglo XX, una pregunta resonaba por los pasillos de la climatología. ¿Qué prevalecerá? ¿El CO_2 producido por la quema de combustibles fósiles o las partículas emitidas por el volcán humano? ¿La Tierra se calentará o se enfriará debido a las acciones humanas? Saber hacia qué lado se iba a inclinar la balanza requería más investigación. Algunos expertos hasta dudaban de que pudiéramos tener un efecto global. Uno de ellos fue Helmut Erich Landsberg, climatólogo estadounidense de origen alemán, quien publicó en diciembre de 1970 en *Science* una revisión sobre el tema. En dicho artículo apuntaba que existía cierta dificultad a la hora de identificar el origen natural o artificial de las fluctuaciones climáticas. Para Landsberg estaba claro que «a escala local las influencias [del ser humano] sobre el clima son sustanciales, pero a escala global aún prevalecen las fuerzas naturales». Esas alteraciones del «microclima» incluso podían ser clasificadas como «beneficiosas» para la agricultura. Aunque, dada las pruebas acumuladas, entre las filas más incrédulas también se admitía que «el potencial de [producirse] cambios antropogénicos del clima a una escala mayor e incluso global es real». Así que, si debía elegir, Landsberg concluía lo siguiente: «En mi opinión, los aerosoles artificiales, por sus propiedades ópticas y su posible influencia en los procesos de nubosidad y precipitación, constituyen un problema más agudo que el CO_2».[51]

Ante la incógnita, la comunidad científica echó mano de los modelos informáticos para hallar respuestas. Ichtiaque Rasool, experto en atmósferas planetarias de la NASA, quien había estudiado el brutal efecto invernadero al que está sometido el planeta Venus, decidió abordar dicha cuestión junto con el climatólogo Stephen Schneider. En 1971 publicaron en *Science* un artículo

---

51 Landsberg también admitió que, si se seguía emitiendo CO_2 al mismo ritmo, en los próximos cuatro siglos cabría esperar unos 2 °C de aumento. Algo que, según sus palabras, «difícilmente puede llamarse cataclismo».

donde se preguntaban hasta qué punto podría ser modificada la atmósfera terrestre:

¿Es posible que un aumento continuado del contenido de CO_2 y polvo en la atmósfera al ritmo actual produzca efectos de tal envergadura en la temperatura global que el proceso se desborde y el planeta Tierra acabe siendo tan caliente como Venus o tan frío como Marte?[52]

El modelo de Rasool y Schneider, el cual fue uno de los primeros en incluir el efecto de los aerosoles, no dibujó una situación tan extrema como las observadas en Venus o Marte. Sin embargo, sus resultados tampoco fueron muy alentadores:

Un aumento de 4 veces de la concentración de polvo en equilibrio en la atmósfera mundial, que no se puede descartar que se produzca en el próximo siglo, podría disminuir la temperatura media de la superficie hasta en 3,5 °C. Si se mantuviera durante varios años, esta disminución de la temperatura ¡podría ser suficiente para desencadenar una edad de hielo!

Aunque en este trabajo Rasool y Schneider cometieron el error de sobrevalorar el papel de los aerosoles, mientras que subestimaron el efecto del CO_2. Al poco de ser publicado el artículo, otros expertos hicieron hincapié en este desacierto. Pero el debate científico necesita tiempo para desgranar la realidad, llegar a conclusiones y componer el conocimiento. Mientras esto tenía lugar, el hielo se escabulló de la esfera académica y comenzó a colonizar otra donde la información se mueve mucho más rápido: los medios de comunicación. El fantasma de la Edad de Hielo cobró aún más fuerza gracias a una serie de inviernos inusuales. En el hemisferio norte, la cobertura de nieve y hielo parecía no parar de crecer. La isla de Baffin, localizada al noreste de Canadá, lucía cada vez más blanca en las temporadas invernales. El hielo aumentaba

---

52   En 1967, la sonda soviética Venera 4 había confirmado que la atmósfera de Venus estaba compuesta en su mayoría por CO_2. Un 96 %, para ser exactos. Dicha particularidad hace que la temperatura del planeta se sitúe en torno a los 460 °C. El CO_2 también es el gas más abundante en la atmósfera de Marte. Sin embargo, la densidad atmosférica es tan baja que apenas se llega a sentir el efecto invernadero en el planeta rojo; motivo por el que la temperatura puede caer por debajo de -70 °C y alcanzar hasta -123 °C en el Polo Norte.

en los alrededores de Islandia, amenazando con bloquear la navegación. Y los armadillos, unos curiosos animales que se habían expandido hacia el Medio Oeste de Estados Unidos a mediados del siglo xx, ahora daban media vuelta buscando el cálido abrigo de tierras más al sur. Además, este escenario coincidió con la confirmación de los ciclos de Milankovitch. Recordemos aquí aquella predicción hecha por Cesare Emiliani en 1966: «una nueva glaciación comenzará dentro de unos pocos miles de años». Al margen de que las causas fueran naturales o artificiales, para muchos la posibilidad de un futuro helador no resultaba descabellada.

Quizás el punto álgido de este episodio llegó de la mano de George Kukla, a quien conocimos en el capítulo V. Kukla, junto con el geólogo Robley Matthews, trató de convencer al mundo de la amenaza de una próxima Edad de Hielo. Para ello usarían todos los medios que estuvieran a su alcance. Si una glaciación se cernía sobre el porvenir de la humanidad, la cuestión no debía quedarse en el ámbito científico, sino también llegar a las más altas esferas del poder:

> La principal conclusión de la reunión fue que un deterioro global del clima, en un orden de magnitud mayor que cualquier otro experimentado hasta ahora por la humanidad civilizada, es una posibilidad muy real y, de hecho, puede ocurrir muy pronto. El enfriamiento tiene una causa natural y entra dentro del rango de procesos que produjeron la última glaciación.

El párrafo anterior está extraído de la carta que Kukla y Matthews remitieron al presidente Richard Nixon en diciembre de 1972. La reunión a la que hacen referencia ocurrió entre los días 26 y 27 de enero de aquel mismo año, donde cuarenta «destacados investigadores estadounidenses y europeos» debatieron en torno a un congreso titulado *The Present Interglacial, How and When Will it End?*, celebrado en la Universidad de Brown (Providence). En dicho texto, nuestros protagonistas alentaban a Nixon para que Estados Unidos tomase medidas con las cuales hacer frente a la glaciación. Y si las palabras de unos científicos no inquietaban al líder del mundo occidental, reservaron el final para invocar a su enemigo geopolítico: «También podría ser útil para la

Vista del lago Baikal en invierno, el lago de agua dulce más profundo y grande del mundo, situado en el sur de Siberia, Rusia [Gumbao].

Administración tener en cuenta que la Unión Soviética, con grandes equipos científicos monitoreando el cambio climático en el Ártico y Siberia, ya puede estar considerando estos aspectos en sus movimientos internacionales»[53].

Las conclusiones del congreso también fueron recabadas en un artículo publicado en *Science*, en octubre de 1972. Aquí Kukla y Matthews insistían en el origen natural del enfriamiento, al considerar que nos encontrábamos al final de un intervalo cálido. Pero en dicho documento además admitían que la actividad humana había supuesto «efectos divergentes sobre las temperaturas globales», e incluso tenía el potencial para «desencadenar o acelerar el cambio climático». Desde la perspectiva actual, existe un punto en el que sí podemos estar de acuerdo con ellos. Que se ponga en marcha un cambio climático, da igual si implica la subida o la bajada de las temperaturas, no es una buena noticia, ya que nuestras sociedades dependen de recursos directamente relacionados con el clima. Tal y como explicaban: «el cambio climático global constituye un peligro ambiental de primer orden que debe ser comprendido a fondo mucho antes de las primeras indicaciones globales de deterioro del clima».

En la década de los setenta el gran público tiritó ante el probable avance de las heladas mortales, las tormentas de nieve y demás fantasmas invernales. Los medios de comunicación ayudaron a forjar un mito, mientras la ciencia estaba a punto de pasar página para centrarse en el verdadero problema. Este fue el caso de *The Weather Machine*, un extenso programa producido por la BBC y emitido en 1974, donde se pretendía dar a conocer los avances científicos producidos en meteorología y climatología. En el reportaje aparecían, por ejemplo, aquellos científicos que buscaban pistas en las capas de hielo de Groenlandia, para determinar la temperatura del pasado mediante los isótopos de oxígeno; o se explicaba cómo los ordenadores y satélites se habían incorporado para pronosticar el tiempo.

---

53   No sabemos si Nixon llegó a leer o tener conocimiento de la carta remitida por Kukla y Matthews. Aun así, desde la Administración se encargó una evaluación sobre el tema al Interdepartamental Committee for Atmospheric Science. Este comité acabó redactando un informe, publicado en 1974, donde concluía que la llegada de una glaciación se vería retrasada debido al impacto de la humanidad.

Entre los entrevistados se encontraba Vincent Schaefer, meteorólogo estadounidense conocido por desarrollar la siembra de nubes. Con un aire optimista, al que personalmente añadiría también la etiqueta de «ingenuo», Schaefer defendió las ventajas de invocar la lluvia mediante dicho sistema, ya que «puede ser más fácil controlar el clima que pronosticarlo». El fantasma de la Edad de Hielo era uno de los protagonistas del programa, donde se admitía que «el clima de la Tierra está cambiando», lo cual sería «un gran problema para todos nosotros». ¿Acaso el hielo «se apoderará de nuestras tierras» y «borrará las ciudades del norte»? Kukla se encargó de responder esta pregunta para los telespectadores: «Lamento decir que el periodo cálido que estamos viviendo ahora acaba de pasar su cumpleaños 10 000. Esto significa que la Edad de Hielo tendrá lugar en cualquier momento». Pero el hielo nunca llegó.

NUBES DE ÁCIDO SULFÚRICO

Poco antes de que acabase el año 1963, el lunes 30 de diciembre, un grupo de estudiantes universitarios se reunió a las afueras de Iowa City. La cita nocturna, organizada por su profesor de Astronomía, tenía como propósito observar un eclipse lunar. Entre los presentes se encontraba James Hansen, quien a sus veintidós años acababa de licenciarse en Física y Matemáticas. Durante estos acontecimientos astronómicos, cuando la sombra de la Tierra cubre la Luna, el satélite queda débilmente iluminado por la luz solar que llega refractada desde la atmósfera terrestre. Este es el motivo por el que luce de color naranja o rojo sangre, según la ocasión. Pero aquella noche, para decepción de sus espectadores, la Luna se ensombreció por completo. ¿Qué había arruinado el espectáculo? La respuesta, razonó Hansen, debía ser buscada en un suceso ocurrido meses atrás en la isla de Bali, Indonesia. El 17 de marzo del mismo año, el volcán indonesio monte Agung entró en erupción arrasando aldeas y cobrándose la vida de cerca de dos mil personas. Los gases y aerosoles emitidos por el gigante llegaron hasta la estratosfera, donde fueron esparcidos gracias a los vientos dominantes, extendiéndose así en pocos meses hacia todas las latitudes de la Tierra. De esta forma, las partículas volcánicas irrumpieron en la atmósfera bloqueando la luz solar que debería haber iluminado la Luna aquella noche. El volcán había eclipsado al eclipse.

Este suceso parecía un buen punto de partida para una carrera científica fructífera. De hecho, Hansen estaba tan intrigado por ello que la Luna casi se convirtió en el centro de sus futuras investigaciones. Pero uno de sus profesores en la Universidad de Iowa, el físico James Van Allen, lo persuadió para cambiar de rumbo hacia una nueva dirección: el planeta Venus, cuya atmósfera resultaba un misterio científico. En 1962 la sonda espacial Mariner 2, enviada por la NASA, había confirmado una suposición mantenida desde hacía tiempo, comprobando que la temperatura media del planeta rondaba unos abrasadores 460 °C. El principal sospechoso para explicar dicha condición era el CO_2; hecho que se corroboró en 1967, cuando la sonda espacial soviética Venera 4 identificó el gas de efecto invernadero como el principal componente atmosférico.

Gracias a su trabajo en el Goddard Institute for Space Studies, asociado a la NASA, Hansen pudo seguir desmadejando la naturaleza de Venus. Junto con el astrónomo J.W. Hovenier, en 1974 lograron determinar que su omnipresente capa de nubes, la cual impide ver la superficie del planeta, estaba conformada por ácido sulfúrico. De esta manera los dos componentes (el CO_2 y las densas nubes) forman una terrible alianza para moldear un mundo caliente, corrosivo y con una presión atmosférica aplastante. Estos asuntos mantenían muy lejos la atención de Hansen, unos cuarenta millones de kilómetros para ser exactos, pero en aquel mundo extraño había un hilo que unía la Tierra con Venus. En esencia, los ingredientes y la física encargados de cocinarlos eran los mismos. A lo largo de su carrera científica, nuestro protagonista había desarrollado modelos matemáticos para comprender la atmósfera venusiana. ¿Podría también aplicarlos al escenario terrestre?

Al inicio de este nuevo trayecto, hubo un par de estudios que llamaron especialmente la atención a Hansen. En 1972, el climatólogo ruso Mikhail Budyko había presentado una sombría pre-

Erupción del volcán del monte Agung en el este de Bali, Indonesia [Nina Janesikova].

dicción en la revista *Eos.* Teniendo en cuenta las emisiones humanas de CO_2, Budyko calculó que dentro de cien años, hacia 2070, la temperatura media de la Tierra aumentaría 2,22 °C; mientras que décadas antes, en 2050, la humanidad sería testigo de cómo el Ártico dejaba de estar cubierto por hielo. El científico ruso advertía que su estudio estaba realizado con modelos simples, pero el tema parecía ser lo bastante urgente como para seguir indagando en él. Por otro lado, en 1975 el climatólogo indio Veerabhadran Ramanathan publicó en *Science* un artículo donde señalaba la necesidad de no perder de vista los otros gases de efecto invernadero. Concretamente, había analizado el papel de los clorofluorocarbonos (CFC), sustancias con una capacidad para retener el calor unas doscientas veces mayor que el CO_2. Ramanathan alertaba que si la concentración atmosférica de los CFC, cuyo origen es artificial, seguía creciendo podría producirse «un aumento apreciable de la temperatura superficial global».

A mediados de la década de 1970, el debate sobre si habría calentamiento o enfriamiento global aún mantenía oscilando la balanza. Aunque no tardaría en inclinarse en favor del CO_2. En 1975 Wallace Broecker, cuyo trabajo ya mencionamos en el capítulo V, recopiló las pruebas a favor en un artículo, publicado en *Science,* donde se preguntaba si estábamos al borde de un pronunciado calentamiento global. El desarrollo de los modelos climáticos, como los elaborados por Syukuro Manabe, apuntaban a que la duplicación del gas de efecto invernadero tendría como resultado una subida de las temperaturas en, al menos, una horquilla que iba entre 0,8 y 3,6 °C. Aunque se esperaba que el aumento en las zonas polares fuera aún mayor. Mientras tanto, en Mauna Loa, las mediciones iniciadas por Charles Keeling llevaban ya documentando el incremento de CO_2 durante más de quince años. Por otro lado, el papel de los océanos y la biosfera terrestre en el ciclo del carbono resultaba cada vez menos misterioso, pudiendo determinar qué parte del CO_2 acabaría quedando en la atmósfera. Además, el estudio de las temperaturas del pasado, gracias a registros como el núcleo de hielo de Camp Century, ofrecía un mejor conocimiento de las variaciones climáticas. Bajo la lupa de la ciencia, la respuesta era rotundamente afirmativa.

¿Y el descarado enfriamiento que había aflorado en las gráficas? Para Broecker se trataba de una pequeña pausa hacia un nuevo horizonte: «el actual enfriamiento natural tocará fondo durante la próxima década aproximadamente». Es decir, tenía fecha de caducidad. Así que, tras descartar el advenimiento de una Edad de Hielo, cabría esperar que el CO_2 de origen antropogénico se convirtiera en el gran actor climático, quedando los ciclos naturales como moduladores, en mayor o menor grado, de un pronunciado calentamiento. Este escenario era, y sigue siendo, inevitable «mientras no se reduzca drásticamente el consumo de combustibles fósiles». Por supuesto, aún existían dudas que impedían predecir un futuro más o menos exacto, pero dichas incertidumbres eran relativas a la casilla donde se acabaría situando la temperatura; un aspecto dependiente del papel dado al carbón, el petróleo y el gas natural por las sociedades venideras. Este punto se escapaba por completo de la ciencia climática. Ante las incógnitas, el papel de la comunidad científica debía ser redoblar los esfuerzos para mejorar el conocimiento, haciéndolo más robusto y fiable a la hora de prever los cambios. De lo contrario, tras cruzar las brumas que nos impedían ver, podríamos llevarnos «una sorpresa climática».

Es en este punto donde el trabajo de Hansen ayudó a despejar un poco más las brumas. Para ello, regresó su atención hacia el monte Agung. Cuando tuvo lugar la erupción de 1963, la comunidad científica contaba con una amplia red para determinar su influencia a nivel global. Por ejemplo, desde los observatorios astronómicos se pudo comprobar la magnitud del evento al cuantificar la extinción de la luz de las estrellas. También existían multitud de puntos donde tomar la temperatura de la troposfera, así como la composición de aerosoles en la estratosfera. Hansen y sus colaboradores reunieron todas estas pistas, recabadas tiempo atrás, para incluirlas en un modelo mediante el cual pretendían analizar el comportamiento de la temperatura atmosférica terrestre.

Según la teoría, parte de los aerosoles formados con azufre habrían dado lugar a ácido sulfúrico. Dichas moléculas, en contraposición al CO_2, actúan reflejando la radiación solar, produciendo el enfriamiento de la Tierra. En 1978 Hansen y su equipo presentaron sus resultados en la revista *Science*, mostrando que tanto las observaciones como el modelo concordaban, dando así verosimilitud a dicha explicación: «parece que después de la erupción del Agung, las temperaturas medias de la troposfera disminuyeron efectivamente unas décimas de grado con una escala temporal del orden de un año, de acuerdo con el resultado teórico».

Quizás el mayor valor de este tipo de estudios era comprobar que, en efecto, la ciencia contaba con herramientas suficientes para comprender tanto nuestra atmósfera como las de otros planetas. Posteriormente, los matices podían ser añadidos a base de más investigación. Por ejemplo, en Venus la superficie es tan «caliente como para hornear pan (o fundir plomo)» porque, además del desmesurado nivel de CO_2, los aerosoles de ácido sulfúrico «son lo suficientemente grandes como para causar un efecto invernadero». En definitiva, el escrutinio de la atmósfera venusiana y el seguimiento de la erupción del monte Agung ayudaron a determinar que ambos componentes también «son de gran interés por sus posibles efectos (tanto naturales como antropogénicos) en el cambio climático terrestre».

Hacia finales de la década de 1970 la balanza dejó de vacilar. Aunque era real, el enfriamiento causado por aerosoles no sería capaz de equiparar al calentamiento. El CO_2 ascendía, impulsado por las toneladas de emisiones humanas, camino de convertirse en la pieza climática más relevante. A lo largo de los años ochenta, el papel de la comunidad científica consistió en determinar cuánto subirían las temperaturas y qué consecuencias tendría; además de asumir la titánica labor de convencer al resto del mundo de que debemos actuar ante el mayor desafío para la humanidad. Pero no hagamos *spoilers*. Aún nos queda un gigante por conocer. Vayamos más allá de Venus, dejando atrás Mercurio, hacia el Sol.

VIII. ¿HAY MONTAÑAS EN EL SOL?

EL NILÓMETRO ASTRONÓMICO

Para William Herschel, astrónomo germano-británico, el sistema solar rebosaba de vida. Tras escudriñar la Luna con ayuda de un telescopio, en 1776 defendió haber vislumbrado grandes áreas de vegetación allí. El paisaje de nuestro satélite estaría dominado por bosques cuyos árboles eran mucho más altos que los terrestres, así como extensos pastos. Dos años después, Herschel identificó los cráteres lunares como ciudades, a la vez que aseguró haber visto carreteras y canales. Cuando posó su atención sobre Marte, creyó encontrar un mundo con océanos oscuros, extensiones de tierra roja y una atmósfera con nubes. En definitiva, un entorno similar al de la Tierra e igualmente habitado. Según sus especulaciones, la vida también poblaba Saturno, Júpiter y Urano.

En realidad, la pericia de Herschel hizo que su nombre acabase vinculado al de la historia de la astronomía. A lo largo de su carrera científica se desempeñó como un importante diseñador de telescopios, descubrió el planeta Urano en 1781 y en 1800 halló la radiación infrarroja en la luz procedente del Sol, entre otros aciertos. Las ideas sobre la vida en otros mundos no eran exclusivas suyas, sino que se trataba de una afirmación compartida por gran parte de los astrónomos contemporáneos. Como indica el historiador científico George Basalla, en cierta manera dicha visión supuso un aliciente que impulsó sus investigaciones:

William Herschel en 1785.

Los escritos publicados e inéditos de Herschel sugieren que sus ideas sobre los mundos habitados influyeron en su trabajo científico. Esto motivó muchos de sus notables proyectos de investigación astronómica, incluido su empeño en diseñar y construir telescopios más grandes.

La idea más extraña de Herschel vio la luz en 1795, tras publicar un ensayo dedicado a la estrella que domina nuestro sistema. Después de disertar sobre la naturaleza del astro, en dicho texto llegaba a la conclusión de que el Sol «no parece ser más que un planeta muy eminente, grande y lúcido». Esta característica lo asemejaba al resto de cuerpos celestes y, por tanto, lo capacitaba para albergar vida: «muy probablemente también está habitado por seres cuyos órganos están adaptados a las circunstancias peculiares de este vasto globo». Dichos seres vivirían en el interior del Sol, el cual debía de ser frío, mientras que el exterior estaría dominado por una atmósfera luminosa y muy caliente[54]. Justo a través de ese medio asomaban de vez en cuando unas grandes manchas que Herschel supuso debían de ser enormes montañas. Sin embargo, otros astrónomos daban diferentes explicaciones a dichas manchas solares. Tal vez se tratase del humo arrojado por volcanes o, asumiendo que la superficie solar fuera un océano brillante y caliente, podrían ser islas que emergiesen de vez en cuando.

Las manchas solares se conocían desde la antigüedad, aunque no serían escrutadas con ahínco hasta la invención del telescopio alrededor del año 1610. Poco después, Galileo Galilei demostró que eran un fenómeno que tenía lugar en la superficie del Sol, frente a la opinión de que se trataba de planetas u otras causas ajenas al astro. Sin embargo, como hemos mencionado anteriormente, a las puertas del siglo XIX aún se debatía cuál era su verdadera naturaleza[55]. En aquel tiempo, Herschel dedicó parte de sus

---

54   Herschel argumentó que, bajo la capa luminosa del Sol, había otra capa de nubes cuya densidad era tan grande que hacía rebotar la luz solar hacia el espacio. De esta forma, la vida evitaba ser abrasada gracias al amparo de una cubierta protectora.

55   Para no quedarnos con la duda. Las manchas solares son regiones donde el campo magnético es más fuerte y, como consecuencia, las temperaturas aquí son menores que en el resto de la superficie. Aun así, su temperatura puede rondar los 3500 o 4000 °C. También pueden ser lugares enormes. Una de las manchas solares vistas en 2020 tenía un diámetro de 16 000 km. En comparación, el diámetro de la Tierra es de 12 742 km.

investigaciones a observar de forma recurrente las manchas solares. Además de tratar de darles una explicación, buscó en ellas la manera de comprender a un gigante cuyo dominio sobre la Tierra era innegable:

> La influencia de este cuerpo eminente en el globo que habitamos es tan grande y tan ampliamente difundida, que se convierte casi en un deber para nosotros estudiar las operaciones que se llevan a cabo sobre la superficie solar. Dado que la luz y el calor son tan esenciales para nuestro bienestar, ciertamente debe ser correcto que busquemos la fuente de donde se derivan, para ver si se puede sacar alguna ventaja.

¿Cuáles eran las ventajas que esperaba encontrar? Herschel suponía que el brillo del Sol variaba y que, por tanto, una consecuencia lógica de ello debía de ser un cambio de las temperaturas terrestres[56]. De esta forma, propuso estudiar el Sol con el mismo objetivo que los egipcios habían analizado el comportamiento del Nilo. Ellos habían ideado un instrumento, conocido como nilómetro, el cual les permitía predecir cuándo se aproximaban las ansiadas crecidas del río. En el siglo XIX, la humanidad podría servirse de fotómetros y termómetros para medir la luz y el calor que recibía la Tierra. Los telescopios también ofrecían la oportunidad de «familiarizarnos con ciertos síntomas o indicaciones, a partir de los cuales se puede formar algún juicio sobre la temperatura de las estaciones que probablemente tengamos». Concretamente, propuso usar el registro de las manchas solares como un particular nilómetro astronómico. Tras llevar a cabo dicho trabajo, creyó hallar una increíble correlación, la cual presentó ante los miembros de la Royal Society en 1801: el precio del trigo era mayor cuando ocurrían periodos con escasas manchas solares. Para llegar a esta conclusión, había comparado sus observaciones solares con la serie de precios del trigo publicada en *La riqueza de las naciones*, la famosa obra de Adam Smith.

El vínculo entre las manchas solares y la agricultura fue reci-

---

56   Herschel razonó, muy acertadamente, que el Sol y las estrellas que observamos en nuestro firmamento comparten idéntica naturaleza. Por tanto, concluyó, dado que el brillo de las últimas variaba, también lo debía de hacer el del Sol.

bido con escepticismo y burla. Pero realmente nuestro protagonista había dado los primeros pasos en una nueva senda, la cual nos llevaría a una mayor comprensión del clima terrestre. Para avanzar en dicho camino, lo primero que hacía falta era un registro exhaustivo de lo que ocurría en el Sol. Dicha labor fue uno de los cometidos del astrónomo suizo Rudolf Wolf. Desde su puesto como director del Observatorio de Berna, Wolf inició en 1848 un proyecto para incentivar que diversos observatorios europeos siguieran la pista a las manchas solares de forma regular. Además, se lanzó a la búsqueda de antiguos registros históricos tanto en la literatura científica como en archivos de los observatorios. De esta forma, confeccionó una serie que se remontaba hasta el año 1700, la cual incluso trató de ampliar hasta 1600 para así abarcar la fecha de invención del telescopio. Sin embargo, conforme ahondaba en datos más antiguos, la fiabilidad de estos se diluía debido a factores como los instrumentos usados o el escaso interés de anteriores astrónomos por realizar un seguimiento continuo de las manchas solares. Aquella elevada ambigüedad no le permitió a Wolf percibir una clave importante. Y es que, durante determinadas épocas, las manchas solares se volvían tan raras que verlas era considerado casi un hito. Por ejemplo, en 1671 el astrónomo Giovanni Cassini anotó lo siguiente tras avistar una de ellas: «hace ya unos 20 años que los astrónomos no han visto ninguna mancha considerable en el sol, aunque antes, desde la invención de los telescopios, las han observado de vez en cuando».

Aquel misterioso comportamiento no tardaría en ser explicado. Un poco antes de que Wolf iniciara su trabajo, el astrónomo alemán Heinrich Schwabe había dedicado diecisiete años a observar las manchas solares. Con ello pretendía encontrar un posible planeta cercano a la órbita de Mercurio, el cual esperaba se dejase ver como un círculo oscuro al pasar frente al Sol. No lo halló, pero a cambio en 1843 percibió que las manchas solares seguían un ciclo de unos diez años. Posteriormente se confirmó que dicho ciclo duraba concretamente once años. Aunque el astro aún guardaba más sorpresas.

El escrutinio del ciclo solar sacó a relucir la existencia de otro misterio. En 1887 y 1889, el astrónomo alemán Gustav Spörer publicó un par de artículos donde ponía de relieve que entre los años 1645 y 1715, más o menos, las manchas solares habían disminuido de forma brusca. Es decir, el ciclo había sufrido una notable interrupción, llegando incluso a una ausencia total de las manchas. ¿Era esta observación correcta? Spörer falleció antes de poder dar una respuesta satisfactoria, pero, por fortuna, su testigo fue recogido por Edward Maunder, astrónomo inglés. En 1890, Maunder resumió el trabajo de su predecesor y cuatro años después publicó un artículo, titulado «A Prolonged Sunspot Minimum», dando más detalles sobre el inusual hecho, el cual identificó como un «mínimo prolongado de manchas solares». Las indagaciones de Spörer y Maunder demostraban que la actividad de nuestro astro, además de estar sometida al susodicho ciclo, había cambiado de forma muy significativa en el pasado.

¿Tenía esto alguna consecuencia en la Tierra? Algunos pensaban que, en efecto, lo que ocurría en el Sol se acababa reflejando en los termómetros terrestres. De forma paralela, en 1875 las ideas de Herschel habían sido rescatadas por otro William. Dicho año, el economista inglés William Stanley Jevons leyó ante la British Association for the Advancement of Science un artículo donde defendía que el precio del maíz había oscilado en consonancia con los ciclos solares. Jevons creía que este fenómeno también guardaba relación con las crisis económicas, pero murió antes de poder seguir ahondando en este tema. Inmersos ya en el siglo xx, la discutida correlación ganó más adeptos. Entre ellos destaca el astrofísico estadounidense Charles Greeley Abbot, quien trató de incluir dicho factor en las predicciones meteorológicas. Aunque, como relata Spencer Weart, esta ficha fue encajada con muy poco acierto:

El estudio de los ciclos gozó de una popularidad generalizada durante la primera parte del siglo xx. Los gobiernos habían recopilado gran cantidad de datos meteorológicos con los que jugar, y la gente encontró inevitablemente correlaciones entre los ciclos de manchas solares y las pautas meteorológicas seleccionadas. Si las precipitaciones no encajaban con el ciclo en Inglaterra, quizá lo hiciera la actividad tormentosa en Nueva Inglaterra. Sin embargo, todos los pronósticos fallaban antes o después.

LA VERDADERA NATURALEZA DEL SOL

En la década de 1970 el Sol acabó revelándose, por fin, como otro de los gigantes climáticos. En 1973, el astrónomo John A. Eddy perdió su empleo en el National Center for Atmospheric Research. Ante la imposibilidad de volver a trabajar como investigador, hubo de contentarse con aceptar un encargo temporal de la NASA. El trabajo consistía en escribir un libro sobre el Skylab, la primera estación espacial estadounidense, motivo por el que tuvo que invertir muchas horas indagando en bibliotecas especializadas. Durante aquellas inmersiones entre libros y archivos, aprovechó para recabar información sobre el ciclo de las manchas solares. Eddy pretendía demostrar que, al igual que opinaban muchos astrónomos, en realidad la actividad solar se mantenía estable a lo largo de los siglos. Aunque su exhaustiva recolección de pruebas tuvo un resultado distinto.

En 1976 Eddy reunió dichas pruebas en un artículo publicado en *Science*. El documento es una maravillosa colección de pruebas científicas, las cuales ponían de manifiesto que «el Sol puede haber sufrido cambios significativos en su comportamiento, con posibles efectos terrestres». En concreto centró el foco sobre un periodo, comprendido entre finales del siglo XVII y principios del siglo XVIII, durante el que apenas se vieron manchas solares. Esta etapa era la misma señalada tiempo atrás por Spörer y Maunder, la cual constituía «un fenómeno pasado por alto» cuya coincidencia con la conocida como Pequeña Edad de Hielo merecía ser analizada. Para confirmar la existencia del «mínimo prolongado de manchas solares», Eddy asumió el mismo cometido que Wolf, Spörer y Maunder. Analizó con detalle los registros históricos de las manchas solares, tratando de determinar hasta qué punto eran fiables, puesto que «la ausencia de evidencia no es evidencia de ausencia»[57]. Aunque el gran acierto de Eddy fue añadir en su investigación otra serie de indicios indirectos de la actividad solar.

---

57   No es necesario un telescopio para ver manchas solares, las cuales pueden observarse cuando el Sol está parcialmente oscurecido por brumas o durante el amanecer y el

La astrónoma y escritora británica Agnes Mary Clerke (1842-1907).

Las miguitas de pan llevaban marcando el camino desde hacía tiempo. En 1894, la astrónoma irlandesa Agnes M. Clerke había señalado en su libro *The Concise Knowledge Astronomy* una de las pistas a seguir: las auroras. En esta obra, Clerke indicó que existía «una fuerte evidencia», la cual correlaciona el «mínimo prolongado de manchas solares» con una escasa observación de auroras. De hecho, dicho fenómeno era tan raro que muchos soñaban con llegar a verlo algún día. Por ejemplo, a sus sesenta años, el astrónomo Edmund Halley nunca había observado una aurora. Cuando por fin pudo hacerlo en marzo de 1716, la Royal Society de Londres requirió de sus conocimientos para explicar la «sorprendente» aparición «de las luces en el aire». Hoy en día, sabe-

atardecer. Antiguamente, en algunas regiones se realizaba un seguimiento de dicho fenómeno, ya que se consideraban una forma de augurio. Eddy también utilizó estos registros en su análisis.

mos que este espectáculo se debe a partículas con mucha energía producidas en la corona del Sol, las cuales son lanzadas hacia el espacio. Cuando estas partículas llegan a la Tierra, se encuentran con un escudo protector, el campo magnético, que les impide hacer añicos las condiciones vitales de nuestro planeta. En algunas ocasiones las partículas pueden alcanzar la atmósfera, donde interactúan con las moléculas allí presentes creando así las impresionantes luces en el cielo. Por tanto, al igual que ocurría con las manchas solares, en los registros históricos de las auroras hallaremos indicios sobre la actividad del Sol[58].

Otra de las pruebas señaladas por Eddy fue la observación de la corona solar durante los eclipses. Dichos eventos ofrecen una oportunidad única para ver lo que estaba pasando en el Sol, de manera que cuando aumenta la actividad del astro su corona luce «formada por numerosas serpentinas largas y afiladas que se extienden hacia fuera como los pétalos de una flor». Por contra, en los momentos de mayor tranquilidad, la corona se muestra más atenuada. Finalmente, en este camino volvemos a encontrarnos con el carbono 14, isótopo que nos ofrece otra prueba de lo ocurrido en el Sol durante el pasado. Como comentamos en el capítulo IV, el ^{14}C se crea de forma natural gracias a los rayos cósmicos. Sin embargo, la actividad solar interviene impidiendo que los rayos cósmicos lleguen a la Tierra. Por tanto, cuando el gigante está más activo la producción de ^{14}C es menor; un aspecto que queda reflejado en los anillos de los árboles[59]. Uniendo todas estas piezas, Eddy logró demostrar la existencia del «mínimo prolongado de manchas solares», el cual bautizó como Mínimo de Maunder[60]. De esta forma, se allanaba el camino para apuntalar la hipótesis de las variaciones climáticas asociadas a la actividad

---

58   De hecho, a mediados del siglo XVI se produjo un «encendido de las auroras» tras el cual se volvieron un fenómeno más común, llegando a incrementarse de forma considerable el registro de estas después de 1716.

59   En 1961, el geoquímico Minze Stuiver documentó variaciones del ^{14}C en los anillos de árboles antiguos, las cuales no encajaban con lo previsto. Junto con Hans Suess, Stuiver comprendió que la causa se debía a la actividad solar y su influencia en los rayos cósmicos. Posteriormente, en 1965, Suess señaló que durante la Pequeña Edad de Hielo los niveles altos de ^{14}C tenían correlación con una baja actividad del Sol.

60   Eddy también identificó otro periodo de baja actividad solar que abarcaba, aproximadamente, desde el año 1460 hasta el 1550. Le dio el nombre de Mínimo de Spörer.

solar[61]. Por contra, la visión del Sol como un gigante de naturaleza perfecta quedaba, en suma, desterrada de la ciencia:

> La realidad del Mínimo de Maunder y sus implicaciones de cambio solar básico puede ser solo una derrota más en nuestra larga y perdida batalla por mantener el sol perfecto, o, si no perfecto, constante, y si es constante, regular. Por qué pensamos que el sol debe ser algo de esto, cuando otras estrellas no lo son, es más una cuestión para la ciencia social que para la física.

Mientras tanto, también durante la década de 1970, el desarrollo tecnológico abrió nuevas oportunidades para comprender la actividad solar. Satélites como el Nimbus 7, lanzado por la NASA en 1978, fueron equipados con instrumental capaz de registrar dichas variaciones. Siguiendo este camino, entrados ya en el siglo XXI, se logró confirmar la existencia de una correlación entre la temperatura de la superficie marina y el ciclo solar. Aunque esta vinculación se mueve en un rango minúsculo. Hoy en día sabemos que, en cada ciclo, la energía solar cambia aproximadamente un 0,1 %; lo cual se traduce en que, según se ha calculado, desde 1870 el astro contribuyó con un máximo de 0,1 °C en el cambio de las temperaturas terrestres. Entonces, ¿la actividad solar podría esclarecer el calentamiento que la humanidad comenzó a experimentar en el siglo XX? En realidad, los registros nos indican que el Sol circula en dirección opuesta. Su actividad ha disminuido desde la década de 1980, mientras que en la Tierra sigue el incremento de grados Celsius. Dicha dicotomía, que aparece descaradamente reflejada en las gráficas, lo elimina de la ecuación y deja el papel de factor climático más relevante en manos de quienes lo adoraron en el pasado.

---

61 Con respecto a la Pequeña Edad de Hielo, posteriores investigaciones han demostrado que las erupciones volcánicas tuvieron más peso que la actividad solar. Sin embargo, también se han propuesto otras hipótesis que podrían explicar dicho periodo. Una de ellas apunta hacia la conocida como «cinta transportadora oceánica» o «circulación termohalina», la cual se habría ralentizado debido a un aporte de agua dulce inusual al derretirse parte del hielo de Groenlandia durante el Periodo Cálido Medieval. Por otro lado, se ha señalado el efecto indirecto de plagas como la peste negra, ya que, tras diezmar a la población, habría dado lugar a un crecimiento de los bosques al ser abandonadas las tierras para el cultivo.

IX. EL MAYOR DESAFÍO
PARA LA HUMANIDAD

LOS JASON, CIENTÍFICOS DE ÉLITE

Hagamos un ejercicio de imaginación. Somos los férreos villanos de una despiadada nación y queremos someter al resto de la Tierra bajo nuestro yugo. ¿Cómo lograrlo? ¿Qué inhumano plan podríamos poner en marcha? Echemos un ojo al texto *How to Wreck the Environment*, escrito por el geofísico Gordon MacDonald y publicado en 1968, cuyo contenido nos ofrece una suerte de manual con el cual iniciar una guerra climática secreta. De entrada, debemos saber que necesitamos un buen equipo de climatólogos y meteorólogos para alcanzar la victoria. Aquí el conocimiento científico es lo más importante. Solo así construiremos un mundo donde las bombas nucleares resulten ensombrecidas por una nueva arma de destrucción masiva: las catástrofes medioambientales.

Empecemos por lo fácil. El agua es un recurso vital para todas las naciones. ¿Sería factible tener el control de sus grifos? Desde la década de 1940 la humanidad sueña con un futuro donde podamos sembrar nubes, usando para ello yoduro de plata, hielo seco u otros agentes. Este anhelo aún perdura hoy en día[62]. La principal

---

62 Para saber un poco más sobre la siembra de nubes, recomiendo leer el artículo «Cloud seeding might not be as promising as drought-troubled states hope», publicado en *The Conversation* y escrito por el meteorólogo William R. Cotton. Otra lectura interesante es el artículo «Can Cloud Seeding Help Quench the Thirst of the U.S. West?», escrito por el periodista científico James Dinneen y publicado en *Yale Environment 360*.

ventaja de dicha técnica consistiría en la acumulación de recursos hídricos. Pero, como sugiere MacDonald, un uso prolongado quizás tenga como consecuencia la eliminación de la humedad de la atmósfera. Si esto es así, «una nación dependiente del vapor de agua que atraviesa un país competidor podría verse sometida a años de sequía».

Vayamos un poco más lejos. Debido a su fuerza destructora, los huracanes han sido objeto de un exhaustivo análisis, el cual ha revelado las fuerzas que gobiernan dichos fenómenos. Esto dio paso a una serie de «experimentos preliminares», cuyo objetivo era «disipar las nubes que rodean el ojo de la tormenta para repartir la energía del huracán y reducir su fuerza». ¿Habría alguna opción con la que tomar el camino inverso? En este mundo imaginario, hablamos de controlar la fuerza e incluso la dirección de los huracanes a modo de «arma para aterrorizar a los adversarios».

Sigamos subiendo en la escala de maldad. Con la ayuda de «cohetes a gran altura», se podrían liberar materiales para destruir el ozono atmosférico, creando así un «agujero temporal en la capa de ozono sobre una zona determinada», con consecuencias negativas en la salud de la población. Nuestros infames climatólogos tienen más planes. Han llegado a la conclusión de que resultaría «de interés nacional» calentar o enfriar la Tierra, mejorando así nuestro clima a la vez que empeoramos el de otros. Para ello, han planteado modificar las grandes extensiones de hielo de Groenlandia o la Antártida con «finas capas de material coloreado sobre las superficies heladas». Así lograríamos inhibir el efecto albedo, fomentando el deshielo y finalmente llegando a la alteración del clima. Desestabilizar grandes capas de hielo también puede ser factible mediante «explosiones nucleares a lo largo de la base de una capa de hielo». El efecto inmediato de dicha acción sería una serie de tsunamis, los cuales destruirían por completo regiones costeras. Posteriormente, se observarían cambios en el clima y una mayor subida del nivel del mar. ¿Quién saldría ganando en este escenario? MacDonald nos responde: «El candidato lógico sería un país ecuatorial sin salida al mar».

¿Llegaremos a un futuro donde una nación tenga al alcance de su mano la tentación de asegurarse «un entorno natural pacífico para sí mismo y un entorno perturbado para sus competidores»? En este mundo distópico, dichas acciones se llevarían a cabo de forma encubierta durante el desarrollo de guerras secretas, donde «los años de sequía y tormentas se atribuirían a la naturaleza sin piedad y solo después de que una nación estuviera completamente agotada se intentaría una toma de posesión armada». Obviamente, el texto de MacDonald es un ejercicio enormemente especulativo. Los escenarios propuestos, en realidad, plantean vastas dificultades técnicas y logísticas, lo cual indica que dichas «armas meteorológicas» son muy poco o nada realistas[63]. Además, debemos tener en cuenta que «el medio ambiente no conoce fronteras políticas». Es decir, no sería raro que los efectos de semejantes ataques acaben igualmente apareciendo en cualquier otro lugar de la Tierra. En definitiva, tal y como concluye él mismo, por desgracia los humanos ya disponemos «de herramientas muy eficaces para la destrucción».

Tras asomarnos a esta ventana de ficción podemos sacar dos conclusiones. Por un lado, dicho ejemplo muestra que en los años sesenta el conocimiento científico, en materia de meteorología y climatología, estaba lo suficientemente avanzado como para plantear estos ejercicios especulativos desde una base más o menos sólida. En segundo lugar, en mi opinión, no hace falta imaginar un villano sin escrúpulos para alcanzar escenarios similares. La emisión por nuestra parte de toneladas de CO_2 ya ha apretado el gatillo. Debido al calentamiento global, se espera que fenómenos extremos como los huracanes cobren más fuerza; mientras que el deshielo y la mayor temperatura de los océanos han iniciado el aumento del nivel del mar, creando pesadumbre en las naciones insulares. Y los CFC, de los que hablaremos más adelante, ya nos dieron un susto al morder la capa de ozono.

Pero nos hemos adentrado en este episodio sin presentar a nuestro protagonista. ¿Quién era Gordon MacDonald? El lan-

---

63 Entre otros escenarios, MacDonald imagina la posibilidad de generar terremotos o tsunamis «mediante explosiones programadas». Incluso hace una tímida especulación sobre la viabilidad de manipular las erupciones solares: «Con las técnicas avanzadas de lanzamiento de cohetes y de puesta en marcha de grandes explosiones, es posible que en algún momento del futuro aprendamos a desencadenar estas inestabilidades».

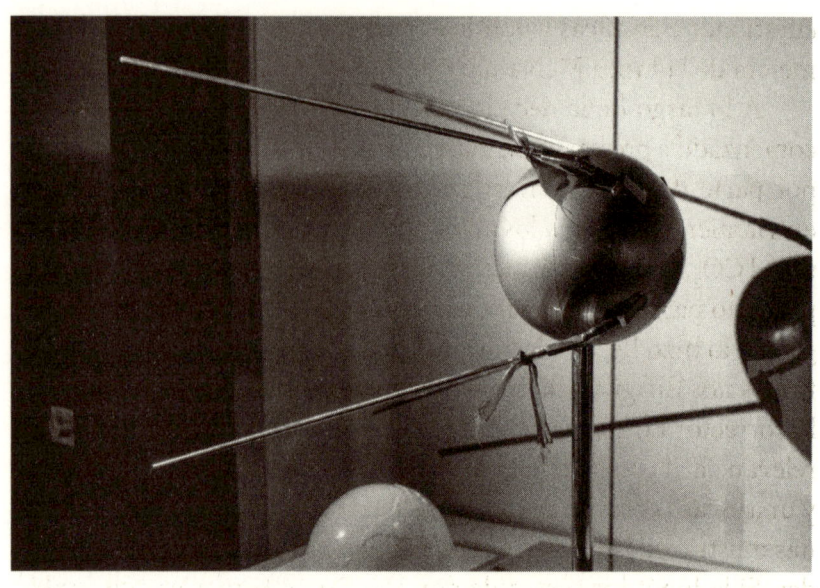

El primer satélite artificial de la Tierra del mundo en el Museo de Cosmonáutica de Moscú [Avroracoon].

zamiento del satélite Sputnik en 1957, por parte de la Unión Soviética, supuso una escalofriante noticia para parte de la sociedad estadounidense. El motivo era la pugna mantenida por ambas potencias durante la Guerra Fría, un tiempo donde el desarrollo científico y tecnológico jugó un papel prioritario. En dicho escenario nació en 1960 el grupo JASON, conformado por científicos de élite cuya misión consistía en asesorar al Gobierno de Estados Unidos en materia de defensa[64]. Sus integrantes eran seleccionados entre los académicos más preeminentes de la nación, siguiendo el espíritu de aquellos expertos que habían aportado su conocimiento en los años de la Segunda Guerra Mundial. Aquí hallamos a MacDonald, al cual se le atribuía un buen olfato para unir

---

64   Se suele decir que el nombre de este grupo, JASON, hace referencia a los meses durante los cuales se reunían (julio, agosto, septiembre, octubre y noviembre). En realidad, fue una sugerencia de Mildred Ginsburg Goldberger, matemática y economista, quien era esposa del físico Marvin Leonard Goldberger, fundador y primer presidente de los JASON. Mildred propuso que el grupo adoptase el nombre del héroe mitológico griego Jasón, en referencia a su búsqueda del vellocino de oro.

cuestiones científicas y políticas, trabajando en proyectos como la mejora de la Línea McNamara durante la Guerra de Vietnam[65].

A lo largo de la década de 1960, MacDonald también había comenzado a prestar atención a la supuesta modificación del clima por parte de la humanidad, indagando así en el debate entre el enfriamiento debido a los aerosoles o el calentamiento impulsado por el CO_2. Por este motivo, en 1969, inició dentro de los JASON un proyecto para tratar de modelar el cambio climático. Esta investigación lo hizo llegar a la conclusión de que el uso de combustibles fósiles nos dirigiría hacia un horizonte nada deseable. ¿Estaba en lo correcto? En el año 1977, la cuestión climática cobraría aún más relevancia al producirse una sequía en la región africana del Sahel y una escasa cosecha de grano en la Unión Soviética. Las hambrunas mostraron la implacable conexión entre el clima y las sociedades. Si la hipótesis sostenida por MacDonald era acertada, ¿cabía la posibilidad de un futuro aún más dramático? Aquel mismo año, dicha inquietud también permeó en el United States Department of the Energy, así que la Administración solicitó a los JASON analizar la relación que unía el destino del clima al del CO_2.

Entre los años 1977 y 1978, en la ciudad de Boulder (Colorado), los JASON se reunieron con la intención de responder a una de las preguntas claves: ¿qué pasaría si la concentración atmosférica de CO_2 llegase al doble con respecto a los niveles previos a la Revolución Industrial? Plasmaron la respuesta dentro de un informe publicado en abril de 1979, el cual debía acabar en la mesa, o en algún despacho cercano, del presidente Jimmy Carter. Gracias a los modelos desarrollados por MacDonald llegaron a la conclusión de que, ante el escenario citado, cabía esperar un «aumento de la temperatura media de la superficie de 2,4 °C». Pero también advertían de que dicho modelo climático adolecía «de una serie de debilidades fundamentales», entre las que destacaba lograr determinar cómo actuarían las nubes a través del efecto

---

65   La Línea McNamara consistía en una línea defensiva destinada a evitar la infiltración del ejército de Vietnam del Norte en Vietnam del Sur y Laos. Aquí las carreteras y caminos estaban vigiladas con detectores de calor y sonidos de alta tecnología, tropas y minas. Debido a su participación en este proyecto, el garaje de MacDonald fue incendiado por manifestantes contra la guerra.

albedo. Eso sí, una cosa quedaba clara. Los pocos grados de más tendrían un evidente impacto en el nivel del mar, la producción agrícola o la disponibilidad de agua; aunque los JASON se sentían incapaces de evaluar acertadamente «las dimensiones de sus consecuencias económicas, políticas o sociales». Por tanto, el problema parecía lo bastante serio como para impulsar «un esfuerzo de investigación exhaustivo destinado a reducir las numerosas incertidumbres», además de justificar que «los responsables políticos sigan prestando atención a la cuestión climática del dióxido de carbono». En resumen, como aseguraría MacDonald posteriormente: «El dióxido de carbono en la atmósfera llevará a la elevación de las temperaturas; la única duda es cuándo ocurrirá».

Además del informe presentado por los JASON, MacDonald decidió llevar el tema más allá de la Casa Blanca. Acudió a la prensa con el objetivo de advertir al resto del mundo, o a quien estuviera dispuesto a escuchar sus preocupaciones. Frente al Capitolio, en Washington D. C., el fotógrafo Robert Sherbow captó la imagen de MacDonald posando con la mano izquierda alzada sobre su cabeza, mostrando así hasta dónde podría llegar el nivel del mar en 2030 si sus pesquisas sobre el cambio climático eran ciertas. La fotografía acabó formando parte de un reportaje publicado en la revista *People*, donde se advertía que la liberación de CO_2, procedente de la quema de petróleo, gas natural y carbón, tendría como consecuencia el aumento de las temperaturas debido al efecto invernadero. MacDonald aprovechó la ocasión para describir a los lectores un futuro donde el deshielo de los polos y el consiguiente aumento del nivel del mar, o la escasez de alimentos a causa de la falta de agua, escalarían hasta niveles devastadores. Era consciente de que, si sus ideas se tornaban erróneas, dicho relato lo haría quedar en ridículo. Pero, si estaba en lo cierto, el espectáculo tendría justificación, ya que aquello significaría que la humanidad se enfrentaría a una catástrofe «no dentro de 200 años, sino dentro de nuestra vida».

Como si fueran las fichas de un dominó cayendo, los artículos científicos e informes empujaban a la acción. El asunto del cambio climático crecía en tamaño por momentos. Tras cada paso, alguien llamaba a la puerta de un despacho reclamando atención; o un congreso científico terminaba con sus asistentes mostrando un gesto de aprobación ante las pruebas concluyentes. En la Casa Blanca, el informe de los JASON logró crear cierto nerviosismo. Frank Press, geofísico y asesor científico del presidente Jimmy Carter, acudió a la National Academy of Sciences (NAS) en busca de quien pudiera revisar los cálculos de MacDonald y su grupo. Acto seguido, Philip Handler, bioquímico y presidente de la susodicha NAS, trasladó el encargo al meteorólogo Jule Charney. Así, del 23 al 27 de julio de 1979, Charney reunió a un grupo de expertos en el centro de estudios de verano de la NAS en Wood Hole, Massachusetts.

Tras disfrutar junto a los asistentes de una jornada degustando *clambake* con vistas al mar[66], Charney asumió la labor de *chairman*. Había seleccionado a un equipo de ocho personas, quienes debían discutir todos los aspectos concernientes al CO_2 y el clima. Se trataba de Akio Arakawa, climatólogo considerado como el mayor experto mundial en nubes; los oceanógrafos Henry M. Stommel (uno de los científicos más influyentes en dicha materia), Donald James Baker y Carl I. Wunsch, el cual pertenecía a los JASON; los meteorólogos Bert Bolin y Robert E. Dickinson; el físico planetario Richard M. Goody y el matemático Cecil E. Leith, gran conocedor de la dinámica atmosférica y uno de los participantes en el Proyecto Manhattan. No eran los únicos presentes. A la sesuda cita científica también fueron invitados más de treinta expertos de diversas universidades e instituciones, así como funcionarios del Gobierno de Estados Unidos. Entre ellos

---

66   El *clambake* es una comida típica de Nueva Inglaterra. Consiste en cocinar mariscos (langostas, cangrejos, almejas, mejillones, etcétera) en un horno de tierra, junto con verduras y mazorcas de maíz.

Portada original de la obra de Nathaniel Rich Losing Earth.

debemos destacar a Verner E. Suomi, padre de la meteorología satelital, y nuestro viejo conocido Roger Revelle.

En realidad, Charney aprovechó la ocasión para ir un poco más allá. No se quedarían solo en la revisión del documento redactado por los JASON. Una de las preguntas que flotaba en el ambiente era, nuevamente, qué temperatura se alcanzaría si se duplicaran los niveles de CO_2 atmosférico. Para hallar la respuesta, los modelos climáticos resultaban fundamentales y, por aquel entonces, había dos personas que despuntaban en dicho campo: Syukuro Manabe y James Hansen. El problema era que, en lugar de encontrarse en un lugar común, los resultados de sus modelos divergían. Para Manabe la duplicación del gas supondría un aumento de unos 2 °C, mientras que Hansen había llegado a la conclusión de que serían 4 °C. ¿Quién tenía razón? No había dudas de que los trabajos estaban bien hechos. El escollo consistía en determinar con exactitud hasta qué grado era sensible el clima a la cantidad de CO_2, así como identificar la importancia del papel ejercido por actores que podrían frenar el calentamiento. Tras debatir sobre los puntos de vista de Manabe y Hansen, la cita debía resolverse con un veredicto. Como relata el escritor Nathaniel Rich, en su libro *Perdiendo la Tierra*, la tarea acabó en las manos de Arakawa:

> La última noche en Wood Hole, Arakawa estuvo despierto hasta altas horas de la noche en la habitación de su motel, con los informes impresos de Hansen y Manabe sobre la cama de matrimonio. Arakawa concluyó que la discrepancia provenía del hielo y la nieve. [...] Poco antes del amanecer, Arakawa concluyó que Manabe había subestimado la influencia del deshielo marítimo, mientras que Hansen lo había sobrevalorado.

Con todas las piezas sobre la mesa, finalmente tomó forma el conocido como *Informe Charney*. En este documento, el grupo de expertos reunidos a expensas de la NAS concluía que «el calentamiento global más probable para una duplicación del CO_2 es de cerca de 3 °C con un error probable de ± 1,5 °C». El modelo de los JASON, elaborado por MacDonald, se había quedado corto. Las incertidumbres impedían disipar todas las brumas del horizonte, y aun así resaltaron que no existía ningún modelo sólido el cual predijera «un calentamiento insignificante». El efecto del CO_2

acabaría por ramificarse, generando cambios en «la temperatura, las precipitaciones, la evaporación y la humedad del suelo»; aspectos básicos desde donde pueden quebrarse los escenarios ecológicos y sociales que nos mantienen. ¿Existía algún factor natural el cual actuase como colchón de seguridad para la humanidad? Aquí el escrutinio de los expertos también resultaba sombrío: «hemos intentado, pero no hemos podido, encontrar ningún efecto físico ignorado o subestimado que pudiera reducir el calentamiento global […] a proporciones insignificantes o invertirlo por completo». Antes o después, «el calentamiento acabará produciéndose».

Las conclusiones del *Informe Charney* eran sólidas. Empujado por las fichas de dominó, en 1979 el consenso científico comenzaba ya a tomar forma. En el prólogo de dicho documento, Suomi dejaba bien claro que no había margen para invocar dudas encarnadas por otros gigantes:

> Desde hace más de un siglo, somos conscientes de que los cambios en la composición de la atmósfera podrían afectar a su capacidad para atrapar la energía del sol en nuestro beneficio. Ahora tenemos pruebas irrefutables de que la atmósfera está cambiando y de que nosotros mismos contribuimos a ese cambio.

Ante la gravedad de la situación, en aquellas mismas líneas, Suomi también advertía que «una política de espera puede significar esperar hasta que sea demasiado tarde».

Los científicos reunidos en Woods Hole no eran los únicos preocupados. Aquel mismo año, entre el 12 y el 23 de febrero, unos trescientos cincuenta especialistas de cincuenta y tres países y veinticuatro organizaciones internacionales acudieron a Ginebra (Suiza) para debatir sobre el mismo tema. Fue la Primera Conferencia Mundial sobre el Clima, convocada por la Organización Meteorológica Mundial. Viendo la amplia gama de disciplinas a las que pertenecían los participantes, podemos obtener una idea de hasta dónde son capaces de penetrar las raíces del calentamiento global: agricultura, recursos hídricos, pesca, energía, ecología, biología, medicina, sociología, economía… Prácticamente todo. Dada la «influencia omnipresente del clima», tras las jornadas de debate se presentó una declaración, la cual sugería a las naciones una ruta de acción centrada en la ciencia. La Conferencia consideraba «urgentemente necesario» aprovechar el conocimiento ya acumulado por la climatología, impulsar la mejora de dichos estudios y prevenir los futuros cambios «que podrían ser adversos para el bienestar de la humanidad». En resumen, más financiación para la ciencia y atención hacia el problema por parte de los Gobiernos. Solo así se lograría garantizar la supervivencia de nuestra especie, la cual «depende de la consecución de una armonía entre la sociedad y la naturaleza». Y la comunidad científica, fiel a su impulso por resolver incógnitas, cumplió su parte.

En 1981 Hansen empujó otra pieza de dominó, la cual lograría exorcizar por completo al fantasma de la Edad de Hielo. En un artículo publicado en la revista *Science*, un equipo de la NASA capitaneado por Hansen detalló cómo la temperatura promedio de la Tierra había aumentado aproximadamente 0,4 °C entre 1880 y 1978. Dicho descubrimiento resultaba una prueba coherente con el incremento observado del CO_2. Entonces, ¿cómo encajaba aquí el enfriamiento defendido por J. Murray Mitchell Jr. y otros expertos tiempo atrás? En realidad, las investigaciones de Mitchell se habían centrado solo en datos recabados en el hemisferio norte, dada la dificultad de contar con referencias de todo el planeta. Sin embargo, el grupo de la NASA se las apañó para reunir información de ambos hemisferios, la cual analizaron de forma más refinada. Así lograron determinar que la magnitud del enfriamiento ocurrido entre 1940 y 1970 solo significó una variación en torno a los 0,1 °C; mientras que sus causas más probables debían rastrearse tanto entre factores naturales (sobre todo, las actividades solar y volcánica) como en el impacto humano derivado de la emisión de aerosoles.

Como si fueran criminólogos, la comunidad científica había asumido la labor de enumerar todas las pruebas esparcidas por los distintos gigantes a lo largo del clima. Solo así se lograría saber cuántas décimas de grado pertenecían a cada uno. El indicio más rastreado era el perteneciente al CO_2 antropogénico que, según indicaron los científicos de la NASA, «debería salir del nivel de ruido de la variabilidad natural del clima a finales de siglo». ¿A qué se debía el interés por ser tan minuciosos? La razón estribaba en aportar una nueva prueba, otra ficha más, para impulsar el cambio social:

Las fuerzas políticas y económicas que afectan al uso de la energía y a la elección de los combustibles hacen improbable que la cuestión del CO_2 tenga un impacto importante en las políticas energéticas hasta que no se disponga de observaciones convincentes del calentamiento global.

En efecto, en los próximos pasos, el mensaje científico debía alcanzar el estatus de irrefutable. Para ello, era necesario descubrir la huella sobre el arma homicida.

¿CUÁNTOS GASES ACTÚAN EN ESTA OBRA?

Los años ochenta también supusieron la constatación de otra complicación. En 1980, después de llamar la atención sobre el posible impacto de los CFC en 1975, Veerabhadran Ramanathan volvió al escenario tras publicar un artículo resultado de la interrogación a otros gases de efecto invernadero: metano (CH_4), óxido de nitrógeno (N_2O), CFC y ozono (O_3). A lo largo de toda esta historia, la concentración atmosférica de elementos como el CH_4 había sido considerada demasiado pequeña como para interpretar un papel en el relato climático. Ramanathan discrepó. Al combinar los efectos de dichos gases junto con el CO_2, comprobó que «las fuentes antropogénicas de gases distintos del CO_2 pueden contribuir hasta un 40 % del calentamiento», dejando un 60 % para nuestro sospechoso principal. Pero transitar con éxito este nuevo sendero requería mejorar los modelos, estimar tanto las fuentes como los sumideros de cada gas y lograr prever cómo aumentarán en el futuro. Por todo ello, Ramanathan admitió que sus conclusiones estaban «sujetas a un amplio margen de incertidumbre», e incluso existía la posibilidad de que el estudio quedase «obsoleto antes de que aparezca impreso».

Ramanathan no se detuvo, sino que siguió avanzando tras la pista de los denominados «otros gases de efecto invernadero». En 1985, junto con sus colaboradores, publicó un nuevo artículo donde destacó que en los últimos cincuenta años «la mayor

dependencia de los productos químicos sintéticos, la deforestación, la quema de biomasa y la combustión de combustibles fósiles» habían incrementado la emisión de sustancias químicas a la
atmósfera. En esta ocasión, el equipo de Ramanathan había puesto
la lupa sobre nada más y nada menos que una treintena de gases,
cuyos efectos concluyeron que «son tan importantes como los del
aumento del CO_2 a la hora de determinar el cambio climático del
futuro o de los últimos 100 años». Sin embargo, otra vez la información era demasiado insuficiente como para determinar su posible impacto futuro en el clima. ¿Cuántos de dichos gases tenían en
realidad el potencial para provocar un cambio climático? ¿Cuál
era su concentración en aquellos momentos? ¿Cuánto había en el
pasado? ¿De dónde vienen y a dónde van? En definitiva, la ciencia
debía volver a recorrer un camino similar al que había permitido
demostrar el papel del CO_2.

De todos ellos, el CH_4 resultó ser el más preocupante para la
cuestión climática. El trabajo de Ramanathan puso en marcha el
interés por rastrear qué actividades humanas causaban su emisión. Destacaron aquí la ganadería, de la cual todos hemos oído
hablar por las flatulencias de las vacas, junto con la agricultura,
principalmente debido al cultivo de arroz, el cual se practica en
terrenos inundados. A dicha ecuación debemos añadirle los ver-
tederos, el uso de combustibles fósiles, la quema de biomasa o los
incendios forestales[67]. Por otro lado, al igual que ocurrió en el
caso del CO_2, el análisis de las burbujas de aire atrapadas en hielo,
además de otras pistas añadidas, demostraron que su concentración atmosférica estaba realmente en aumento. Gracias al análisis
de núcleos extraídos en la Antártida, por ejemplo, sabemos que
en los últimos ochocientos mil años el nivel de CH_4 osciló entre
348 y 728 ppb[68]. Sin embargo, alrededor del año 1720 las concen-

---

67   Obviamente, también existen emisiones de metano de origen natural. En su mayoría
     se concentran en los humedales, donde las bacterias tienen un importante papel en
     esta cuestión. La fuente menor, aunque en un nivel suficiente como para ser rastreada,
     proviene de las termitas que habitan África y Australia.
68   Tanto la concentración de CH_4 como de N_2O se mide en *parts per billion* o ppb. Funciona
     exactamente igual que cuando hablamos de CO_2 medido en ppm, solo que en este caso
     cambiamos millón por mil millones. Recordemos que, en inglés, *billion* no hace referencia
     a billones, sino a mil millones.

traciones de dicho gas comenzaron a crecer hasta superar las 800 ppb en 1850. Después continuó escalando. Según el monitoreo atmosférico llevado a cabo por la NOAA, en 1983 el CH_4 se situó en unas 1644 ppb, mientras que para 2021 ya estábamos en 1895 ppb. Antes de ser destruido o secuestrado por algún sumidero, el CH_4 puede permanecer en la atmósfera unos nueve años. La razón de su evidente acumulación es, sencillamente, que estamos aportando más gas del que se destruye. Este nuevo actor es motivo de inquietud porque su potencial de calentamiento global, en una escala de tiempo de cien años, es veintiocho veces mayor al del CO_2. ¿Qué quiere decir esto? Pues que, en el periodo de un siglo, una tonelada de CH_4 produce veintiocho veces más calor que una tonelada de CO_2. Y no es el único «otro gas de efecto invernadero» del que debemos recelar.

Las ingentes toneladas de fertilizantes usadas en agricultura y para hacer crecer el pasto de la ganadería tienen como resultado la emisión de N_2O, cuya capacidad para caldear el ambiente en cien años es 265 veces mayor que la del CO_2. Otras fuentes antrópicas de N_2O son la industria química, las aguas residuales y, de nuevo, la utilización de combustibles fósiles. El hielo de la Antártida y

Fertilizante agrícola a base de nitrogeno [Vitalii Stock].

otras miguitas de pan nos han ayudado a comprender su evolución a lo largo del tiempo. Así tenemos que, durante aproximadamente ochocientos mil años, el nivel de N_2O ha variado entre 200 y 300 ppb. Posteriormente, a partir del año 1850, inició un notable ascenso desde las 273 ppb hasta 316 ppb al principio del tercer milenio. Los registros de la NOAA indican que, para 2021, habíamos llegado a las 334 ppb. Dicho gas permanece en la atmósfera unos ciento dieciséis años, pero, al igual que en el caso del CH_4, su acumulación se debe a que liberamos más cantidad de la que es eliminada. Además, este actor es, para mayor turbación, un destructor de la capa de ozono.

Terminemos este sudoroso pasaje con el gas cuyo efecto invernadero es el mayor que conocemos. El hexafluoruro de azufre (SF_6) tiene un efecto 23 500 veces mayor al del CO_2 y su vida en la atmósfera se estima en unos tres mil doscientos años. Lo mencionamos aquí porque su concentración también está en incremento. Según la NOAA, en 1998 la presencia de SF_6 era de 4 ppt, mientras que en 2021 había alcanzado las 10 ppt[69]. El origen de dicho gas es prácticamente artificial, produciéndose sus emisiones principalmente desde la industria energética eléctrica, donde es usado, entre otras cosas, como aislante.

Aun así, el personaje más importante en toda esta historia sigue siendo el CO_2. Comparado con el CH_4, el N_2O o el SF_6, su importancia para desatar el efecto invernadero parece débil. Pero la verdadera fuerza del CO_2 radica en su concentración abrumadoramente mayor, frente a la presentada por los otros gases que hemos mencionado. Aunque el crecimiento de dichos actores secundarios y terciarios, junto con otras decenas de sustancias más o menos relevantes, muestran el grado de perturbación al que estamos sometiendo a la atmósfera. Como advirtió Ramanathan, no debemos perderlos de vista, ya que su papel también exige una hoja de ruta destinada a frenar su avance. Una vez más, al final del sendero, las respuestas quedaron presentadas sobre la mesa, mientras la humanidad titubeaba ante la lista de tareas pendientes.

---

69   En el caso del SF_6, su concentración se mide en *parts per trillion* o ppt. Es igual que en los otros casos, pero ahora debemos tener en cuenta que en inglés *trillion* se refiere a billones.

El vicepresidente Al Gore hace campaña para la nominación presidencial demócrata en Lakewood Park en Sunnyvale, California, 2000 [Jose Sohm].

UN ARGUMENTO PARA UNA NOVELA
DE CIENCIA FICCIÓN

La sala no tenía mucho glamur. La madera, con tonos claros y oscuros, hacía que el ambiente luciera bajo un filtro de seriedad gubernamental. Un gran estrado curvo, con espacio para más de una decena de personas, dominaba el lugar. Justo en el centro, se hallaba David Durenberger, senador republicano por Minnesota, al cual acompañaba Max Baucus, senador demócrata por Montana. Frente a ellos, se extendía un suelo ajedrezado donde estaban dispuestas las sillas para el resto de los asistentes. Eran periodistas, políticos y demás interesados en la cuestión, quienes con caras serias habían acudido al Capitolio de los Estados Unidos, en Washington D. C., para tomar anotaciones y sacar conclusiones. Entre ambos lados, una mesa con micrófonos y cuatro asientos tapizados en cuero esperaban a los testigos. Al Gore Jr., senador demócrata por Tennessee, aguardaba en una de ellas con el objetivo de compartir una preocupación. Estaba solo, pero pronto cedería su lugar en la mesa a quienes lo avalaban. En cuanto Durenberger abrió la sesión, los dedos de la taquígrafa comenzaron a registrar, palabra por palabra, la reunión que tuvo como protagonista al efecto invernadero. Era el 10 de diciembre de 1985. Por fortuna, una cámara de la cadena de televisión C-SPAN también grabó el momento para futuros espectadores como nosotros.

Años atrás, en 1968, durante su época de estudiante en la Universidad de Harvard, la vida de Al Gore se había cruzado con la cuestión del cambio climático. Lo hizo durante unas conferencias impartidas por Roger Revelle, quien les había presentado los resultados del trabajo de Charles Keeling. La gráfica con la curva de CO_2 en continuo crecimiento le resultó inquietante. Así que, conforme se adentraba en la política estadounidense, el asunto del cambio climático recibía cada vez más peso en su agenda. En aquella sesión del Senado, Al Gore pretendía solicitar al presidente Ronald Reagan que tomase la iniciativa con el fin de crear un programa de investigación internacional. La comunidad científica necesitaba ayuda para seguir indagando en el problema. Poner en marcha una suerte de Año Internacional del Dióxido de Carbono, siguiendo el ejemplo del Año Geofísico Internacional celebrado en 1957, podría darles un gran impulso.

Entre los presentes, el cambio climático evocó las imágenes de un fantasma del pasado. En la década de 1930, las sequías habían alimentado enormes tormentas de polvo que afectaron a vastas regiones de las Grandes Llanuras. Este periodo fue conocido como *Dust Bowl*, que traducido de forma literal significa «cuenco de polvo». Nada que nos aboque a regresar a dicho escenario, o algo mucho peor, parecía un buen augurio. Para Durenberger, el problema bien podría recibir el calificativo de «destrucción climática», ya que «las condiciones de temperatura, humedad y cambio estacional que prevalecen hoy en día, podrían desaparecer para siempre».

Según explicó Al Gore: «Para aquellos que no están familiarizados con el efecto invernadero, puede sonar más como una trama para una mala novela de ciencia ficción que un problema ambiental grave que merece una revisión». Sin embargo, se trataba de un elemento real y medido por la ciencia, el cual, aunque nos desagrade, «no podemos fingir que no existe». Mirar para otro lado significaba condenar a las generaciones futuras, quienes acabarán experimentando cómo un relato de ciencia ficción se hace realidad. A través de personas como Al Gore, la comunidad científica contaba con un puente para llegar a la esfera política. Pero en este terreno las reglas eran distintas, haciendo que las pruebas científicas y el consenso perdieran fuerza. Por tanto, para convencer a senadores y congresistas, debían comenzar por lo básico. ¿Qué era eso del efecto invernadero? ¿Cómo funcionaba el cambio climático?

Las respuestas estaban en las manos de los expertos, algunos de los cuales habían sido invitados a testificar durante la sesión. El primero de los paladines apenas necesitó presentación en su momento y tampoco ahora. Carl Sagan se sentó ante los senadores para explicar qué era el efecto invernadero, su relación con el CO_2 y su brutal papel en la atmósfera de Venus. El conocimiento acumulado al respecto hacía que el impacto de la humanidad sobre los sistemas terrestres fuera visto con temor:

El poder de los seres humanos para afectar, controlar y cambiar el entorno está creciendo a medida que crece nuestra tecnología. En la actualidad claramente hemos llegado a la etapa en la que somos capaces, tanto intencional como inadvertidamente, de hacer significativos cambios en el clima global y en el ecosistema global.

La dimensión mundial del tema exigía un acuerdo entre las naciones. Si no se involucraba a China o al resto de los países que estaban experimentando un rápido desarrollo, de nada servía que Estados Unidos y la Unión Soviética lo hicieran. El cambio climático resultaba ser una cuestión intergeneracional, originando así una deuda moral con quienes heredarán una Tierra moldeada por sus predecesores. Ante tal magnitud, Sagan abogaba por crear una percepción que fuera más allá de nuestro círculo espaciotemporal:

Creo que lo esencial para este problema es una conciencia global. Una visión que trascienda nuestras identificaciones exclusivas con los grupos generacionales y políticos en los que hemos nacido por accidente. La solución a estos problemas requiere una perspectiva que abarque el planeta y el futuro, porque todos estamos juntos en este invernadero.

Tras el testimonio de Sagan, ante los micrófonos se sentaron cuatro personas más: Ralph J. Cicerone, Syukuro Manabe, Gordon MacDonald y Dean Abrahamson. El primero en tomar la palabra fue Cicerone, el cual era presidente de la National Academy of Sciences. Cicerone se encargó de explicar el papel de otros gases de efecto invernadero, como el CH_4, el N_2O, los CFC y el ozono; elementos cuya importancia ya hemos relatado unas líneas más arriba. A continuación, Manabe tomó la palabra para detallar cómo funcionaban los modelos climáticos. Pausadamente, sonriendo y agitando las manos para remarcar la exposición, el futuro Premio Nobel desgranó el posible mundo esbozado en sus investigaciones:

Uno de los resultados es que el cambio climático no es muy uniforme. Está lejos de ser uniforme geográficamente. Hay un calentamiento particularmente grande en latitudes altas durante el invierno […] La otra consecuencia es una reducción de la cobertura de hielo marino sobre el océano Ártico y Antártico. En los trópicos el calentamiento sería menor, pero los trópicos ya son lo suficientemente cálidos, así que no sé si eso implica algún consuelo.

Carl Sagan, hablando en un mitin, Washington D.C. [Jose Sohm].

Posteriormente, Manabe centró sus advertencias en el calentamiento del aire, hecho que aumentara su capacidad para retener más humedad. Esta cuestión resultaba una mala noticia para las áreas centrales de Estados Unidos, las cuales enfrentarían precipitaciones más fuertes. Pero además aquí entrarían en juego condiciones similares a las del *Dust Bowl*, dada la pérdida de humedad del suelo debida a las altas temperaturas. Gracias a una pantalla instalada en el lugar, todos los asistentes pudieron ver en un mapa mundial el alcance de estas predicciones. Obviando la cámara de televisión, Manabe se levantó para señalar un área coloreada de rojo, la cual prácticamente ocupaba por completo América del Norte. El mismo color inundaba grandes áreas de Eurasia y el norte de África. Contrariamente a lo que nos podría dictar una lógica inicial, dichas regiones no serían engullidas por desiertos; ambientes cuya expansión, por otro lado, también se espera que ocurra. Como remarcó Manabe, en el futuro lo que veremos en esos sitios serán «inviernos más húmedos y veranos más secos».

MacDonald habló en tercer lugar y puso el foco sobre las consecuencias oceánicas y biológicas. Las incertidumbres en estos campos mostraban la necesidad de seguir realizando más investigación. ¿Qué papel tendrán los océanos en el futuro? ¿Cómo reaccionarán las plantas ante el aumento del CO_2? Ambos factores actúan como sumideros, pero cabía la posibilidad de que se comportaran como un búmeran y nos devolvieran el carbono. Conforme aumentan las temperaturas de los océanos, ¿llegará un momento en el que pasen a ser emisores relevantes de CO_2? Por otro lado, ¿cómo se verá modificada la circulación oceánica? En cuanto a la vegetación, la liberación de CO_2 también parecía garantizada, dado que los bosques estaban siendo arrasados por la deforestación, los incendios forestales o la lluvia ácida, la cual provocaba la muerte de los árboles. Había más inquietudes rodeadas de preguntas. Por ejemplo, los fenómenos meteorológicos extremos como los huracanes, ¿serían más frecuentes e intensos? Sin embargo, ante tantas dudas, MacDonald apuntó a un aspecto clave en la ciencia: «Siempre habrá incertidumbre. Nunca podremos predecir el futuro con un 100 % de confianza». La solución para aumentar la información necesaria radicaba en llevar a cabo más estudios científicos. Aun así, ante la magnitud de las potenciales consecuencias, remarcó que «actuar más allá de la investigación está justificado». Es decir, a la vez que el resto de las dudas son acorraladas, debíamos iniciar el tortuoso camino para desprendernos de la adicción a los combustibles fósiles.

El último turno fue para Abrahamson, profesor de la Universidad de Minnesota y director del Global Environmental Policy Project at the Humphrey Institute. Semanas antes, en octubre de 1985, Abrahamson había viajado a Austria para asistir a una conferencia internacional donde se evaluó el papel del CO_2 y otros gases de efecto invernadero. El evento, en el cual se reunieron expertos de veintinueve países, fue organizado por el Programa de las Naciones Unidas para el Medio Ambiente (PNUMA), la Organización Meteorológica Mundial (OMM) y el Consejo Internacional para la Ciencia (ICSU). En cierta manera, la sesión en el Senado de Estados Unidos seguía la estela de la que pasaría a ser conocida como Conferencia de Villach, cuya Declaración alentaba a los gobiernos para potenciar la investigación sobre el tema[70]. Además de detallarles una lista con los múltiples aspectos que se verían afectados, Abrahamson procuró que las conclusiones de dicha cita llegasen a los oídos de los senadores. Cabe destacar uno de los puntos que trató, el cual sigue siendo una cuestión clave hoy en día: «La naturaleza de los impactos y la respuesta social a los impactos dependerán no solo de la cantidad de cambios de temperatura, sino también de la velocidad a la que cambia». En otras palabras, «la tasa de cambio es tan importante como la magnitud total del cambio». No es lo mismo prepararte un examen programado para dentro de unos meses que, tras llegar una buena mañana a tu pupitre, hallarte con una prueba sorpresa. ¿Estarán nuestras sociedades lo suficientemente adaptadas cuando llegue el cambio?

---

70   Durante la década de 1980, en Villach se realizaron diversos debates científicos bajo el paraguas del PNUMA, la OMM y el ICSU. Mostafa Tolba, biólogo egipcio y director del PNUMA, fue uno de los mayores impulsores de estas reuniones. Tolba también tuvo un papel importante en la lucha contra el agujero de la capa de ozono y en la formación del IPCC.

Las recomendaciones y advertencias enarboladas tiempo atrás en la Conferencia de Villach habían sido claras. Era «urgente» «hacer un seguimiento», «estudiar», «investigar», «evaluar» y «analizar» el tema para así poder actuar en consecuencia. Sus conclusiones partían de un consenso científico básico: las concentraciones de CO_2, N_2O, CH_4, ozono y CFC estaban aumentando y, por tanto, se esperaba que pudieran «influir en el clima de la Tierra». Concretamente admitían que, según los modelos climáticos, la duplicación del CO_2, o una combinación con los otros gases, tendría como resultado una subida de la temperatura de entre 1,5 y 4,5 °C. Dicho calentamiento, además de otros efectos, «provocaría una subida del nivel del mar de 20 a 140 centímetros». Lograr una predicción más afinada dependería de comprender mejor los distintos sistemas en juego. Entre ellos destacaban los océanos, los cuales iban a ralentizar los cambios durante varias décadas al absorber parte del calor en primer lugar. Por otro lado, la concentración de aerosoles, la variación solar y la dinámica mundial de la vegetación eran factores que debían ser tenidos en cuenta; aunque cada vez estaba más claro que «los gases de efecto invernadero serán la causa más importante del cambio climático durante el próximo siglo». Por supuesto, los asistentes a Villach también coincidieron en que «los ecosistemas mundiales, la agricultura, los recursos hídricos y el hielo marino» se verán profundamente afectados.

La Conferencia de Villach es considerada como uno de los puntos de inflexión en esta historia. Tras la cita, la comunidad científica había construido los andamiajes para una colaboración internacional más estrecha. Un paso que, como veremos próximamente, tuvo una especial relevancia en la aparición de unos de los actores más importantes. Resultaba una noticia esperanzadora a pesar de que, como recogió una noticia publicada en noviembre de 1985 en *The New York Times*, ya habíamos alcanzado el punto en el que «algo de calentamiento del clima ahora parece inevitable». Al Gore también se refirió a este grisáceo augurio durante la declaración en el Senado: «Ya hemos perdido la oportunidad de tener un efecto cero». Dicha sentencia recibió la aprobación de los expertos asistentes. Había margen para ser optimistas, aunque urgía actuar para frenar las emisiones de todos los gases implica-

Mujeres trabajando en el campo [Ashish W.].

dos, así como fijar una fecha a partir de la cual se hiciera efectiva la jubilación de los combustibles fósiles. En definitiva, el consenso científico debía convertirse en consenso político y social.

Llegados a este punto de nuestro relato, resulta interesante mirar hacia atrás. Recordemos aquellos episodios del siglo XIX, cuando Charles Darwin y sus contemporáneos compartían impresiones a través de cartas. En aquellos momentos, todo lo relacionado con el clima de la Tierra quedaba plasmado en publicaciones firmadas por una sola persona y, si acaso, se debatía en reuniones auspiciadas por sociedades científicas. A pocos pasos de terminar el siglo XX, la situación había cambiado de forma radical y lo haría aún más en el siglo XXI. Ahora miles de ojos escrutan los distintos aspectos que conciernen al clima. Los artículos firmados por un solo autor o autora se han vuelto infrecuentes, mostrando que la colaboración constituye una de las vértebras de la investigación; mientras que las reuniones se suceden por doquier desde modestos despachos hasta convenciones internacionales. Conforme sucedía esto, comenzó a desbordarse el conocimiento científico hacia el resto de la sociedad, ya que el asunto del cambio climático resultó no ser una simple curiosidad. Nuestro gigante había escalado por encima del resto de los gigantes climáticos, transformándose así en el mayor desafío para la humanidad.

X. LA HUMANIDAD NO ES INOCUA PARA LA TIERRA

¿SERÁ LA GUERRA NUCLEAR EL FIN DEL MUNDO?

El 23 de marzo de 1983, a las 20:02, el presidente Ronald Reagan se dirigió a sus compatriotas. El discurso, enmarcado en el siempre milimétricamente ordenado Despacho Oval de la Casa Blanca, fue transmitido en directo por televisión y radio para anunciar una decisión. Reagan tenía un plan con el cual esperaba ofrecer «una nueva esperanza para nuestros hijos en el siglo XXI». Como dirigente de Estados Unidos y líder del mundo occidental, su deber era el de «proteger y fortalecer la paz». Por ello, había presentado al Congreso un presupuesto con el que pretendía incrementar el gasto en defensa. Este era el único camino viable para «prevenir la mayor de las tragedias humanas y preservar nuestra forma de vida libre en un mundo a veces peligroso». Un mundo donde existía la posibilidad, demasiado palpable, de una guerra nuclear entre la Unión Soviética y Estados Unidos.

Reagan aseguraba que Estados Unidos estaba indefenso ante una Unión Soviética que había ido «acumulando un enorme poderío militar» en los últimos veinte años. De nada servían ya los esfuerzos por disuadir al enemigo. Es decir, la nación había perdido la capacidad para que «cualquier adversario que piense en atacar a los Estados Unidos, a nuestros aliados, o a nuestros intereses vitales, llegue a la conclusión de que los riesgos para él superan cualquier ganancia potencial». Antiguamente, las armas nucleares actuaban

El gobernador Ronald Reagan se dirige a una gran multitud en el edificio de la capital de Carolina del Sur durante una parada de campaña en 1980 en el camino a ganar su primer mandato presidencial [James Housand].

como dicho elemento de disuasión. El problema era que, según la postura mantenida por muchos en Washington D. C., los soviéticos tenían ya el suficiente armamento como para sobrepasarlos.

El presidente aprovechó la ocasión para mostrar a sus conciudadanos hasta dónde llegaban los tentáculos soviéticos. Sus maquinaciones estaban teniendo lugar en el patio trasero de Estados Unidos. Moscú participaba en el desarrollo de instalaciones militares en Cuba, a la vez que incrementaba el envío de armas hacia las manos de Fidel Castro. Lo mismo sucedía en Nicaragua y la pequeña isla de Granada. Además, la Unión Soviética respaldaba a las guerrillas de El Salvador, Costa Rica y Honduras. Ante tales amenazas, Reagan creía que el ejército estadounidense debía ser modernizado e impulsar la construcción de más tanques, aviones y barcos militares. Igualmente, resultaba imprescindible transmitir a los jóvenes la idea de que era «un honor usar el uniforme», instándolos a unirse al ejército. El camino contrario (es decir, recortar el presupuesto en defensa) suponía admitir el mismo discurso que «llevó a las democracias a descuidar sus defensas en la década de 1930 e invitó a la tragedia de la Segunda Guerra Mundial».

Las negociaciones entre Estados Unidos y la Unión Soviética, para llevar a cabo una reducción del armamento nuclear, podrían ayudar a «estabilizar el equilibrio». Sin embargo, en este escenario seguiría existiendo la posibilidad de una destrucción mutua tras un ataque nuclear y la consiguiente represalia de igual proporción. Ante dicha situación, Reagan preguntó a los estadounidenses: «¿No sería mejor salvar vidas que vengarlas?». Según sus asesores, existía una posibilidad desde la que transitar una senda donde la amenaza nuclear quedase neutralizada utilizando medidas defensivas. Aunque, para hacer realidad este futuro, Reagan y su Gobierno necesitaban la ayuda de la comunidad científica:

Con estas consideraciones firmemente en mente, hago un llamado a la comunidad científica de nuestro país, a aquellos que nos dieron las armas nucleares, para que orienten su gran talento ahora hacia la causa de la humanidad y la paz mundial, para que nos proporcionen los medios para convertir estas armas nucleares en impotentes y obsoletas.

¿Qué era exactamente lo que le habían propuesto a Reagan sus asesores? Cuando un misil balístico intercontinental es lanzado, asciende hasta salir de la atmósfera para luego reentrar y caer sobre su objetivo. Por tanto, el desarrollo de estas armas permitió que las dos naciones en liza tuvieran la capacidad de enviar bombas nucleares a miles de kilómetros. Así se había alcanzado la situación de destrucción mutua asegurada, o MAD por sus siglas en inglés. El deseo de la administración Reagan era zafarse de la coyuntura, haciendo que el armamento nuclear de la Unión Soviética perdiera su efecto disuasorio.

La clave, aseguraban desde Washington D. C., sería la Iniciativa de Defensa Estratégica o SDI por sus siglas en inglés. Dicho proyecto consistía en una red de satélites destinados a destruir, con rayos láser y otros métodos, los misiles lanzados durante un ataque nuclear. El creador de la SDI fue el físico Edward Teller, quien había trabajado en el Proyecto Manhattan y mantenía una postura notablemente anticomunista. La existencia de la Unión Soviética, según Teller, suponía la garantía de una guerra nuclear a gran escala. También era un defensor del uso no militar de la potencia nuclear, entre cuyas propuestas podemos hallar la de abrir un canal para las rutas marítimas en Centroamérica o crear un puerto artificial en Alaska usando, en efecto, explosiones nucleares. Teller logró sintonizar con Reagan y en 1982 lo convenció de que la SDI era viable.

El problema era que desplegar la SDI supondría tejer una red de más de dos mil doscientos satélites. Además, las armas necesarias para equiparlos aún no habían sido desarrolladas o incluso inventadas. Dicho de otra forma, el Gobierno tendría que gastar una ingente cantidad de dinero para su puesta en marcha. Alrededor de un billón y medio de dólares o más. No es de extrañar que los rivales políticos de Reagan lanzaran múltiples críticas al proyecto, el cual acabaría siendo apodado burlonamente como *Star Wars*. Entre la comunidad científica tampoco lograron recolectar muchas simpatías. El principal recelo se debía a una sencilla cuenta. Aunque el SDI llegase a ser una realidad, su eficacia nunca podría ser del 100 %. Si el sistema lograba tener una eficacia del 90 %, significaba que un 10 % de los misiles nucleares lanzados sí acabarían impactando contra sus objetivos. Por aquel entonces, la

Unión Soviética contaba con dos mil misiles con capacidad para transportar ocho mil ojivas nucleares. La consecuencia de asumir un plan imperfecto era aceptar la evaporación de, al menos, una ciudad estadounidense. Si, aun así, se pusiera en marcha la construcción de la SDI, ¿no podría el mando soviético, por miedo a perder su capacidad disuasoria, ceder a la tentación de apretar el botón antes de su culminación?

Dichos motivos fueron suficientes para que un grupo de científicos decidiera mover ficha. El 23 de febrero de 1983 se publicó en el *Bulletin of the Atomic Scientist* una carta firmada por Richard L. Garwin, Carl Sagan y una treintena de expertos. En el pasado, mientras trabajaba en el Los Alamos National Laboratory, Garwin había recibido de manos de Teller la tarea de crear el diseño de la primera bomba de hidrógeno. Pero ahora remaba en la dirección contraria, tratando de evitar que la humanidad llevase su hostilidad fuera de la Tierra. La susodicha carta terminaba de la siguiente forma:

> Nos unimos para instar a los Estados Unidos, a la Unión Soviética y a otras naciones con capacidad espacial a negociar, en su beneficio y en el de la especie humana, un tratado que prohíba las armas de cualquier tipo en el espacio, y que prohíba el daño o la destrucción de los satélites de cualquier nación.

Cuando Reagan dio su discurso para anunciar la SDI, Sagan se encontraba en el hospital tras someterse a una operación de emergencia para reemplazar su esófago, la cual había durado diez horas y casi desemboca en su muerte. Aun así, ante el anuncio del presidente, Sagan preparó desde su cama una petición destinada al Congreso de Estados Unidos donde detalló por qué se oponían al proyecto. Por otro lado, la misma carta publicada días antes fue enviada a los líderes de Francia, India, Japón, China, Reino Unido y la Unión Soviética.

La humanidad había arrebatado a los dioses la exclusividad de las catástrofes globales. La capacidad para desencadenar un apocalipsis nuclear, el cual resultaba más real que un diluvio divino, amenazaba con devastar la civilización del siglo xx. Pero esta pesadilla radiactiva también se cernía sobre gran parte de la biosfera mundial. Ninguna otra especie de la Tierra, de entre las conocidas, alcanzó este nivel antes que el *Homo sapiens*. En nuestro camino, habíamos lanzado hacia el precipicio de la extinción a animales como el dodo; envenenado la biosfera con sustancias que silencian la primavera; puesto en marcha invasiones biológicas que resquebrajan ecosistemas; o acaparado tierra para nuestra supervivencia, mientras el resto de los habitantes del planeta eran arrinconados. Y ahora teníamos en nuestras manos el poder de quemar el tablero del juego, lo cual nos igualaba a los cataclismos naturales más terribles de la historia geológica.

En la década de 1980, también se desveló la trama que puso fin a la saga de los dinosaurios. A finales del Cretácico, un asteroide había golpeado la Tierra, irrumpiendo en el devenir de la biosfera. El polvo arrojado tras el impacto se apoderó de la atmósfera, desbaratando así el clima global, el cual se sumió en una época fría y oscura. Este escenario llamó la atención de Sagan, ya que guardaba ciertas similitudes con las consecuencias de una guerra nuclear. ¿Viviría la humanidad una tragedia parecida tras un conflicto de tal magnitud? La pregunta fue respondida en un artículo científico, publicado en diciembre de 1983 en *Science*, cuyos autores eran Richard Turco, Owen Toon, Thomas Ackerman, James Pollack y Carl Sagan. Los resultados, obtenidos gracias a un modelo informático denominado TTAPS por las siglas de los autores, mostraron cómo tras un invierno nuclear la suerte de nuestra especie podría no ser diferente.

Una guerra donde se detone menos de la mitad de los arsenales nucleares mundiales resultaría catastrófica. En el escenario analizado por el modelo TTAPS, la mayoría de las bombas son lanzadas contra objetivos militares, urbanos e industriales del hemisferio norte. Tras las explosiones, enormes columnas de polvo se alzarían hacia la atmósfera, generando densas nubes alimentadas por incendios que se mantendrían activos durante semanas. Las explosiones también generarían grandes cantidades de N_2O, que, como hemos comentado anteriormente, es un gas que destruye el ozono. Por tanto, el escudo protector contra la radiación ultravioleta del Sol se vería gravemente afectado. Mientras tanto, las cenizas serían arrastradas por los vientos, llegando en pocos días a gran parte del norte y, en pocos meses, al sur. Así, en toda la

Tierra, la luz solar quedaría bloqueada, haciendo que la temperatura cayese en picado. Aquellos que lograsen sobrevivir al ataque se verían ante el descomunal reto de vivir en un mundo frío, oscuro y hambriento.

Antes de que los resultados del estudio aparecieran en *Science*, Sagan desplegó su poder divulgativo en los medios de comunicación. El domingo 30 de octubre la revista *Parade*, un suplemento distribuido por cientos de periódicos estadounidenses, concedió la totalidad de su portada a un reportaje escrito por el propio Sagan. Sobre un fondo negro, la Tierra lucía salpicada por motas blancas junto al siguiente subtítulo: «¿Sería la guerra nuclear el fin del mundo? En un intercambio importante morirían instantáneamente más de mil millones de personas. Pero las consecuencias a largo plazo podrían ser mucho peores...».[71]

Los esfuerzos internacionales por detener la proliferación de armas nucleares, así como el rechazo de la comunidad científica, relegaron la SDI a una curiosidad de los tiempos de Reagan. Junto con ella, el polvo también se acumuló sobre la posibilidad de que la humanidad ardiera en una pesadilla radiactiva. La destrucción del mundo mediante una guerra nuclear se convirtió en argumento de novelas, películas y series. En un tema para la ficción. Pero existían otros demonios igual de peligrosos que, de forma invisible, estaban horadando nuestro futuro delante de las narices de la ciencia.[72]

---

71 Evitar la guerra nuclear se convirtió en uno de los asuntos de mayor prioridad para Sagan. La mítica serie *Cosmos*, emitida en 1979, dedicaba el último episodio al riesgo que suponían las armas nucleares. En noviembre de 1983, el programa de televisión *NBC News Overnight* emitió el reportaje «The World After Nuclear War», cuya narración corrió a su cargo. El 14 de marzo de 1985, volvería a testificar en el Senado de Estados Unidos para advertir del peligro: «Si se produjera un invierno nuclear, sería un desastre sin precedentes en la historia de la especie humana». También fue invitado por el papa Juan Pablo II para hablar sobre el tema e incluso compartió su preocupación con el Comité Central Soviético, logrando así influir sobre Mijaíl Gorbachov para detener la proliferación nuclear.

72 El pánico nuclear parecía cosa del pasado hasta que, justo mientras escribía este capítulo, la guerra en Ucrania y la amenaza de Vladímir Putin desempolvaron la pesadilla. La ciencia ha seguido indagando sobre esta cuestión y nos advierte que cualquier tipo de guerra nuclear sería desastrosa. Un estudio publicado en 2021 llegó a la siguiente conclusión: «una guerra nuclear global destruiría gran parte de la capa de ozono durante un período de 15 años [...]. Incluso una guerra nuclear regional conduciría a una pérdida máxima de ozono del 25 % a nivel mundial, y la recuperación tardaría unos 12 años». En 2022, otro estudio aseguró que un pequeño conflicto nuclear entre dos naciones provocaría «una hambruna mundial» debido al hollín liberado a la atmósfera y el consiguiente descenso de las temperaturas.

Un cohete Atlas V que transporta el satélite Landsat 8 se encuentra dentro de la torre de servicio móvil en el Complejo de Lanzamiento Espacial-3 en la Base de la Fuerza Aérea Vandenberg [Bill Morson].

CADA PRIMAVERA, EN EL CIELO DE LA ANTÁRTIDA

Bajo la atenta mirada del personal de la NASA, el satélite Solar Mesosphere Explorer partió desde la Vandenberg Space Force Base, en Santa Bárbara (California), a bordo de un cohete. Era el 6 de octubre de 1981. La comunidad científica necesitaba sus ojos, encarnados en una serie de instrumentos especiales, para analizar la luz ultravioleta proveniente del Sol y medir los niveles de ozono, dióxido de nitrógeno, vapor de agua, temperatura y presión atmosférica. Una nueva hipótesis, la cual había irrumpido recientemente en el debate académico, alertaba sobre la posibilidad de que la capa de ozono fuese destruida por la acción humana. Urgía hallar pruebas. Esa era la razón de ser del Explorer 64; el motivo por el que se mantuvo siete años y medio orbitando a unos 540 km de altura sobre las cabezas de sus creadores.

El principal objetivo del Explorer 64 era arrojar algo más de luz sobre los procesos que crean y destruyen el ozono en la mesosfera y la estratosfera superior. Esto ayudaría a comprender mejor las reacciones fotoquímicas que convierten el oxígeno molecular (O_2) en ozono (O_3), originando así la conocida como «capa de ozono» unos kilómetros más abajo. Seguramente habréis oído hablar de este sutil escudo, ya que resulta fundamental para proteger la vida en la Tierra, al ser capaz de absorber la nociva radiación ultravioleta[73]. Dada su importancia, la posibilidad de que la humanidad estuviera royendo su propio techo merecía ser atendida. Como explicaba un artículo de *The New York Times*, publicado en 1981 tras el lanzamiento del satélite, el foco había sido puesto sobre unos gases producidos de forma artificial: «las investigaciones indican que los clorofluorocarbonos [CFC], las sustancias químicas utilizadas en refrigerantes y aerosoles, pueden estar provocando un agotamiento gradual de la capa de ozono». ¿Hallaría el Explorer 64 pruebas para establecer «una clara rela-

---

73   La capa de ozono se halla en la parte inferior de la estratosfera, aproximadamente entre 15 y 35 km sobre el suelo. Aquí son absorbidos alrededor de un 90 % o 99 % de los rayos ultravioletas que llegan desde el Sol.

ción de causa y efecto»? En caso afirmativo, dichas pruebas deberían influir sobre los Gobiernos a la hora de plantear controles en la producción y el uso de los CFC. No hacemos mucho *spoiler* si adelantamos que, en efecto, así fue. Aunque esta historia no discurrió directamente en línea recta.

Vayamos décadas atrás antes del lanzamiento del Explorer 64. En 1965 Paul J. Crutzen, químico neerlandés, trabajaba en la Universidad de Estocolmo cuando recibió un encargo para ayudar en el desarrollo de un modelo sobre la distribución de los alótropos del oxígeno en la atmósfera[74]. Gracias a dicho proyecto, Crutzen comenzó a interesarse por la fotoquímica del ozono atmosférico y se sumergió en la literatura científica que por aquel entonces existía al respecto. Fue así como, transitando este camino, halló un motivo de preocupación. En abril de 1970 nuestro protagonista publicó un artículo donde detalló cómo el N_2O era capaz de alcanzar la estratosfera y, una vez allí, convertirse en diversos óxidos de nitrógeno que intervienen en la destrucción del ozono. Por aquel entonces, se habían rastreado tanto las fuentes naturales del N_2O como las emisiones humanas debidas, en su mayoría, al uso de fertilizantes nitrogenados. La magnitud de este último factor no paraba de crecer. Sin embargo, en el horizonte pronto despuntó la posibilidad de una inquietud aún mayor.

En otoño de 1970, Crutzen recibió la preimpresión de un informe sobre problemas ambientales críticos financiado por el Massachusetts Institute of Technology (MIT). En dicho documento, se analizaba el impacto que tendrían grandes flotas de aviones supersónicos surcando la estratosfera. Este futuro se consideraba una realidad inminente. En diciembre de 1968, en la Unión Soviética se produjo el primer vuelo del avión Túpolev Tu-144; el Concorde, desarrollado por Francia y Reino Unido, voló por primera vez en marzo de 1969; y Estados Unidos pretendía unirse a la carrera de los aviones supersónicos de pasajeros con el desarro-

---

74   El término «alótropos» hace referencia a las diferentes estructuras moleculares en las que pueden presentarse algunos elementos químicos. Concretamente, Crutzen tuvo que analizar la distribución del oxígeno atómico (O), el molecular (O_2) y el ozono (O_3) tanto en la estratosfera como en la mesosfera y la termosfera inferior.

llo del Boeing 2707. Se esperaba que, entre otros gases, todos ellos emitieran óxidos de nitrógeno. Sin embargo, los autores del estudio del MIT no hallaron motivos de preocupación en este escenario futurista: «el papel directo del CO, CO_2, NO, NO_2, SO_2 e hidrocarburos en la alteración del balance térmico [atmosférico] es pequeño. También es poco probable que su participación en la fotoquímica del ozono sea tan significativa como la del vapor de agua». Esta afirmación enfadó a Crutzen, quien en uno de los márgenes del texto anotó «idiotas».

Tras leer sobre la cuestión de los aviones supersónicos, Crutzen comprendió inmediatamente que «podíamos estar ante un grave problema medioambiental global». Así que se puso manos a la obra y amplió su estudio realizado en 1970. En este nuevo trabajo, utilizó diversos modelos para analizar con más detalle la química de los óxidos de nitrógeno y otros gases. En un artículo publicado el 20 de octubre de 1971, en la revista *Journal of Geophysical Research*, presentó sus resultados. Crutzen había calculado las emisiones que supondría una flota de quinientos aviones supersónicos de pasajeros y sus consecuencias en el ozono. Concluyó que estos vuelos estaban lejos de ser inocuos: «Claramente, pueden producirse graves disminuciones en el nivel total de ozono atmosférico y cambios en las distribuciones verticales del ozono, al menos en ciertas regiones, como consecuencia de dicha actividad»[75].

Las temidas consecuencias de las flotas supersónicas no llegaron a materializarse, dado que la mayoría de los proyectos se cancelaron por motivos económicos. Pero este debate dio paso a una nueva pregunta: ¿existían otras emisiones humanas que pudieran afectar a la capa de ozono? Esta era la incógnita que rondaba la mente de Crutzen entre los años 1973 y 1974. Tras confirmar el papel de los óxidos de nitrógeno, la lista de candidatos conti-

---

75 Paralelamente, en Estados Unidos también habían surgido voces que alertaban sobre las consecuencias. Harold S. Johnston, químico atmosférico de la Universidad de California, puso el foco sobre el impacto de los óxidos de nitrógeno tras publicar un artículo en *Science* el 6 de agosto de 1971. En dicho documento, Johnston aseguraba que las emisiones de dichos gases por parte de los aviones supersónicos supondrían una amenaza para la capa de ozono.

Fairford Gloucester Reino Unido, 1996. El Concorde G-BOAB
de la British Airways aterrizando [John Selway].

nuaba con los compuestos de cloro. En este punto es donde entran en escena los siguientes protagonistas de este episodio. Hasta las manos de Crutzen llegó la preimpresión de un artículo firmado por Mario J. Molina y Frank Sherwood Rowland, químicos de la Universidad de California. Al instante, el científico neerlandés se percató de la importancia de dicha investigación y, como relata él mismo, decidió «mencionarlo brevemente durante una ponencia sobre el ozono estratosférico a la que había sido invitado por la Real Academia Sueca de Ciencias en Estocolmo». Justo en aquel mismo evento estaban presentes algunos periodistas, entre los cuales hubo quien supo olfatear la noticia. De esta forma, el 18 de febrero de 1974, el asunto logró un hueco en la portada del periódico sueco *Svenska Dagbladet* con el siguiente titular: «Los *sprays* pueden aumentar el riesgo de cáncer de piel». El mencionado artículo de Molina y Rowland vería la luz en la revista *Nature*, en junio de aquel mismo año, donde la alarma generada por su descubrimiento se encuentra resumida en este párrafo:

> Los clorofluorometanos se están añadiendo al medio ambiente en cantidades cada vez mayores. Estos compuestos son químicamente inertes y pueden permanecer en la atmósfera entre 40 y 150 años, y cabe esperar que las concentraciones alcancen entre 10 y 30 veces los niveles actuales. La fotodisociación de los clorofluorometanos en la estratosfera produce cantidades significativas de átomos de cloro y conduce a la destrucción del ozono atmosférico[76].

Como hemos mencionado anteriormente, tales sustancias se utilizaban en aerosoles y como refrigerantes. Una vez liberados, estos gases no eran eliminados ni por la lluvia ni por la acción biológica y tampoco se disolvían en los océanos. De este modo, permanecían en su gran mayoría en la atmósfera, donde suponían una amenaza para la capa de ozono. En definitiva, los CFC debían ser analizados con lupa para anticipar la «posible aparición de problemas medioambientales».

---

76   Los clorofluorocarbonos (CFC) e hidroclorofluorocarbonos (HCFC) son gases compuestos por flúor, cloro, carbono e hidrógeno. El clorofluorometano, que pertenece a este grupo, se considera el más simple de ellos.

Teniendo en cuenta las indagaciones de Molina y Rowland, Crutzen echó mano nuevamente de los modelos para tratar de comprender cuánto disminuiría el ozono. Tras esta investigación, las luces de emergencia volvieron a encenderse. Si se seguían usando los CFC, a una tasa similar a la ocurrida en 1974, la concentración de ozono caería un 40 % a una altitud de 40 km. El escudo estaba claramente en peligro. Sin embargo, también existían incertidumbres que diluían las pruebas. Concretamente, el proceso de destrucción tenía lugar mediante una compleja red de reacciones químicas, las cuales se convirtieron en un argumento ideal para quienes de forma interesada rechazaban el efecto de los CFC. La clave para salir airosos a la hora de atravesar dicha maraña consistía en hallar una molécula en la estratosfera, el monóxido de cloro (ClO), cuya presencia demostraría la eliminación del ozono por parte del cloro[77]. Aunque el ClO resultó ser irritantemente esquivo para los instrumentos científicos. Por fortuna, el químico atmosférico James G. Anderson desarrolló la técnica necesaria para demostrar que, en efecto, había ClO en la estratosfera.

Mientras se desarrollaban dichas investigaciones, una segunda trama estaba teniendo lugar entre la Antártida y Reino Unido. A finales de la década de 1970, el meteorólogo Jonathan Shanklin se hallaba trabajando en Cambridge en la oficina del British Antarctic Survey (BAS). Su labor consistía en gestionar una ingente cantidad de datos sobre la Antártida, los cuales provenían de las estaciones de investigación que el BAS había establecido en el continente. Una de ellas era la base Halley, la cual se encuentra ubicada en la barrera de hielo Brunt y fue construida en 1956 como parte del Año Geofísico Internacional. Este lugar se creó con la intención de mejorar el conocimiento meteorológico y atmosférico, pero también incluyó el uso de instrumentos con los cuales se pueden medir las concentraciones de ozono. De esta forma, tras años de investigación, la información reca-

---

77   En este caso, el ClO se produce tras la reacción entre un átomo de cloro y el ozono. Tras tomar uno de los tres átomos de oxígeno del ozono, se genera oxígeno (O_2) y ClO. Por tanto, la presencia de ClO en la estratosfera solamente podría explicarse por la reacción de los CFC con el ozono.

bada en Halley acabó tomando la forma de pilas de papel en la oficina del BAS. Tal y como explica Shanklin, una de sus tareas en el BAS consistía en «escribir programas informáticos para procesar las observaciones realizadas con nuestros espectrofotómetros de ozono Dobson manuales». Shanklin supervisó la digitalización de «las hojas de datos escritas a mano» y desarrolló los códigos necesarios para «calcular las calibraciones de los instrumentos y luego las cantidades de ozono». Una tediosa ocupación tras la cual se escondía una prueba crucial, cuya existencia nadie sospechaba.

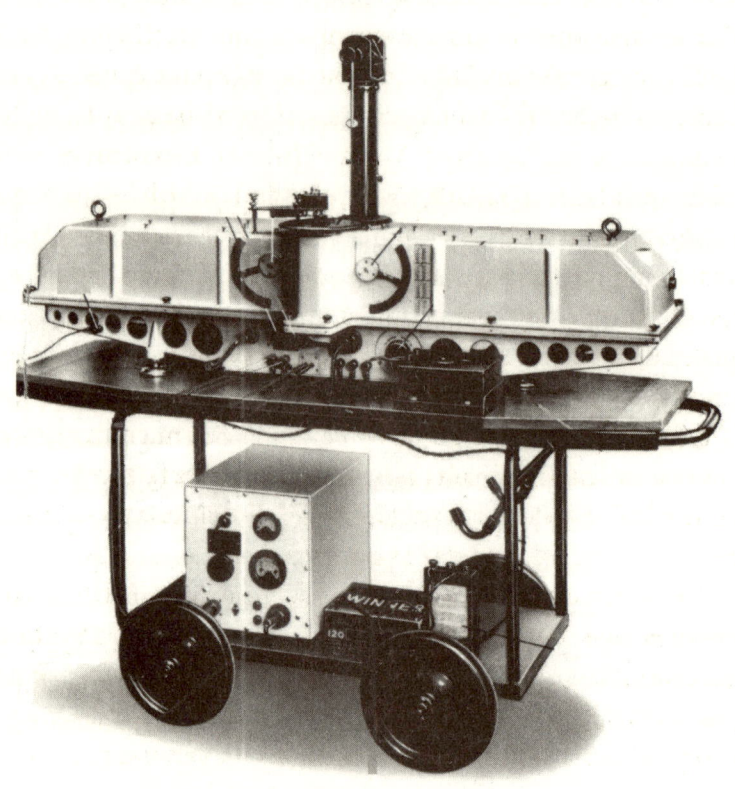

Espectrofotómetro Dobson [*Boletín mensual vigilancia del ozono atmosférico en la Estación* VAG *Marcapomacocha*].

En 1983, el BAS organizó una jornada de puertas abiertas en la cual participó Shanklin. Por aquel entonces, el impacto de los aerosoles o de los aviones supersónicos sobre la capa de ozono ya era un tema recurrente en la prensa. Aunque, como relata el propio Shanklin, no parecía un asunto muy preocupante, ya que «los modelos mostraban que la pérdida de ozono esperada hasta el momento era solo de un pequeño porcentaje». Así que decidió aprovechar la ocasión para tranquilizar a los visitantes, mostrando que no había ningún monstruo en el armario. Para ello, les presentó un gráfico donde aparecían reflejados los datos recopilados desde hacía veinte años, el cual ilustraba que los cambios en las cantidades de ozono no eran significativos. Sin embargo, el propio meteorólogo receló al observar las mediciones correspondientes a las sucesivas primaveras. De año en año, los valores en esta época eran cada vez más bajos. En la oscuridad tras la puerta, una intrigante silueta se dejaba entrever.

Entonces las piezas encajaron. La hipótesis tenía bases sólidas y ahora los datos tomados *in situ* revelaban que, cada primavera en la Antártida, el ozono era destruido. La opción de una variación natural fue barajada, pero, como recuerda Shanklin, no tardaron en decantarse por la primera opción: «Lo que convenció al equipo fue un gráfico con la media mínima de 11 días, que mostraba claramente que el descenso primaveral era sistemático». En el BAS se pusieron manos a la obra. El geofísico Joe Farman se encargó de desarrollar la teoría que podría explicar lo observado, mientras que el meteorólogo Brian Gardiner realizó el control de calidad de los datos. En mayo de 1985, Farman, Gardiner y Shanklin detallaron lo sucedido en un artículo publicado en *Nature*. La capa de ozono sobre la Antártida se estaba agotando aproximadamente un 3 % por año. Pocos meses después, en noviembre, durante una conferencia, Rowland se refirió al problema como el «agujero de ozono». En *The New York Times* tomaron prestada la expresión, dando así paso a una de las metáforas más potentes a la hora de explicar un problema medioambiental.

El hallazgo del agujero sobre el cielo antártico sorprendió al mundo científico. Como hemos relatado, en 1985 la posible destrucción del ozono ya había sido puesta sobre la mesa años atrás.

Sin embargo, nadie se había percatado de que el problema ya estaba en marcha. En cierta manera, esto se debió a la dificultad que entrañaba digerir la avalancha de datos recabados por diferentes instituciones. A esto mismo se refería Shanklin al asegurar que, casualmente, «el trabajo atrasado [en el BAS] abarcaba la década crucial en la que los niveles de ozono empezaron a descender». El escrutinio realizado desde la superficie terrestre se había visto superado por diversas circunstancias, pero ¿qué ocurrió con los satélites enviados al espacio? ¿Acaso el Solar Mesosphere Explorer puesto en órbita en 1981 no vio nada? Fue el químico atmosférico Richard Stolarski quien, intrigado por esta pregunta, decidió echar otro vistazo a los datos obtenidos por los satélites. Y, en efecto, satélites como el Nimbus 7, lanzado en 1978, o el Explorer 64 sí habían registrado pruebas de la destrucción. Sin embargo, los programas informáticos que procesaron los datos satelitales aplicaron un filtrado erróneo de estos. Dada la complejidad de los cálculos que deben realizar, a dichos procesadores se les incorporan algoritmos, los cuales actúan como controles de calidad. De esta forma, habían desechado las mediciones de ozono situadas en un rango más bajo de lo normal al considerarlas como incorrectas. Tras reprocesar los mismos datos, investigadores de la NASA comprobaron cómo aquellos errores se convertían en un enorme motivo de preocupación situado sobre la Antártida[78].

El broche final de este relato científico se produjo en la base de investigación antártica McMurdo, gestionada por Estados Unidos. En 1986, la química atmosférica Susan Solomon capitaneó una expedición de la NOAA cuyo objetivo era explicar cómo se produce el agujero de ozono sobre la Antártida. En invierno dicha región, debido a su posición, se sume en la conocida como «noche polar», durante la cual el Sol se ausenta las veinticuatro horas del día. Esta situación propicia que en la estratosfera se alcancen temperaturas de hasta -80 °C, generando así nubes cuyos

---

78   La cantidad de ozono atmosférico se mide mediante un instrumento conocido como «espectrofotómetro Dobson». Dichas medidas se expresan en unidades Dobson (DU), siendo un valor típico 300 DU. Los valores más bajos registrados por los satélites rondaban los 180 DU, motivo por el que fueron descartados inicialmente.

cristales de hielo ofrecen la superficie ideal donde los compuestos de cloro podrán destruir el ozono. La mecha es encendida por el regreso de la luz solar durante la primavera, momento en el que se ponen en marcha las reacciones fotoquímicas. La investigación de Solomon logró confirmar dicho proceso, añadiendo así más argumentos que apremiaban a actuar globalmente frente al problema.

De nuevo, la ciencia ponía sobre la mesa todas las pruebas necesarias. El consenso científico sobre la pérdida del ozono movilizó al resto de los engranajes de la sociedad. Con bastante rapidez, el 16 de septiembre de 1987 el mundo aprobó en Canadá el conocido como «Protocolo de Montreal», cuyo objetivo persigue proteger la capa de ozono mediante la eliminación de aquellos productos que le resultan nocivos. Actualmente el asunto no está resuelto del todo, pero vamos por buen camino. En la Antártida, cada primavera, el agujero aparece para luego cerrarse en verano. Se espera que a mediados de siglo volvamos a los niveles de ozono anteriores a 1980.

En 1995, Crutzen, Molina y Rowland fueron galardonados con el Premio Nobel de Química por sus investigaciones sobre el ozono. Durante su discurso de aceptación del Nobel, Crutzen se refirió a un inquietante epílogo. Y es que esta historia, la cual suele ser presentada como un ejemplo de éxito medioambiental, no podría entenderse sin las casualidades que catalizaron su resolución. Así lo relató el científico neerlandés ante la audiencia de los Premios Nobel:

> Si Joe Farman y sus colegas del BAS no hubieran perseverado en la realización de sus mediciones en el duro entorno antártico durante todos esos años desde el Año Geofísico Internacional, el descubrimiento del agujero de ozono podría haberse retrasado sustancialmente y podría haber habido mucha menos urgencia en alcanzar un acuerdo internacional sobre la eliminación de la producción de CFC.

La cuestión podría haber sido incluso mucho peor. Haciendo un ejercicio de imaginación, Crutzen perfiló una pesadilla donde la industria química hubiese apostado por compuestos de organobromo en vez de los CFC. Según sus palabras, el bromo es «casi cien veces más peligroso para el ozono que el cloro». En este escenario, «nos habríamos enfrentado a un catastrófico agujero de ozono en todas partes y en todas las estaciones durante la década de 1970» antes de que fuese detectado el origen del peligro. De vuelta a la realidad, es cierto que solucionamos el problema. Pero lo hicimos porque segundos antes, por suerte, escuchamos el crujido de una ramita bajo el pie del cazador. Tras superar el momento del susto e inundarnos por el alivio, comprendimos que la humanidad no es inocua para la Tierra. Podemos cambiar, y lo estamos haciendo, el planeta de forma rápida y sin necesidad de apretar el botón nuclear. Tomar consciencia de esta realidad nos alienta a adoptar por bandera un sano principio de precaución para, por ejemplo, «estar siempre en guardia ante las posibles consecuencias de la liberación de nuevos productos en el medio ambiente». Atesoremos sabiamente la moraleja del agujero de ozono.

XI. CRUZANDO EL UMBRAL DE LA CRISIS CLIMÁTICA

EL SOFOCANTE FUTURO QUE ESTÁ POR VENIR

En 1988 Estados Unidos sufrió la opresión del calor. Las lluvias escasearon durante la primavera, presagiando así un horizonte reseco. Cuando llegó el verano, mermaron aún más el agua y la humedad del suelo debido a la evaporación. Los cultivos de cereales, soja o algodón se marchitaron a lo largo de la nación, mientras el ganado moría de sed y las tormentas de polvo crecían en magnitud. El golpe iniciado por las altas temperaturas se transmitió, a través de la agricultura y la ganadería, a la economía, haciendo que el precio de los alimentos igualmente se elevara. La falta de agua también llevó a restringir su suministro en muchas ciudades, aunque el peor impacto para los estadounidenses fueron los miles de muertos a causa de las olas de calor. La sofocante carambola irrumpió en las áreas forestales del país provocando incendios, entre ellos la peor temporada que se recuerda en Yellowstone. Miles de kilómetros cuadrados de bosques convertidos en cenizas y madera quemada. La sequía de 1988, la cual se prolongó hasta el año 1990, es considerada como uno de los peores desastres naturales en la historia de Estados Unidos. Alrededor del 45 % del país se vio afectado por dicho evento, cuyos daños se contabilizaron en miles de millones de dólares. El polvoriento recuerdo del *Dust Bowl* se depositó en los despachos de las administraciones, las redacciones de los medios de comunicación y los hogares, para

Incendio en el Parque Nacional de Yellowstone [Casimer].

acto seguido dejar paso a un par de preguntas: ¿era este el futuro advertido por la ciencia?, ¿había comenzado el cambio climático?

A finales de la década de los ochenta, términos como «efecto invernadero», «cambio climático» o «calentamiento global» no eran ninguna novedad en la Casa Blanca o en el Capitolio de los Estados Unidos. Ya hemos relatado cómo algunas iniciativas, las cuales usaron informes y testimonios de expertos, trataron de lograr la reacción de las Administraciones. Una de esas incursiones había sucedido una década atrás, en 1978, tras ser mencionado tímidamente el asunto en un informe de la Environmental Protection Agency (EPA) sobre el impacto ambiental de la licuefacción de carbón. En dicho documento se advertía de lo siguiente:

> [...] el uso continuado de combustibles fósiles como fuente de energía primaria durante 20 o 30 años más podría resultar en un aumento de los niveles atmosféricos de dióxido de carbono. El efecto invernadero y el aumento de la temperatura global asociado y los cambios climáticos resultantes podrían ser, de acuerdo con la NAS [Academia Nacional de Ciencias], tanto «significativos como dañinos».

Este mismo texto llegó hasta las manos del ecologista Rafe Pomerance, quien por aquel entonces trabajaba en las sede de la asociación Friends of the Earth en Washington D. C. Intrigado por el mal augurio perfilado en aquella frase, Pomerance comenzó a tirar del hilo en busca de asesoramiento científico. De esta forma, se puso en contacto con Gordon MacDonald, el cual le proporcionó todos los detalles necesarios. Pomerance y MacDonald acabarían formando un curioso dúo, donde activista y científico se aliaron con el objetivo de trasladar la problemática a quienes transitaban por los pasillos del Capitolio. Una de las personas que los escuchó fue Frank Press, científico asesor de la Casa Blanca a quien mencionamos en el capítulo IX. Dicha reunión sería una de las fichas que impulsaron la creación del Informe Charney en 1979. Tiempo después, en 1981, Pomerance también animó a James Hansen para que hablase sobre el tema durante una audiencia ante el Senado. Sin embargo, la recién llegada administración Reagan no se sintió interpelada por el problema y la sesión apenas tuvo relevancia alguna. En 1987, Hansen volvió a testificar ante el Senado, esta vez invitado por el senador Timothy Wirth, el cual había sido un defensor de la causa ambiental durante su tiempo en el Congreso. Aunque, nuevamente, el efecto invernadero pasó desapercibido para la prensa y los oídos sordos del presidente Reagan y su vicepresidente George H. W. Bush[79].

Pero el año 1988 ofreció una sofocante oportunidad, así que Wirth y Pomerance volvieron a probar suerte. El 23 de junio, ciencia y política se dieron de nuevo cita en el Senado, mientras en el exterior los termómetros alcanzaban los 38 °C. La declaración de Hansen fue una de las más relevantes. El científico de la NASA, claro y tajante al respecto, resumió la situación en tres conclusiones:

> En primer lugar, la Tierra está más caliente en 1988 que en cualquier otro momento de la historia de las mediciones instrumentales. En segundo lugar, el calentamiento global es ahora lo suficientemente grande como para que podamos atribuir con un alto grado de confianza una relación de causa y efecto al efecto invernadero. Y, en tercer lugar, nuestras simulaciones climáticas por ordenador indican que el efecto invernadero es ya lo suficientemente grande como para empezar a afectar a la probabilidad de que se produzcan fenómenos extremos como las olas de calor en verano.

Hansen declaró estar un 99 % seguro de que la tendencia al calentamiento no era una «variación fortuita», sino la consecuencia de la acumulación de CO_2 y otros gases de efecto invernadero debido a la acción humana. El problema había sido detectado y estaba «cambiando nuestro clima ahora». En esta ocasión, la declaración de Hansen, junto con las de otros expertos como Syukuro Manabe, logró atraer la atención de la prensa. Periódicos como el *The New York Times* o el *Washington Post* pusieron el foco sobre el tema, mientras sus lectores sentían cómo Estados Unidos se cocinaba bajo las olas de calor. Si bien la factura de aquella sequía no podía atribuirse únicamente al cambio climático, los expertos presentes coincidieron en que el evento era una advertencia de lo que estaba por venir. La sociedad estadounidense ya

---

79   Recordemos aquí que en 1985 tuvo lugar la sesión en el Senado de Estados Unidos organizada por Al Gore, donde acudieron como testigos Sagan, Manabe y McDonald, la cual relatamos en el capítulo IX.

no necesitaba modelos científicos, o fantasmas de eventos pasados, para imaginar cómo sería el futuro.

En aquella misma semana de 1988, entre los días 27 y 30 de junio, paralelamente tuvo lugar en Toronto la «Conferencia Mundial sobre la Atmósfera Cambiante: Implicaciones para la Seguridad Global». Al evento, el cual fue patrocinado por el PNUMA, la OMM y el Gobierno de Canadá, acudieron 341 delegados de 46 países, entre quienes además de científicos se encontraban políticos, funcionarios, representantes de la industria y activistas. Nuevamente, diferentes voces internacionales se unieron para advertir sobre el enorme reto que suponía el cambio climático: «La humanidad está llevando a cabo un experimento involuntario, incontrolado y de alcance mundial cuyas consecuencias finales podrían ser solo superadas por una guerra nuclear global». Una vez más, ante el desglose de las consecuencias ecológicas, sociales y económicas, se señaló que era «imperativo actuar ahora».

La Conferencia de Toronto apeló a los Gobiernos, a las Naciones Unidas, a la industria, a las organizaciones no gubernamentales y a las personas para que pusieran en marcha medidas con las cuales evitar la «inminente crisis causada por la contaminación de la atmósfera». Entre las propuestas, se añadió la reducción de las emisiones mundiales en un 20 % para 2005 según los niveles de 1988. También se hizo hincapié en uno de los factores más relevantes en el pasaje que vamos a transitar durante este capítulo: «Ningún país puede abordar este problema de forma aislada».

CONVERTIR EL CONSENSO CIENTÍFICO EN CONSENSO GEOPOLÍTICO

El interés de Bert Bolin por la meteorología provino de su padre. En 1942 Richard Bolin llevó a su hijo, con diecisiete años, a la sede del Instituto Meteorológico e Hidrológico de Suecia, en Estocolmo, donde pudieron hablar con Anders Ångström sobre las perspectivas de este campo de estudio. De esta forma, Bert decidió dar el primer paso de su carrera científica al matricularse en la Universidad de Uppsala, en la cual estudió Física y Matemática. La biografía de Bolin está jalonada de contactos y colaboraciones con una larga lista de gigantes de la meteorología. Durante su formación asistió a las conferencias de Hilding Köhler, pionero en el estudio de la física de las nubes; en Estocolmo trabajó codo con codo junto con Carl-Gustaf Rossby, quien aplicó la física de fluidos para desentrañar el movimiento atmosférico global; mientras que en su etapa en la Universidad de Chicago coincidió con personalidades relevantes como Jule Charney, Norman Phillips y John von Neumann. Pero en la historia de Bolin también hallaremos una prolífica labor académica, durante la cual investigó sobre el uso de computadoras para la predicción meteorológica e indagó en la química atmosférica y el ciclo del carbono, además de analizar los efectos de la lluvia ácida o del enfriamiento provocado por los aerosoles. Este fructífero camino lo llevó a situarse como uno de los arquitectos fundamentales del Panel Intergubernamental del Cambio Climático, o IPCC por sus siglas en inglés.

En la década de los sesenta, la trayectoria de Bolin ya era notable. Además, había cultivado una personalidad con talante diplomático, aspecto que quienes lo conocieron suelen destacar. Por estos motivos, cuando el Consejo Internacional de Uniones Científicas (ICSU) y la OMM establecieron en 1967 el Programa de Investigación Atmosférica Global (GARP), Bolin fue propuesto como su presidente. A grandes rasgos, el objetivo del GARP era promover un mejor conocimiento de la meteorología y la climatología a nivel global. Esto permitiría, por ejemplo, comprender con más acierto qué pasaría ante el aumento de CO_2. Bolin tam-

El profesor Bert Bolin de la Universidad de Estocolmo fue pionero en
el trabajo sobre el efecto invernadero y la capa de ozono.

bién fue uno de los expertos implicados en la organización de la Conferencia de Villach, de la cual hablamos en el capítulo IX. De hecho, a él se le encargó la redacción de las quinientas páginas que conforman el Informe de dicha conferencia, entre cuyas frases encontramos algunas que se le atribuyen directamente al propio puño y letra de Bolin:

> Como resultado del aumento de las concentraciones de gases de efecto invernadero, se cree que en la primera mitad del próximo siglo podría producirse un aumento de la temperatura media global mayor que el de cualquier otro momento de la historia de la humanidad.

Tras la reunión de Villach, quedó clara la necesidad de una mayor colaboración científica internacional en materia de cambio climático. Por ello, en 1986 la OMM, el PNUMA y el ICSU dieron forma al Grupo Asesor sobre Gases de Efecto Invernadero (AGGG). El AGGG, entre cuyos miembros se hallaba nuevamente Bolin, debía hacer un seguimiento de las recomendaciones realizadas en Villach. Para ello, el AGGG promovió estudios y conferencias, durante las cuales se debatía la manera de frenar el futuro calentamiento. Uno de sus actos más importantes tuvo lugar entre el 9 y el 13 de noviembre de 1987, en la ciudad italiana de Bellagio. A dicha reunión fueron invitados diferentes científicos, políticos y otros expertos. Según cuenta una historia apócrifa, durante una de las cenas alguien mencionó una investigación, que no había sido publicada, sobre una especie vegetal que habitaba a orillas de un lago norteamericano. La supervivencia de dicha planta dependía de que el mundo no se calentara más de 0,1 °C por década. Al día siguiente, alguien recuperó aquella cifra durante los debates y la idea cuajó. Al margen de leyendas urbanas, lo ocurrido en Bellagio tiene relevancia porque de allí surgieron dos objetivos con base en el conocimiento científico. Por un lado, tenemos el ya mencionado límite máximo tolerable de 0,1 °C por década y, además, también se indicó que no debían superarse los 2 °C con respecto a la temperatura preindustrial. Traspasar estas líneas supondría un futuro muy difícil para la humanidad. Con los deberes hechos, en el AGGG pensaron que era el momento de dar el siguiente paso. Días atrás, en septiembre, había sido aprobado en Canadá el conocido como «Protocolo de Montreal», con el cual hacer frente al problema del agujero de la capa de ozono. El optimismo vivido en dicha historia paralela invitaba a pensar que podría repetirse la misma gesta durante la Conferencia de Toronto al año siguiente. Sin embargo, la lucha contra el cambio climático iba a convertirse en una ruta mucho más tortuosa.

El viento no soplaba a favor del AGGG. La financiación era escasa, aspecto que suponía un gran freno para un proyecto cuyo carácter debía ser internacional. Además, como explica Spencer Weart, su cercanía con grupos ambientalistas despertó «sospechas de que las recomendaciones del grupo eran partidistas». Dichas críticas provenían de Gobiernos como el de Reagan en Estados Unidos y los de otros países, los cuales presionaron a la OMM y al PNUMA para que crease «un nuevo grupo totalmente independiente bajo el control directo de representantes designados por cada gobierno, es decir, un organismo intergubernamental». De esta forma, a finales de 1988 fue conformado el IPCC que, regresando de nuevo a las palabras de Weart, «no era un organismo estrictamente científico ni estrictamente político, sino un híbrido único». En vista de esta dualidad, las cualidades académicas y diplomáticas de Bolin explican por qué fue elegido como el primer presidente del IPCC.

La tarea del IPCC fue, y lo sigue siendo actualmente, ingente, puesto que su trabajo consistió en analizar qué decía la ciencia sobre el cambio climático antropogénico y señalar los aspectos en los cuales había un amplio acuerdo. Recordemos que la cuestión ya no era una mera curiosidad, sino que se había transformado en un problema monumental con múltiples aristas. Ante semejante reto, Bolin decidió dividir el IPCC en tres grupos de trabajo. El Grupo I analizaría la base científica de la climatología y del cambio climático. Los impactos ambientales, sociales y económicos serían la materia del Grupo II. Finalmente, el Grupo III se encargaría de poner sobre la mesa posibles respuestas o estrategias de mitigación. Para dicha labor, los expertos implicados leyeron las investigaciones más recientes, a la vez que elaboraron documentos al respecto, los cuales tendrían que ser debatidos en reuniones presenciales o mediante correspondencia. El objetivo de este proceso era exprimir el mayor consenso científico posible. Pero aquí no se ponía el punto final. Con esta información, cada grupo redactó los borradores de los capítulos del informe que, en otra vuelta de tuerca más, fueron revisados por los expertos en la materia. Finalmente, para alejar cualquier sombra de sospechas y en la búsqueda de una suerte de consenso geopolítico, los delegados gubernamentales debieron dar su conformidad con los textos. En definitiva, un ejercicio de verificación del conocimiento científico donde se aplica la prueba del algodón más escrupulosa del mundo y en el que, además, sus conclusiones se expresan con una precisión lingüística de bisturí, para así lograr la aprobación de todos los gobiernos implicados.[80]

Mientras el IPCC se hallaba atareado, en enero de 1989 George H.W. Bush se convertía en el cuadragésimo primer presidente de los Estados Unidos. De esta forma, Bush tomaba las riendas del país que era, en aquellos momentos, el mayor emisor de CO_2. Por tanto, el rumbo elegido por la administración Bush tendría un peso determinante en la lucha contra el cambio climático. En el prefacio de este nuevo mandato se vislumbraron buenas noticias. Por ejemplo, durante un acto de campaña electoral, Bush se refirió al problema en estos términos: «Nos enfrentamos a la perspectiva de estar atrapados en una barca que nosotros mismos hemos dañado, no debido a las catástrofes de una guerra, sino al constante abandono de una nave que hemos creído que era inmune a nuestro maltrato». También podemos reseñar esta otra declaración: «Aquellos que piensan que no tenemos capacidad de hacer algo para detener el efecto invernadero se están olvidando del efecto Casa Blanca».

El primer informe del IPCC o *First Assessment Report* (FAR) fue completado en agosto de 1990. En la elaboración del FAR participaron más de trescientos científicos de veinticinco naciones, quienes concluyeron que efectivamente se había producido

---

80 Este proceso genera declaraciones muy cautelosas. Debemos tener en cuenta que, en los debates previos a un informe del IPCC, hallaremos discursos contundentes como los mantenidos por las naciones insulares, pero también el de países alineados con la industria de los combustibles fósiles. Como explica Spencer Weart: «Las conclusiones no fueron los hallazgos de los expertos científicos ni las declaraciones políticas de los gobiernos: fueron declaraciones que los científicos acordaron que eran escrupulosamente precisas y que los gobiernos consideraron políticamente aceptables».

un calentamiento global. Sin embargo, el FAR dejaba la puerta abierta a una posible causa natural del mismo. Según se indicaba, tendría que pasar otra década para estar completamente seguros de que los cambios eran debidos al efecto invernadero potenciado por la actividad humana. Posteriormente, entre octubre y noviembre de aquel mismo año, tuvo lugar en Ginebra la Segunda Conferencia Mundial sobre el Clima, donde las advertencias y llamadas a la acción contaron con el aval del FAR. Así que la ONU decidió mover ficha y promovió la búsqueda de un acuerdo internacional para frenar el calentamiento. En esta nueva casilla se inició otro intercambio de discusiones y borradores con el objetivo puesto en la próxima gran cita. Los líderes mundiales se verían las caras en Río de Janeiro (Brasil) para demostrar cuál era la intención de cada país.

La conocida como Cumbre de la Tierra de Río de Janeiro, organizada por la ONU, se celebró en junio de 1992. Este punto de nuestra historia es relevante porque aquí surgieron varios aspectos que delimitaron el futuro camino a seguir. El más importante fue la firma, por parte de más de ciento cincuenta países, de la Convención Marco de las Naciones Unidas sobre el Cambio Climático (CMNUCC), en la cual se establece como objetivo la «estabilización de las concentraciones de gases de efecto invernadero en la atmósfera a un nivel que evite la peligrosa interferencia antropogénica en el sistema climático». En la jerga de la ONU, dichas naciones firmantes son conocidas como Partes de la Convención, las cuales, según se estableció después, debían reunirse cada año en las denominadas como Conferencias de las Partes o COP. Estas son, para los ciudadanos de a pie, las famosas Cumbres del Clima[81].

Otro aspecto destacado fue la inclusión en la Convención del concepto «responsabilidad común pero diferenciada». Es decir, con respecto a la responsabilidad del cambio climático todos los

---

81   Los acuerdos tomados en Río de Janeiro entraron en vigor en 1994. Actualmente, 197 países han ratificado la Convención. Un aspecto importante a tener en cuenta es que las COP funcionan como el órgano supremo o de dirección de la Convención. Por tanto, en las COP recae la mayor capacidad de decisión para aplicar la Convención, lo cual implica que todos los países deben estar de acuerdo en esta suerte de Gobierno.

países compartían características comunes, aunque el papel histórico de algunos había sido más importante que el de otros. Por tanto, el grado de acción a la hora de reducir las emisiones dependería de si estamos hablando de un país «desarrollado» o «en desarrollo». Dichos términos fueron definidos por la Cumbre, durante la cual se detalló dónde se situaba cada país. Justo en la columna de «en desarrollo» acabó apareciendo el nombre de China, mientras que Estados Unidos fue catalogado como «desarrollado». La Cumbre también sirvió para disolver el espejismo del «efecto Casa Blanca», ya que la administración Bush se opuso a implementar límites obligatorios para las emisiones. En consecuencia, los objetivos acabaron siendo no vinculantes.

UNA INFLUENCIA CONSIDERABLE, APRECIABLE, PERCEPTIBLE O DISCERNIBLE EN EL CLIMA

Ahí estaba, en la empuñadura de la pistola, la huella dactilar de la humanidad. La prueba era tan contundente que sorprendió a muchos de los presentes en la sala. Habían acudido a Asheville, en Carolina del Norte, para una de las reuniones concebidas por el IPCC durante la creación del que sería su segundo informe. Benjamin D. Santer, climatólogo del Lawrence Livermore National Laboratory, aprovechó la ocasión para presentar los resultados de la investigación llevada a cabo por su equipo. En la comunidad científica no había dudas sobre las causas del cambio climático: la temperatura sube porque hay más gases de efecto invernadero. Sin embargo, dicha explicación no era infalible, ya que, sobre el papel, el calentamiento podría encajar dentro del marco de otras hipótesis. ¿Existía alguna forma de diferenciar entre un calentamiento natural y uno de origen antrópico? Anteriormente, Veerabhadran Ramanathan, a quien conocimos en el capítulo IX, propuso responder a esta pregunta atendiendo a la estructura de la atmósfera. Concretamente, a cómo la temperatura estaba variando en sus diferentes capas. Y aquí era donde Santer había hallado la firma de nuestra especie.

La Tierra desde el espacio [Buradaki/NASA].

Por un lado, el equipo de Santer analizó el cambio en la temperatura atmosférica cerca de la superficie terrestre en los últimos cincuenta años. Por otra parte, elaboró un modelo informático de la misma, en el cual se tenía en cuenta tanto el CO_2 como los aerosoles de sulfato de origen artificial. Al comparar ambos casos, resultó que mostraban «una creciente similitud», lo cual los llevó a afirmar que «podemos estar seguros de que la señal antropogénica que hemos identificado es claramente diferente del ruido de variabilidad natural». Dicha señal o prueba consistía en el calentamiento de la troposfera, la capa atmosférica inferior, mientras que en la estratosfera, la segunda capa en orden ascendente, estaba teniendo lugar un enfriamiento. Ni la actividad solar ni los ciclos astronómicos, los cuales en última instancia hacen que la Tierra reciba más o menos radiación solar, podrían explicar este patrón. Si estuviéramos en dicho caso, toda la atmósfera se debería calentar por igual. La única explicación era la irrupción de las emisiones humanas, cuya consecuencia es el incremento del efecto invernadero; un suceso que, a su vez, se traduce en un calentamiento de la troposfera y enfriamiento de la estratosfera. Finalmente, el cambio climático de origen antropogénico había sido explicado y demostrado por la ciencia.

La reunión en Asheville ocurrió en julio de 1995. Poco después, entre los días 27 y 29 de noviembre, el IPCC organizó una sesión en Madrid para revisar el borrador de su segundo informe o *Second Assessment Report* (SAR). Entre los textos a perfilar se encontraban el Capítulo 8 redactado por el Grupo de Trabajo I, cuyo autor principal era Santer. Obviamente, en el documento se había incluido el importante descubrimiento de la huella dactilar. Concretamente, Santer redactó la frase «El conjunto de pruebas sugiere que hay una influencia humana en el clima global», dejando entre medio un espacio en blanco para el adjetivo con el cual se debería describir dicha influencia. Este detalle se convirtió en motivo de enfrentamiento (a gritos, según se relata), entre quienes defendían las pruebas científicas y aquellos que interesadamente no querían admitirlas, como por ejemplo los delegados de Arabia Saudí y Kuwait apoyados por los grupos de presión de la industria de los combustibles fósiles. Se llegaron a proponer hasta veintiocho palabras diferentes, entre ellas *appreciable* o *considerable*. Sin embargo, estas expresiones parecían demasiado fuertes para el bando saudí. El enroque duró hasta la madrugada, cuando finalmente el talante de Bert Bolin, o quizás el cansancio, hizo su efecto tras proponer un adjetivo que logró la aprobación y el aplauso de todos: «discernible». Sí, a un servidor también le parece absurdo, ilógico, incomprensible, descabellado, peripatético, extravagante o ridículo el pasaje que acabas de leer.

El SAR, con todos sus datos y adjetivos bien perfilados, fue presentado dos semanas después en Roma. Las conclusiones volvieron a incidir en que se había producido un calentamiento y que nuestra responsabilidad en el problema era perceptible: «El conjunto de pruebas sugiere que hay una influencia humana discernible en el clima global». Además, advertía que la duplicación del CO_2 elevaría la temperatura global promedio en un rango de entre 1,5 y 4,5 °C. Sin embargo, el camino a transitar iba a estar condicionado por las acciones llevadas a cabo de forma conjunta por todos los países. Es decir, dependería de lo acordado en las sucesivas COP.

DE BERLÍN A MADRID, PASANDO POR KIOTO Y PARÍS

Más o menos 113 600 km. Esa es la distancia que recorreremos si viajamos desde Berlín, el lugar donde tuvo lugar la COP 1 en 1995, hasta Madrid, la ciudad donde se celebró la COP 25 en 2019, pasando por todos los sitios en los que tuvo lugar una COP. Es un dato bastante innecesario, pero nos da una idea de lo interminable que resultaría cualquier crónica precisa de dichos eventos. Con ellos se podría confeccionar un *Trivial* juntando fechas, personajes y detalles, para jugar en familia todos los años cuando se celebre la oportuna COP. Así que, en aras de hacer este relato mucho más digerible, aunque también pensando en la salud mental de quien lo escribe, iremos saltando en el tiempo para conocer los sucesos más relevantes.

Planta química [Oleksandr Kalinichenko].

Nuestra primera parada es Kioto (Japón). La COP 3, la cual reunió a miles de delegados gubernamentales, activistas ambientales, representantes de la industria y reporteros, se celebró entre los días 1 y 11 de diciembre de 1997. En esta ocasión Estados Unidos, con el presidente Bill Clinton a la cabeza y Al Gore como vicepresidente, se unió al coro de países desarrollados que pedían una reducción gradual de las emisiones. Otras naciones, entre las que se encontraban muchas del bloque europeo, apostaban por acciones más agresivas. Por su parte, China, encabezando el grupo de países en desarrollo, incidieron en que necesitaban más margen para así lograr alcanzar el nivel económico de las desarrolladas. Este tira y afloja, el cual resultará endémico de todas las COP, estuvo a punto de hacer naufragar las negociaciones. Pero el apremio por lograr un acuerdo, reflejado por ejemplo en la aparición en la COP de Al Gore durante el último minuto del partido, ayudó a cimentar el conocido como Protocolo de Kioto. Un barco que debía zarpar, entrar en vigor, en 2005.

A grandes rasgos, el objetivo final del Protocolo de Kioto era reducir las emisiones de seis gases de efecto invernadero un 5 % para el año 2012, tomando como referencia los niveles de 1990. Además, se admitía que los países en desarrollo tenían más cancha para seguir creciendo, mientras que los desarrollados debían reducir significativamente sus emisiones. En cuanto a los límites en las emisiones de carbono, las naciones podrían sobrepasarlos si compraban los conocidos como «créditos de carbono» a aquellos países cuyas emisiones fueran menores. Traspasada la meta de 2012, se debería adoptar un nuevo protocolo para seguir trabajando en la reducción[82].

Mientras tanto, la ciencia seguía trabajando en la búsqueda de pruebas. En 1999 el equipo de Michael E. Mann, climatólogo y geofísico estadounidense, presentó la que es una de las imágenes más famosas del cambio climático: el palo de *hockey*. Dicha gráfica representa la temperatura superficial en el hemisferio norte durante los últimos mil años. En ella, los datos discurren osci-

---

82 Los susodichos seis gases ya los conocemos: dióxido de carbono, metano, óxido nitroso, perfluorocarbonos (PFC), hidrofluorocarburos (HFC) y hexafluoruro de azufre.

lantes pero en línea recta a lo largo de los siglos, conformando el mango del palo, pero luego ascienden de forma drástica en el último periodo, creando así la cabeza del palo. En el trabajo utilizaron una combinación de diferentes registros naturales que incluían anillos de árboles, sedimentos acumulados en varvas, núcleos de hielo y corales. Según escribieron, aquellos resultados sugerían «que el último siglo XX es anómalo en el contexto de, al menos, el último milenio». Además, también señalaron que «la década de 1990 es probablemente la más cálida, y 1998 el año más cálido, en al menos un milenio».

Sin duda, una prueba tan evidente y representativa como el palo de *hockey* fue incluida en el *Third Assessment Report* (TAR). La tercera evaluación del IPCC se completó en 2001 y concluía que «las influencias humanas en el clima probablemente ya eran detectables». En la jerga del IPCC, este «probablemente» (o *likely* en inglés) significa que esa afirmación está respaldada por hallazgos científicos cuya probabilidad de ser correctos o certeros es del 66 %. En otro apartado del TAR también se aseguraba que era «muy probable» (o *very likely*) que la tasa de calentamiento no

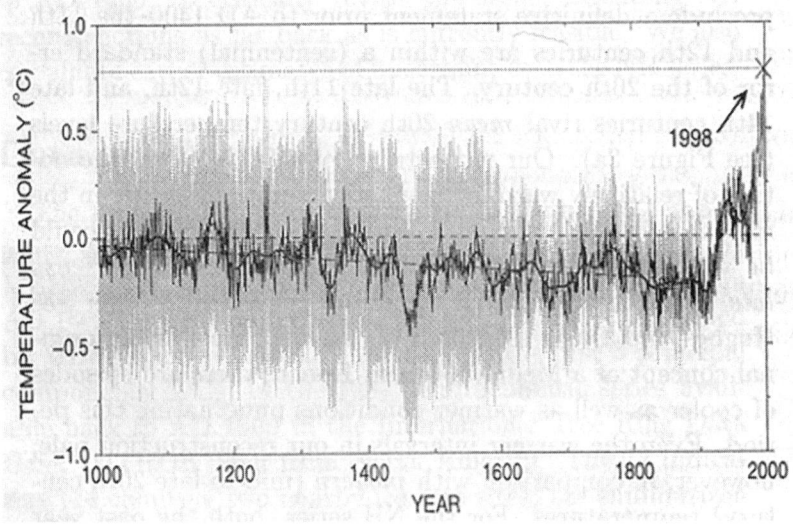

Gráfico del «palo de hockey» [Mann et al., 1999].

tuviera «precedentes durante al menos los últimos 10 000 años». Es decir, la comunidad científica aseguraba, con un 90 % o más de probabilidad, que durante esos milenios la Tierra nunca se había calentado tan rápidamente. Estábamos acelerando en nuestro viaje hacia un futuro incierto, sin intención de pisar el freno o tan siquiera echar mano del cinturón de seguridad.

Por desgracia, las cosas iban a complicarse aún más. En enero de 2001, George W. Bush llegó a la Casa Blanca tras vencer a Al Gore en las elecciones estadounidenses. Diferentes grupos de presión, acaudillados por la Global Climate Coalition asociada a la industria de los combustibles fósiles, habían logrado el rechazo del Protocolo de Kioto por parte del Senado estadounidense. Aun así, durante la campaña electoral, Bush prometió que su administración establecería objetivos de reducción obligatorios para las emisiones de CO_2. Tras llegar al poder, el presidente recibió una carta remitida por el senador republicano Chuck Hagel, contrario al Protocolo, donde le solicitaba aclarar su postura. Y así lo hizo. En la carta de respuesta, Bush aseguró tomarse «muy en serio la cuestión del cambio climático global». Sin embargo, justo una línea más abajo añadió: «me opongo al Protocolo de Kioto porque exime de su cumplimiento al 80 % del mundo, incluidos grandes centros de población como China e India, y causaría graves perjuicios a la economía estadounidense». De nada sirvió que una delegación de la Unión Europea acudiese a Washington D. C., poco después de confirmarse dicha postura, para tratar de encauzar el tema. La administración Bush consideraba injusto el Protocolo y la decisión era irreversible. Definitivamente, eran malas noticias. El Protocolo debía ser ratificado por países cuyas emisiones en conjunto fuera, al menos, el 55 % del total mundial. Sin Estados Unidos a bordo, la suma era insuficiente y el barco de Kioto no zarparía[83].

---

83   El principal motivo alegado por la administración Bush fue que aplicar el Protocolo de Kioto supondría un duro golpe para la industria energética estadounidense, la cual, en esos momentos, dependía del carbón. Por eso, aunque el Gobierno de Bush se comprometió a reducir las emisiones de contaminantes como el dióxido de azufre, los óxidos de nitrógeno y el mercurio, mantuvieron al CO_2 fuera de esta lista al no considerarlo un contaminante.

Comenzó así una carrera por salvar Kioto, hecho que se produjo en 2004. En octubre de aquel año, la Duma o Senado de Rusia ratificó el Protocolo tras la petición de Vladímir Putin. De esta forma, Rusia sumaba sus emisiones, un 17,4 %, a las de ciento veintiséis naciones que ya estaban en el barco, quienes acumulaban un 44,3 %. Este acuerdo llegó tras el apoyo de la Unión Europea a Rusia para su ingreso en la Organización Mundial del Comercio (OMC). Así lo reconoció el propio Putin: «El hecho de que la Unión Europea nos haya tendido la mano en las negociaciones sobre la OMC no puede sino influir de forma positiva en la actitud de Moscú en referencia a la ratificación del Protocolo de Kioto».

A pesar de que el barco levó anclas con fugas de agua, las sucesivas COP trataron de mantenerlo a flote. Entretanto, el IPCC preparaba su próxima evaluación. El Cuarto Informe (AR4), finalizado en 2007, se redactó teniendo en cuenta más de 30 000 comentarios de expertos. Nuevamente, la versión final del documento supuso discusiones en torno a los matices gramaticales, siendo los delegados de Arabia Saudí o China, convertida ya en la nación más emisora, quienes pusieron más trabas. Sin embargo, el conocimiento científico al respecto era cada vez más robusto e intachable. Si en 2001 el IPCC consideró que la influencia humana sobre el clima *probablemente* ya había sido detectada, ahora entendía dicha afirmación como algo *muy probable*. Del 66 % al 90 % de probabilidad[84].

Aquel mismo año, durante la COP 13 celebrada en Bali, se comenzó a trabajar en una hoja de ruta para reemplazar el malogrado Protocolo. La meta de 2012 estaba cerca, así que apremiaba poner sobre la mesa una suerte de Kioto 2.0. Fiel a la tradición, las conversaciones también fueron arduas. Concretamente la delegación de Estados Unidos, aún bajo el mandato de Bush, se opuso a cualquier tipo de acuerdo. Ante esta inamovible postura, el delegado de Papúa Nueva Guinea, Kevin Conrad, realizó una de las intervenciones más famosas de las COP:

---

84   Con respecto a la influencia humana, desde la parte científica muchas voces defendieron usar la expresión «extremadamente probable», lo cual implicaba que dicha afirmación estaba respaldada por un 99 % de probabilidad. Pero, tras el debate de los delegados gubernamentales, se optó por «muy probable». Los países que pusieron más trabas fueron Arabia Saudí y China.

Todos hemos venido con grandes expectativas. El mundo nos observa. Dejamos un asiento para cada país. Pedimos liderazgo, y hay un viejo refrán que dice: «Si no estás dispuesto a liderar, quítate de en medio». Yo se lo pediría a Estados Unidos: pedimos vuestro liderazgo. Buscamos vuestro liderazgo, pero si por alguna razón no estáis dispuestos a liderar, dejadlo al resto de nosotros; por favor, quitaos de en medio.

Tras las palabras de Conrad, la sala estalló en aplausos. La delegación estadounidense abandonó sus objeciones y se unió a regañadientes al consenso. Se despejaba así el camino hasta Copenhague.

Los organizadores de la COP 15 promocionaron el evento como la *Hopenhagen*, la Esperanza de Copenhague. Pero en las crónicas de esta historia muchos no dudan en calificarla como un «auténtico desastre». En dicha cita, entre los días 7 y 18 de diciembre de 2009, las Partes debían terminar de acordar la Hoja de Ruta de Bali y para ello se trató de buscar un acuerdo vinculante con el cual reemplazar el Protocolo en 2012. Durante las negociaciones, los países en desarrollo pidieron más responsabilidad a los mayores emisores históricos, además de ayudas para poder hacer frente a los futuros impactos del cambio climático. Así que los países desarrollados se comprometieron a proporcionar cien mil millones de dólares al año a partir del año 2020. Sin embargo, las negociaciones llegaron, otra vez, a un punto muerto al resultar imposible que Estados Unidos, ahora bajo la batuta de Barack Obama, y China llegasen a un acuerdo. Los primeros no querían cargar con todas las facturas. Los segundos se negaban a firmar un acuerdo que implicase la reducción de sus emisiones, siguiendo un razonamiento que se resume en estas palabras de Xie Zhenhua, delegado chino, durante la COP 17 en 2011: «Somos países en desarrollo. Necesitamos desarrollar y erradicar la pobreza mientras protegemos el medio ambiente. Hemos hecho lo que deberíamos hacer, pero ustedes [los países desarrollados] no lo han hecho. ¿Qué derecho tienen a sermonearnos?».

Finalmente, el estancamiento se resolvió el último día de la COP con el Acuerdo de Copenhague, un documento de mínimos y no vinculante. Dicho documento fue esbozado en una reunión

Christiana Figueres Tom Rivett-Carnac

EL FUTURO POR DECIDIR

«Uno de los libros más inspiradores
que he leído jamás. Espero que este mensaje
cale hondo en todos nosotros.»
YUVAL NOAH HARARI

«*El futuro por decidir*
nos muestra qué debemos hacer para
proteger nuestro futuro común: el tuyo
y el de toda la humanidad.»
LEONARDO DICAPRIO

DEBATE Cómo sobrevivir a la crisis climática

Portada de la obra *El futuro por decidir: Cómo sobrevivir a la
crisis climática*, editada en castellano por Debate.

a puerta cerrada entre Obama, el primer ministro chino Wen Jiabao, el presidente brasileño Lula da Silva, el primer ministro indio Manmohan Singh y el presidente sudafricano Jacob Zuma. Mientras tanto, en el exterior de aquella sala, reinaba el enfado entre los países que se sentían excluidos de la negociación. Según se relata en el libro *El futuro por decidir*, una de las representantes que mostraron su malestar fue Claudia Salerno, de Venezuela:

> Estaba tan furiosa y tan decidida a tomar la palabra que golpeó incesante la placa con el nombre de su país sobre su mesa hasta que su mano comenzó a sangrar. «¿Tengo que sangrar para conseguir su atención?», le gritó al presidente danés. «Los acuerdos internacionales no pueden ser impuestos por un pequeño grupo exclusivo. Ustedes están respaldando un golpe de estado contra Naciones Unidas». Cada oración se enfatizaba con el golpeteo de metal y la sangre.

Llegados a 2014, el nombre «Protocolo de Kioto» producía más sonrojo que orgullo. El barco lucía casi hundido por completo. Aquel mismo año el IPCC presentó su Quinto Informe (AR5), en el cual se advertía que el problema seguía creciendo mientras las naciones trataban de hallar una solución:

> Las emisiones antropogénicas de gases de efecto invernadero han aumentado desde la época preindustrial, en gran medida como resultado del crecimiento económico y demográfico, y actualmente son más grandes que nunca. Como consecuencia, se han alcanzado unas concentraciones atmosféricas de dióxido de carbono, metano y óxido nitroso sin parangón, como mínimo, en los últimos 800.000 años.

Ante este escenario, la COP 20, celebrada en Lima entre los días 1 y 12 de diciembre de 2014, tenía la difícil labor de reflotar por completo las esperanzas. Previamente, en Doha durante la COP 18 celebrada en 2012, se había acordado prorrogar Kioto hasta 2020. Además, la Unión Europea, con la comisionada climática Connie Hedegaard a la cabeza y sorteando las reticencias de China e India, logró que se fijase el año 2015 como fecha para conformar un nuevo acuerdo internacional. La tensión del momento se puede palpar leyendo este pasaje de *El futuro por decidir*:

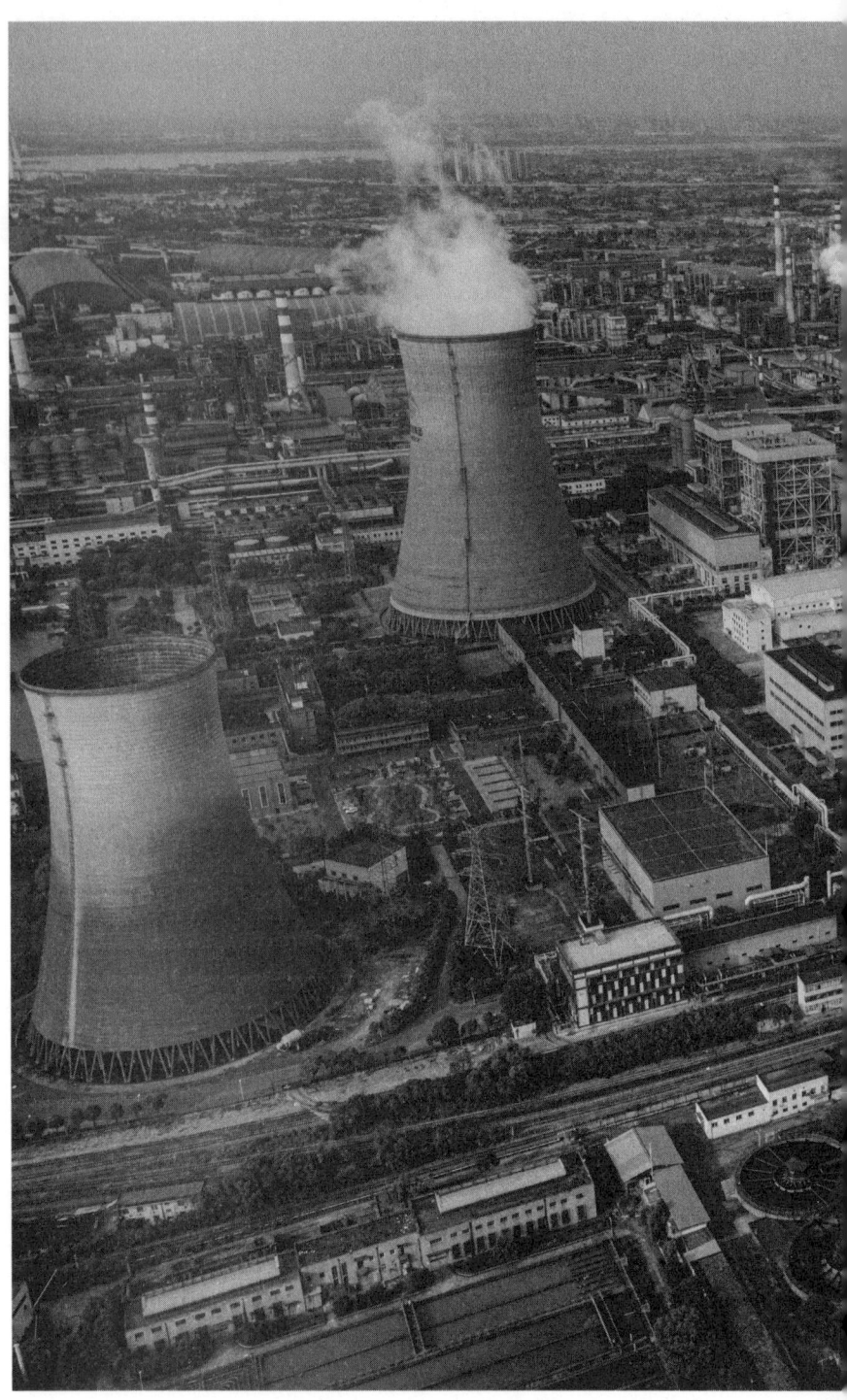

2023: Vista aérea de la planta de energía térmica Wuhan Qingshan, ubicada en Wuhan, China [Wirestock Creators].

En primer lugar, teníamos que negociar repetidamente cada palabra y cada coma del texto adaptado entre la delegación estadounidense [...] y la delegación china [...]. Teníamos que movernos con rapidez pero con discreción entre los despachos de ambas delegaciones, con el fin de no ofrecer ninguna señal visible de frenesí a los otros miles de delegados que estaban exhaustos y muy preocupados por el punto muerto, y que se preguntaban si toda la sesión ardería en llamas.

De esta forma, la China de Xi Jinping y el Estados Unidos de Obama rubricaron un acuerdo. Los primeros se comprometieron a que sus emisiones lleguen a su punto máximo en 2030, mientras que los segundos prometieron reducirlas un 26 % con respecto a los niveles de 2005 para 2025. Era una muy buena noticia, con la cual terminar de construir el próximo barco que aguardaba en el astillero y cuyo nombre sería París.

El 12 de diciembre de 2015, a las 19:25, el Acuerdo de París fue aprobado por 195 naciones tras finalizar la COP 21. En el horizonte, dos objetivos: que en 2100 el incremento de temperatura se haya limitado a 2 °C con respecto a los niveles industriales y trabajar para que dicho límite sea realmente 1,5 °C. Discurrir por trayectorias donde el calentamiento fuera mayor supondría algo demasiado peligroso para la humanidad. Para arribar a buen puerto, los países debían alcanzar las emisiones netas de carbono cero, o descarbonización, para el año 2050. No será un viaje en crucero, pero no podemos permitirnos saltar por la borda, incluso aunque tengamos botes salvavidas, mientras oteamos el océano en busca de un barco mejor[85].

---

85   En París también surgió el debate sobre qué palabras usar para expresar el acuerdo. Concretamente, con respecto a las metas de cada país para reducir sus emisiones se había elegido la palabra en inglés *shall* («deberá»). Pero el término parecía demasiado vinculante, así que se aceptó la propuesta de Estados Unidos de cambiarlo por *should* («debería»).

En agosto de 2021, mientras España aguantaba la respiración por la llegada de una nueva ola de calor, se hizo público el Sexto Informe (AR6). En esta ocasión, la expresión estrella fue «inequívoco». Otra palabra más a incluir en la larga lista de sinónimos usados para expresar que, en efecto, el cambio climático es una realidad y cuál es su causa: «Es inequívoco que la influencia humana ha calentado la atmósfera, el océano y la tierra. Se han producido cambios generalizados y rápidos en la atmósfera, el océano, la criosfera y la biosfera». Por si quedaba duda alguna sobre lo inédito de dicha situación, en otro apartado del AR6 se afirma: «La escala de los cambios recientes en el sistema climático en su conjunto, y el estado actual de muchos aspectos del sistema climático, no tienen precedentes en muchos siglos o miles de años».

Alrededor de 234 expertos y expertas de sesenta y seis países revisaron más de catorce mil publicaciones para deliberar y redactar el AR6. En 2019, las concentraciones de CO_2 se habían situado en 410 ppm, las de CH_4 en 1866 ppb y las de N_2O en 332 ppb. El aumento de estos gases estaba, desde el año 1750, «inequívocamente causado por actividades humanas». Concretamente, los niveles de CO_2 «fueron más altos que en cualquier momento en al menos dos millones de años», mientras que las concentraciones de CH_4 y N_2O «fueron más altas que en cualquier momento en al menos 800.000 años». Obviamente, este escenario había incidido sobre la temperatura de la Tierra: «Cada una de las últimas cuatro décadas han sido sucesivamente más cálidas que cualquier década anterior desde 1850». La temperatura global superficial fue 1,09 °C más alta durante 2011 y 2020, en comparación con un periodo que abarca desde 1850 hasta 1900. De esos 1,09 °C de aumento, unos 1,07 °C fueron causados por las emisiones de gases de efecto invernadero correspondientes al ser humano, aunque los aerosoles artificiales también contribuyeron a un enfriamiento no superior a 0,8 °C. Por contra, las causas naturales, como la actividad solar y las erupciones volcánicas, cambiaron la temperatura global superficial en el orden de 0,1 °C de calentamiento o enfriamiento. A esta

Una madre protege a su hija del sol abrasador en Gurgaon, India [Sudarshan Jha].

mínima influencia habría que añadir la aportada por la variabilidad climática, aspecto interno inherente al sistema climático, cuyo papel sumó o restó al termómetro unos 0,2 °C. Está claro entonces quién es el actor principal en esta sofocante obra.

En el AR6 también se analizaron cinco caminos en los cuales se «explora la respuesta climática» ante escenarios que van desde muy bajas emisiones hasta muy altas emisiones. Y las conclusiones no fueron alentadoras:

> La temperatura global de la superficie seguirá aumentando hasta al menos mediados de siglo en todos los escenarios de emisiones considerados. El calentamiento global de 1,5 °C y 2 °C se superará durante el siglo XXI a menos que se produzcan reducciones profundas de las emisiones de CO_2 y otros gases de efecto invernadero en las próximas décadas.

Desde la ciencia ya no se podía ser más claro. O tal vez sí. James Skea, experto en energía sostenible del Imperial College London y uno de los autores del AR6, declaró a la prensa lo siguiente tras la presentación del susodicho informe: «Es ahora o nunca, si queremos limitar el calentamiento global a 1,5 °C. Sin reducciones inmediatas y profundas de las emisiones en todos los sectores, será imposible». Es decir, la ciencia ha recetado a la humanidad practicar reducciones firmes, rápidas y sostenidas de todos los gases implicados. Veamos otro ejemplo. La revista *Nature* recogió las palabras de Xuebin Zhang, climatólogo del ministerio de Environnement et Changement climatique de Canadá y también uno de los autores del AR6, quien advertía del riesgo de actuar como un paciente irresponsable: «La evidencia está en todas partes: si no actuamos, la situación va a empeorar mucho». El problema, además, como recordaba Zhang, no será solo el aumento de la temperatura: «No vamos a ser golpeados solo por una cosa, vamos a ser golpeados por múltiples cosas al mismo tiempo».

Una vez más, como si se tratase de un bis interminable donde solo cambian unas pocas palabras, un informe del IPCC interpelaba a la próxima COP. La 26.ª Conferencia de las Partes de la Convención Marco de las Naciones Unidas sobre el Cambio Climático, o COP 26, tuvo lugar en noviembre de 2021 en Glasgow (Escocia). El aperitivo del evento se produjo en Roma, durante la reunión de los líderes del G20. Al final de esta cita, los países que representan a las principales economías del mundo emitieron un comunicado donde remarcaban el compromiso con el horizonte trazado en el Acuerdo de París. Para escenificar el buen compadreo geopolítico, cada uno de los líderes lanzó una moneda a la Fontana di Trevi, las cuales se sumergieron en el agua acompañadas con sus mejores deseos.

Sin embargo, en Glasgow fue el momento de mostrar realmente las cartas y negociar las acciones que nos alejen de la crisis climática. Durante los primeros días se dieron cita más de ciento veinte líderes mundiales, originando toda una colección de declaraciones para guardar en las hemerotecas: Boris Johnson, primer ministro de Reino Unido y anfitrión de la COP 26, describió el evento como «un punto de inflexión para la humanidad»; António Guterres, secretario general de Naciones Unidas, advirtió que «estamos cavando nuestra propia tumba»; Ursula von der Leyen, presidenta de la Comisión Europea, señaló que «todos aquí en la COP 26 queremos estar en el lado bueno de la historia»; o el expresidente de Estados Unidos, Barack Obama, quien aseguró que «no estamos ni cerca de donde necesitamos estar» y añadió «muchos países han fracasado a la hora de ser tan ambiciosos como deberían». Una de las intervenciones más impactantes fue la de Simón Kofe, ministro de Justicia, Exteriores y Comunicación de Tuvalu. Su nación, conformada por tres islas y seis atolones que en total suman 26 km², está amenazada por el aumento del nivel del mar. Por este motivo escenificó una rueda de prensa en la costa, con el agua del mar llegando hasta sus rodillas, en un lugar donde hacía un par de años la tierra no estaba sumergida. «Señoras y señores: adiós, nos estamos hundiendo», sentenció Kofe. En la ciudad escocesa también se dieron cita activistas de todo tipo, quienes reclamaban un cambio real a la vez que recelaban de tantos discursos. Quizás el mejor resumen de aquella jornada fue el realizado por la activista Greta Thunberg, cuando pidió «no más bla, bla, bla». En efecto, el escepticismo volvió a sobrevolar una COP ante, por ejemplo, la ausencia de líderes como Vladímir Putin, Xi Jinping y Jair Bolsonaro, presidente de Brasil. Tampoco aparecieron ni Salmán bin Abdulaziz, ni Mohamed bin Salmán, rey y príncipe

La activista Greta Thunberg manifestándose en Estocolmo en septiembre de 2023 [Liv Oeian].

Glasgow, Escocia, octubre de 2021: Alok Sharma, Presidente de la COP26 y Ministro de Estado del Reino Unido en la Oficina del Gabinete, se dirigió a los periodistas el primer día de la COP26 [Paul Adepoju].

heredero respectivamente de Arabia Saudí. Estos dirigentes se escudaron en la situación que aún seguía imponiendo la COVID-19. Así que tanto China como Rusia dieron un discurso grabado en vídeo. Dicha situación fue aprovechada por Joe Biden, presidente de Estados Unidos, el cual buscaba recuperar el liderazgo tras el golpe de timón dado por Donald Trump al dejar de lado el Acuerdo de París durante su mandato: «es un gran error»[86].

Tras el regreso de los líderes mundiales a sus respectivos países, la patata caliente quedó en manos de las delegaciones nacionales. Estas serían las encargadas de perfilar, moldear y encajar

86   El 1 de junio de 2017, Donald Trump anunció su intención de abandonar el Acuerdo de París, al considerar que debilita la soberanía y economía de Estados Unidos. En un claro ejemplo de ignorancia climática, o de intencionada mentira populista, declaró: «Fui elegido para representar a los ciudadanos de Pittsburgh, no de París».

los diferentes acuerdos. Alok Sharma, político británico designado como presidente de la COP 26, fue el encargado de presentar el primer borrador del documento final donde, entre otras advertencias, se incluyó la petición de que los países dejasen de financiar con dinero público los combustibles fósiles. Al igual que en otras ocasiones, las negociaciones entre las distintas delegaciones tuvieron como resultado una rebaja de las ambiciones del primer borrador o, como se suele decir, «se ha suavizado el lenguaje». Concretamente, a dicha promesa para abandonar las subvenciones a los combustibles fósiles se le añadió una coletilla: se dejarían de lado aquellas ayudas que fueran ineficientes, manteniendo una puerta trasera para financiar las eficientes. Los abanderados de este cambio fueron Arabia Saudí (el mayor exportador de petróleo), Rusia (el mayor exportador de gas) y Australia (el mayor exportador de carbón), entre otras naciones[87].

Durante la COP 26 se perfilaron diferentes acuerdos, pero el eje central del Pacto Climático de Glasgow se situó en un acuerdo para limitar el calentamiento en 1,5 °C, dado que la ciencia ya había advertido que llegar a los 2 °C era muy peligroso. A fin de lograr dicho compromiso, las emisiones deben alcanzar su máximo en 2025, o incluso antes, para luego reducirse un 40-45 % en 2030 y encaminarnos hacia las emisiones netas cero alrededor del 2050. Sin embargo, los planes presentados por las naciones para reducir las emisiones en 2030 eran en aquellos momentos insuficientes. Así que el Pacto de Glasgow prevé revisar dichos objetivos no en 2025, que era lo programado por el Acuerdo de París, sino en 2023 y 2024 durante las respectivas COP que se celebrarán en esos años[88].

---

87 En la COP 26 el bisturí lingüístico también entró en acción. Con respecto a dejar de usar el carbón, inicialmente se apostó por emplear la expresión *phase out*, la cual implica realizar una «eliminación gradual». Sin embargo, tras la objeción de países como China e India, el asunto se zanjó tecleando *phase down* o «reducción gradual». Por otro lado, el resto de los combustibles fósiles (petróleo y gas natural) quedaron fuera de esta mención.

88 Otros acuerdos anunciados en la COP 26 incluyen un compromiso de más de cien países, entre ellos Brasil, para poner fin y revertir la deforestación para el año 2030; una iniciativa conjunta de la Unión Europea y Estados Unidos para reducir las emisiones de metano en un 30 % para 2030 a la que se unieron ciento tres países, pero no Rusia, China o India; el compromiso de veinte naciones e instituciones financieras para detener la financiación de combustibles fósiles en el extranjero; o un acuerdo entre más de cuarenta países, que incluyen Canadá, Corea del Sur o Polonia, para abandonar el uso del carbón en la creación de electricidad, al cual no se sumaron Australia, China, India y Estados Unidos.

«Lo que sucedió en Pakistán no se quedará en Pakistán». Así se expresó Shehbaz Sharif, primer ministro de Pakistán, al inicio de la COP 27, la cual se celebró en la ciudad egipcia de Sharm el-Sheikh en noviembre de 2022. Entre junio y agosto los pakistaníes sufrieron «lluvias monzónicas sin precedentes» que, según una investigación del World Weather Attribution, habían sido impulsadas por el calentamiento global. Las precipitaciones fueron tres veces mayores comparadas con los registros habituales, haciendo de dicho agosto el más lluvioso desde 1961. Aproximadamente treinta y tres millones de personas se vieron afectadas, fallecieron más de mil setecientas personas y alrededor de 1,7 millones de hogares fueron destruidos. Los daños para el estado supondrán miles de millones de dólares, ya que quedaron devastados miles de kilómetros de carreteras, puentes, centros de salud y escuelas, a los que se sumaron las pérdidas asociadas a la muerte del ganado o la destrucción de cultivos como el del algodón, el cual supone una de las exportaciones más importantes del país. Las arcas pakistaníes, además de hacer frente a la inseguridad alimentaria, ahora deben destinar millones para costear los efectos de unas inundaciones cada vez mayores. El sentimiento de Pakistán, junto con el de otros países, se resume en la siguiente frase: «Nos convertimos en víctimas de algo con lo que no teníamos nada que ver». El elemento estrella de la COP 27 iba a girar en torno a esta reclamación.

Antes de la cita en Egipto, la ONU apremió la acción de las naciones. Tras revisar los compromisos presentados por cada Gobierno, de cara a 2030, la conclusión de la organización fue que «no había un camino creíble hacia los 1,5 °C». De llevarse a cabo dichos planes, nos enfrentaremos a un calentamiento de 2,5 °C[89]. En palabras de Guterres, «estamos en una carretera hacia el infierno climático con el pie en el acelerador». Según el secretario general de Naciones Unidas, las opciones eran «firmar un pacto de solidaridad climática, o un pacto suicida colectivo». Es

---

89   Durante la celebración de la COP 26, el Climate Action Tracker, un grupo de investigación que analiza los compromisos de las naciones, aseguró que para finales de siglo alcanzaremos 2,1 °C si se cumplen las promesas. En caso de no llevarse a cabo, el rumbo podría encaminarnos a 2,7 °C. Posteriormente, tras el escrutinio de los compromisos de cada nación, diversos estudios advirtieron que el calentamiento rondaría los 2,4 o 2,5 °C.

decir, solo se podían evitar los peores efectos de la crisis climática mediante una acción conjunta de todos los países; y para ello, remarcó Guterres, en Sharm el-Sheikh debía establecerse un pacto histórico entre los países desarrollados y en desarrollo. Pero la desconfianza entre los bloques era profunda. Por ejemplo, la promesa de 2009, esos 100 000 millones de dólares al año durante la década de 2020 enarbolados en la *Hopenhagen*, estaba lejos de cumplirse.

El contexto geopolítico mundial también estaba lejos de ser halagüeño. La invasión rusa de Ucrania ha supuesto un tsunami para muchas cosas y también se hizo sentir en la COP 27. Por otro lado, durante el verano, China había decidido romper con Estados Unidos su cooperación en materia de cambio climático tras la visita a Taiwán de Nancy Pelosi, presidenta de la Cámara de Representantes estadounidense. Aunque había otros contextos que invitaban a la esperanza. Después de la victoria de Lula da Silva sobre Bolsonaro, el reelecto presidente brasileño llegó a Egipto con la promesa de detener la deforestación en la selva Amazónica: «Hoy estoy aquí para decir que Brasil está listo para unirse una vez más al esfuerzo por construir un planeta más saludable».

¿Cuál fue el tema estrella de la COP 27? No lo hemos mencionado líneas atrás, pero antes de comenzar cada COP se debe lograr un consenso sobre la agenda a tratar. En el caso de Sharm el-Sheikh, las delegaciones debatieron durante cuarenta horas para decidir qué temas han de incluirse; y, entre ellos, los países en desarrollo lograron anotar uno muy importante: «pérdidas y daños». Dicho término se traduce en una idea muy sencilla: los países desarrollados deben ayudar a aquellos en desarrollo para hacer frente a las facturas de la crisis climática. De esta forma, en la COP 27 se negoció cuál sería el mecanismo para financiar pérdidas y daños, dejando de lado cuánto dinero había que poner y quién debía ponerlo. Estos aspectos se tratarán en otras COP. La clave de este instrumento sería su funcionamiento bajo el paraguas de la Convención Marco de Naciones Unidas en Cambio Climático. Como explican en *Nature*, países como Estados Unidos son reticentes a tratar este apartado porque «temen que sea un cheque en blanco para cubrir todo tipo de daños climáticos futuros». Por tanto, las naciones desarrolladas quisieron apostar por

Miles de manifestantes participan en la marcha antes de la COP27 en Bruselas, Bélgica el 23 de octubre de 2022 [Alexandros Michailidis].

una estrategia mosaico, en la cual las fuentes de financiación sean diversas. Por ejemplo, Alemania, el G7 y varios países vulnerables impulsaron el *Global Shield*, donde se propone usar elementos como los seguros.

Finalmente, durante los días de prórroga del evento, emergió un consenso. El domingo 20 de noviembre, a las 09:00, mientras amanecía sobre el mar Rojo, los países firmaron un acuerdo en el cual se aceptaba la creación de un fondo de financiación para pérdidas y daños[90]. Como explicó la periodista Tais Gadea Lara, durante su cobertura del evento para *Climática*, tras este paso quedan muchas más preguntas en el aire: «¿De dónde se obtendrán esos recursos económicos? ¿Habrá países que aporten más dinero según su responsabilidad histórica de emisiones? ¿Y China? ¿Se verá como un país en desarrollo o como uno de los mayores emisores?». Estas incógnitas, en palabras del biólogo Fernando Valladares en *The Conversation*, son «un círculo vicioso que bloquea los acuerdos pero que tendrá que cuadrarse en los próximos años».

Seguir minuto a minuto el desarrollo de una COP, teniendo en cuenta lo que hay en juego, resulta frustrante. Aunque, si conoces lo sucedido en anteriores temporadas, puede ser tan estimulante como una serie de HBO. A través de este capítulo me propuse hacer una crónica donde quedase reflejada la dificultad de transmutar el consenso científico en consenso geopolítico. Sí, la tarea de las COP es titánica y algunos de sus elementos permiten la existencia de espejismos, los cuales ralentizan la travesía. Sin embargo, es igualmente evidente que son el mejor mecanismo entre los que disponemos para hacer frente al cambio climático a una escala mundial. Estos son motivos suficientes para analizar con lupa cada cita y, como ciudadanos representados por nuestros respectivos Gobiernos en esas Partes de la Convención Marco de las Naciones Unidas sobre el Cambio Climático, exigir que no se pierda el rumbo.

---

90   El día anterior, las negociaciones estuvieron a punto de colapsar. El motivo fue el intento por parte de países productores de petróleo y emisores, con Arabia Saudí a la cabeza, para impedir que el texto final de la COP 27 fuera más contundente con respecto al objetivo de 1,5 °C. Por este motivo, se alzaron voces alegando que se había diluido la meta. Frans Timmermans, vicepresidente de la Comisión Europea, declaró: «La UE vino aquí para acordar un lenguaje fuerte y estamos decepcionados de no haberlo logrado».

XII. UN CAMBIO DE ESCENARIO

EN MANOS DE GIGANTES

La vida en la Tierra, eso que en su conjunto llamamos «biosfera», está en manos de gigantes. Inmensas porciones de tierra, cuyo ir y venir provoca el alzamiento de montañas o el desmembramiento de los continentes. Extensos océanos y mares, los representantes más eminentes de la hidrosfera, quienes visten nuestro planeta de azul. La atmósfera, una colosal cáscara gaseosa protectora, cálida y oxigenada. La criosfera pulsante, donde capas de hielo y glaciares crecen o menguan. Volcanes que rugen e impregnan con su aliento la atmósfera planetaria. Y, por supuesto, el Sol cuya energía penetra en el agua y el aire, haciendo fluir sus engranajes. Todos ellos moldean el clima, imponiendo reglas que determinan si la temperatura será mayor o menor, si las lluvias serán abundantes o escasas, etcétera. Estos son los principales condicionantes que definen los escenarios donde se esparce la biosfera. Imagina cualquier circunstancia donde unos organismos sean los protagonistas. Millares de seres microscópicos construyendo un estromatolito durante los primeros compases de la vida; un *Anomalocaris* buscando su próxima presa en un mar del Cámbrico; miles de plantas conformando un frondoso bosque del Carbonífero; un dinosaurio rompiendo la cáscara de su huevo para ver por primera vez el cielo del Jurásico; o una manada de mamuts atravesando una fría llanura del Pleistoceno. En todos esos actos, las especies realizan lo que mejor saben hacer: sobrevivir hasta que la mala fortuna quiebre su línea o la evolución las transforme en sus descendientes, mientras los susodichos gigantes pintan el telón de fondo.

¿Cómo se dibujó el mundo de *Homo sapiens*? Existen muchos factores que influyeron, pero para comprender un aspecto clave de nuestra historia podemos seguir el baile concreto de unos gigantes. La cordillera del Himalaya comenzó a crearse cuando India chocó, lenta e impasiblemente, contra Eurasia hace unos cincuenta y cinco millones de años. El alzamiento de esta mole terrestre expuso una gran cantidad de roca, la cual fue erosionada por la lluvia y los glaciares. Durante dicho proceso, debido a la reacción de los minerales con el agua, el CO_2 empezó a ser retirado de la atmósfera e inició un viaje a través de los ríos hacia los océanos. Aquí diversos tipos de seres marinos (entre ellos, los ya conocidos foraminíferos) hicieron acopio del carbono para construir sus conchas, caparazones y demás estructuras. De esta forma, tras morir los organismos, el carbono terminó secuestrado en el fondo marino. Transcurridos unos veinte millones de años, la constante retirada de CO_2 influyó lo suficiente sobre el enfriamiento del mundo, ayudando así a que el hielo iniciase la conquista de los polos. Mientras tanto, otro continente, la Antártida, se acomodó poco a poco en el Polo Sur, quedando como consecuencia aislada del resto conforme pasaban millones de años. La soledad antártica permitió el establecimiento de una corriente oceánica a su alrededor, sobre todo tras la formación del mar de Hoces, la cual impidió que aguas más cálidas ofrecieran algo de abrigo al lugar. Hace aproximadamente treinta y cinco millones de años surgió el primer casquete de hielo permanente sobre la Antártida.

Avancemos en el tiempo, siguiendo los caprichos de las placas tectónicas, hasta hace unos 2,8 millones de años. Sudamérica y Norteamérica alargaron sus dedos para encontrarse en el istmo de Panamá, pero a su vez cerraron la conexión entre el océano Atlántico y el Pacífico. La carambola continental desvió las aguas cálidas hacia el norte, a través de la corriente del Golfo y la del Atlántico Norte, aportando más humedad atmosférica que acabó precipitando en forma de nieve sobre el polo norte. De esta forma, el hielo acumulado en ambos polos se hizo cada vez más relevante en el clima global, ya que, entre otras cosas, reflejaba la luz solar gracias a su blanca superficie. Hace unos 2,6 millones de años, el Ártico ya contaba con las temperaturas necesarias para que se amontonara hielo permanentemente. En este punto, los ciclos de Milankovitch cobraron especial relevancia, catapultando a la Tierra a un tiempo de periodos glaciares e interglaciares.

Así la biosfera fue moldeada por el pulso de la criosfera y, particularmente, en la zona africana donde se habían levantado las montañas del Rift, nuestro linaje evolucionó bajo los continuos cambios de escenario. Un telón de fondo que se transformaba de bosques húmedos a sabanas secas y viceversa. En palabras del biólogo Lewis Dartnell en su libro *Orígenes*: «Como todas las especies, somos un producto de nuestro entorno. Somos una especie de simios nacidos del cambio climático y de la tectónica de África oriental». Tras este pistoletazo de salida, nuestros ancestros debieron hacer frente a diversos vaivenes del clima. Quizás uno de los más relevantes fue el conocido como «Dryas Reciente», sucedido entre hace unos doce mil novecientos y once mil seiscientos años. Durante dicho evento, las temperaturas se desplomaron en el hemisferio norte, principalmente en Europa y Norteamérica. Las poblaciones humanas se vieron inmersas en un mundo más frío, aunque también seco en ciertas regiones, lo cual hizo que las plantas silvestres dejasen de ser un sustento fiable. Sin embargo, este suceso también acabó poniendo la simiente de la agricultura, ya que algunas sociedades iniciaron la domesticación de plantas y animales[91].

Transcurrido el Dryas Reciente, volvieron a imponerse unas condiciones más cálidas, creándose un escenario favorable para la expansión de la agricultura y los avances asociados al Neolítico. En este periodo, denominado Máximo del Holoceno, los excedentes de alimentos logrados gracias a los cultivos fueron clave en la construcción de sociedades más complejas. Como explican Benjamin Lieberman y Elizabeth Gordon, en el libro *El cambio cli-*

---

91 Existen diversas hipótesis que tratan de explicar por qué sucedió el Dryas Reciente. Una de las más aceptadas implica la descarga de una gran cantidad de agua dulce al norte del océano Atlántico hace unos doce mil ochocientos años. Dicha situación se habría producido tras retirarse la capa de hielo Laurentino, la cual cubría gran parte de Norteamérica y contenía el lago glaciar Agassiz. De esta forma, el enorme aporte de agua dulce habría interrumpido la conocida como «circulación termohalina» y posibilitado el regreso a las condiciones glaciares.

EL CAMBIO CLIMÁTICO

EN LA HISTORIA DE LA HUMANIDAD

Desde la Prehistoria al presente

BO

BENJAMIN LIEBERMAN
ELIZABETH GORDON

Portada de la obra *El cambio climático en la historia de la humanidad*
de Benjamin Lieberman y Elizabeth Gordon.

mático en la historia de la humanidad, dicho paso habría sido muy difícil tiempo atrás: «Los humanos mostraron una gran versatilidad para hallar recursos en distintas regiones, pero las estepas y tundras correspondientes a la última glaciación jamás hubiesen sostenido una agricultura intensiva del mismo modo que las más cálidas y húmedas regiones del Holoceno». Lo importante de este relato es que el desarrollo de las civilizaciones, la consecución de los diferentes logros humanos, sucedió gracias a un importante matiz: se construyó bajo un clima, más o menos, estable.

La moraleja de esta historia es que, conforme nos adentramos en el calentamiento global actual, también nos alejamos del susodicho escenario cálido y propicio. Las nuevas reglas, dictadas por el gigante que lleva nuestra marca, están dibujando otro telón de fondo el cual está lejos de resultar amigable para el *Homo sapiens*. Por ejemplo, en el AR6 se identifican diversos fenómenos relacionados con la atmósfera, los cuales se verán potenciados y poseen la capacidad de tensionar las costuras de nuestras sociedades:

> El cambio climático inducido por el ser humano ya está afectando a muchos fenómenos meteorológicos y climáticos extremos en todas las regiones del mundo. La evidencia de cambios observados en extremos como olas de calor, fuertes precipitaciones, sequías y ciclones tropicales y, en particular, su atribución a la influencia humana, se ha fortalecido desde el AR5.

Las lluvias intensas, desde la década de 1950, han aumentado tanto en su frecuencia como en la intensidad en gran parte de la superficie terrestre. Desde la década de 1980, la mayor concentración de gases de efecto invernadero ha contribuido al aumento de precipitaciones durante los monzones, mientras que los ciclones tropicales con mayor potencial de destrucción ocurren con más frecuencia[92]. En el reverso de la moneda tenemos fenómenos como las olas de calor, cuya frecuencia e intensidad también

---

92 Un par de anotaciones sobre estos fenómenos atmosféricos. Entre las décadas de 1950 y 1980 se registró una disminución en la precipitación de los monzones, la cual se atribuye al enfriamiento asociado a las emisiones de aerosoles artificiales en el hemisferio norte. Con respecto a los ciclones tropicales, aún se debate si el cambio climático supondrá una mayor frecuencia de estos.

han crecido desde la década de 1950: «Algunos extremos cálidos recientes observados durante la última década habrían sido extremadamente improbables sin la influencia humana en el sistema climático». Aspecto que, además, conlleva la pérdida de humedad del suelo: «El cambio climático inducido por el ser humano ha contribuido al aumento de las sequías agrícolas y ecológicas en algunas regiones debido al aumento de la evapotranspiración de la tierra».

Como ya hemos relatado, la configuración de este nuevo escenario irá más allá de las lluvias, ansiadas o temidas. Subir la temperatura supondrá (o, mejor dicho, está suponiendo) que la atmósfera se inquiete, la criosfera mengüe y la hidrosfera sienta sofoco, haciendo que la biosfera reaccione ante estos cambios y se ponga en marcha, buscando una nueva casilla en un mundo dominado por los humanos. Las consecuencias expanden sus raíces a través de la Tierra, el mundo que nos sostiene y cuyas reglas están cambiando, exponiendo una avalancha de pruebas para quien esté dispuesto a verlas. Cerrar los ojos, en cambio, conlleva dejar que los gigantes nos aplasten en sus manos.

EL ICONO HAMBRIENTO

Mayo de 2016, bahía de Hudson. Un cazador inuit abate a un extraño oso polar (*Ursus maritimus*) cuyas patas no eran blancas, sino marrones. Tras un análisis más exhaustivo, se comprobó que el animal presentaba unas zarpas más grandes de lo normal. Además, la forma de su cabeza recordaba a la de un oso *grizzly* (*Ursus arctos horribilis*). Lo que podría quedar en una simple anécdota es, en realidad, parte de una historia más grande: el calentamiento del Ártico. Conforme aumentan las temperaturas, los osos *grizzly* se adentran cada vez más hacia el norte de América. Sin embargo, los osos polares afrontan el deshielo de su reino, viéndose muchos de ellos obligados a quedarse en el sur de su hábitat natural. De esta forma, los encuentros entre ambas especies están volviéndose más comunes, favoreciendo que se reproduzcan y alumbren híbridos gracias a la cercanía evolutiva de ambas. Les llamaréis *pizzly* si el padre es un oso polar o *grolar* si el amante es un *grizzly*[93].

El cambio climático se cierne sobre los helados paisajes que rodean el Polo Norte, oprimiéndolos hasta provocar su derretimiento. Tras décadas de escrutinio científico, podemos decir que las pruebas se esparcen por la región. En junio de 2020, durante una ola de calor, en la ciudad siberiana de Verkhoyansk el termómetro ascendió hasta los 38 °C. La Organización Meteorológica Mundial certificó que la cifra, a todas luces más típica del Mediterráneo, era la temperatura más alta jamás registrada en el Ártico. Otro ejemplo lo hallamos en *Last Ice Area*, una gran extensión de hielo marino situada entre el norte de Groenlandia y la isla de Ellesmere, frente a la costa del norte de Canadá. Dicha capa abarca un millón de kilómetros cuadrados, alcanzando hasta 5 m de espesor. En mayo de 2020 allí se detectó una polinia, un espacio abierto de agua y rodeado por hielo, la cual creció hasta convertirse en una grieta de 3000 km. En palabras de Kent Moore, investigador de la University of Toronto Mississauga y encargado de seguir su evolución, «nadie había visto una polinia en esta área antes». Un dato más: según se informó en el AR6, entre los años 2011 y 2020, la superficie de hielo marino ártico alcanzó su nivel más bajo desde al menos el año 1850. Estas son solo algunas pinceladas, pero son un buen reflejo de cómo el escenario en esta región se está fundiendo, gota a gota, imponiendo nuevas condiciones a sus habitantes.

Regresemos a los osos polares. La especie se ha convertido en un icono de la lucha contra el cambio climático. No es para menos, pues con sus dos metros de longitud son uno de los carnívoros terrestres más grandes de la Tierra. Se los ve imponentes en la inmensidad del hielo mientras buscan presas. Pero el deshielo de su hábitat los está poniendo en jaque, ya que su forma de vida depende del hielo marino formado en el Ártico durante los meses fríos. Este ambiente es el lugar elegido por especies como la foca

---

93   Los cazadores inuit pueden abatir osos polares, dentro de unas cuotas, ya que se considera parte de su tradición.

Oso polar [Vladimir Turkenich].

anillada (*Pusa hispida*) o la foca barbuda (*Erignathus barbatus*) para criar. Allí también acuden los osos, los cuales aprovechan los agujeros abiertos por las focas, desde los cuales acceden al mar, para tenderles emboscadas, o acechan a los retoños desprevenidos. Así que, si no hay hielo, no hay filete en el menú.

A medida que aumente el calentamiento, estos depredadores se internarán en un porvenir hambriento. La Unión Internacional para la Conservación de la Naturaleza (IUCN) ha advertido que para el año 2050 las poblaciones de osos polares pueden haber disminuido un 30 %[94]. ¿Cómo harán frente a un hogar que se fragmenta bajo sus patas? Estos animales son buenos nadadores, motivo por el cual no es raro verlos nadar de una plataforma de hielo a otra. Quizás esta adaptación sea una solución, pero dicho camino conlleva un precio muy alto. Agotador, mejor dicho. Según un estudio, liderado por investigadores de la Universidad de Alberta, el cambio climático los está obligando a pasar más tiempo en el agua. Gracias al uso de collares GPS para seguirles el rastro, determinaron que de media recorrieron nadando sin descanso alrededor de 92 km durante unos tres o cuatro días. El récord, llevado a cabo por una joven hembra, impresiona a la par que encoge el corazón: 404 km en nueve días, nadando sin parar.

Por tanto, parece que la mejor opción para los osos polares consistirá en quedarse en la costa, soñando con focas mientras buscan otra cosa para saciar el hambre. Es algo que ya suelen hacer algunas poblaciones durante el verano, momento en el que la falta de hielo las obliga a permanecer en tierra. Durante esos meses, hasta que regresen las condiciones más favorables, dependen de sus reservas energéticas y de cualquier tentempié a su alcance. Con el calentamiento del Ártico, dicho tiempo de espera se está alargando, poniendo a prueba la flexibilidad de su dieta. ¿Hasta qué punto podrán variar el menú? Esta es la incógnita que

---

94   Se estima que la población de osos polares ronda los veintiséis mil ejemplares, los cuales están repartidos en unas diecinueve poblaciones esparcidas desde Svalbard (Noruega) hasta la bahía de Hudson (Canadá) y el mar de Chukotka (entre Alaska y Siberia). Según un estudio, publicado en *Nature Climate Change* en 2020, la mayoría de las poblaciones árticas podrían desaparecer para el año 2100. Para esas fechas, solamente quedarían grupos reducidos en las islas Queen Elizabeth, un archipiélago ártico de Canadá.

la comunidad científica trata de despejar analizando diferentes pistas. Vayamos al fiordo Smeerenburgfjorden, en el archipiélago noruego de Svalbard. Aquí un grupo de científicos fotografió en 2015 a un oso polar comiendo el cadáver de un delfín, algo nunca visto. Quizás animado por unas temperaturas más agradables, un grupo de delfines se aventuró en aguas del norte cuando la repentina llegada del hielo estacional lo dejó atrapado en el fiordo. Justo donde se encontraba el oso, que pudo aprovechar el aporte inesperado de carne y grasa. Otro ejemplo parecido ocurrió en la Estación de Hornsund, también situada en Svalbard. En diciembre de 2021 se difundió un vídeo, un tanto surrealista, donde un reno era perseguido por un oso en el mar. Tras darle alcance y arrastrarlo hasta la orilla, la secuencia termina segundos antes de que el depredador hunda sus fauces en la presa.

Cadáveres de ballenas, huevos de aves, renos desprevenidos, peces u otros pequeños animales, vegetación e incluso basura humana. El variado bufet del que hacen gala los osos polares demuestra su sorprendente capacidad para encajar tiempos de ayuno y, conforme el deshielo cobre más importancia, seremos testigos de más episodios similares. Pero esto solo nos está indicando el punto exacto donde el mundo de esta especie se está tensionando. ¿Cuánto tiempo pueden aguantar sin siquiera olisquear una foca? ¿Pueden gastar energía en cazar renos sin que les pase factura? ¿Pueden unos depredadores tan grandes sustentarse solo con huevos de aves marinas?[95] El vídeo grabado en Svalbard no es la prueba definitiva del cambio de dieta ante un mundo más cálido, pero sí es un aviso sobre el estrés que sufrirán. Un recordatorio de la desoladora posibilidad de perderlos.

El calentamiento también se cierne sobre el hielo atesorado por Groenlandia a lo largo del tiempo. El agua dulce escapa de la gran isla helada, cada vez más rápido y en mayor cantidad, marcando una tendencia incontestable y atada a la influencia humana.

---

95   Un aspecto preocupante son los asaltos que los osos polares están realizando a las colonias de aves árticas, donde aprovechan para alimentarse de los huevos indefensos. Esto podría suponer la extinción local de las aves, ya que, en algunas zonas, la pérdida de la nidada por dicho motivo alcanzó el 90 %.

Un oso polar camina sobre el hielo [Vladimir Jurek].

LAWRENCE M.
KRAUSS

EL CAMBIO CLIMÁTICO

LA CIENCIA ANTE
EL CALENTAMIENTO GLOBAL

PASADO & PRESENTE

Portada del libro de Lawrence M. Kraus *El cambio climático:
La ciencia ante el calentamiento global.*

Así lo expone el físico teórico Lawrence M. Kraus en su libro *El cambio climático: La ciencia ante el calentamiento global*:

> [...] en el verano ártico de 2019, Groenlandia perdió unas 600 Gt de hielo, más del doble de la tasa media de pérdida entre 2012 y 2017, que es de 270 Gt/año. Entre 2003 y 2007, en cambio, la pérdida anual fue de 180 Gt/año, y entre 2000 y 2003 fue de 150 Gt/año. Entre 1997 y 2003, la pérdida media fue de unas 74 Gt/año, y entre 1993 y 1997 [...] los registros indican que la pérdida media era solo de 54 Gt/año.

Hoy en día, las promesas de Erik el Rojo de una tierra verde sonarían mucho más creíbles[96].

Lejos del Polo Norte, en la Antártida, la historia es similar aunque presenta un confuso matiz. Al igual que sucede en el Ártico, el hielo marino de esta región mengua y crece siguiendo el ritmo de los meses cálidos o fríos. En un principio, ante una Tierra más cálida, la lógica indicaba que en ambos lugares deberíamos observar una merma de dicho hielo. Eso fue lo que sucedió en el caso ártico, pero la Antártida, fiel a su condición de continente solitario, transitó una tendencia diferente. Las observaciones por satélite mostraron que, más o menos desde finales de los setenta hasta el año 2014, el hielo marino aumentó un 1 % por década. En la actualidad sabemos que lo sucedido fue un extraño paréntesis, cuyas causas aún se debaten en la comunidad científica. Posteriormente, el deshielo asociado al cambio climático también hizo acto de presencia aquí. En febrero de 2022, la capa de hielo marino antártico decreció hasta situarse por debajo de los dos millones de kilómetros cuadrados. Este nivel es, de momento, el más bajo jamás registrado. Por otro lado, tenemos el hielo terrestre antártico, cuyo deshielo, aunque no es igual a lo largo del continente, sí se ha encaminado hacia la predicción esperada. Según las estimaciones de la NASA, desde el 2002, la Antártida ha estado perdiendo un promedio de ciento cincuenta mil millones de toneladas de hielo al año.

---

96   Otro aspecto importante del deshielo es la acumulación de polvo y hollín, proveniente de incendios y otras fuentes, sobre la nieve y el hielo. También debemos tener en cuenta las floraciones de microalgas, que se ven favorecidas por las temperaturas más cálidas. Todos estos factores oscurecen la superficie de los glaciares y capas de hielo, provocando una mayor absorción de calor.

La península antártica, esa porción de tierra que parece estirarse para tocar Sudamérica, es uno de los lugares donde el calentamiento se está produciendo más rápido. Unos 3 °C en los últimos cincuenta años. Justo en esta región, el 5 de febrero de 2020, se tomó en la estación argentina Base Esperanza el que es, hasta el momento, el récord de temperatura más alta para el continente antártico: 18,3 °C[97]. No lejos de allí se extiende la conocida como «barrera de hielo Larsen», o lo que queda de ella. Dicha plataforma flota sobre el mar, aferrándose al lado oriental de la península y extendiéndose a lo largo de su costa. Larsen está dividida en varias secciones denominadas A, B, C y D, cuya historia explica el asedio sufrido por las plataformas de hielo. El agua que fluye bajo ellas es ahora más cálida y actúa mermando la parte inferior del hielo; mientras tanto, en la superficie, la mayor temperatura atmosférica también favorece el deshielo, generando así agua líquida dulce que recorre las grietas a la vez que las profundiza y agranda. Finalmente, la acción de las olas hace que sean desmembradas en icebergs o incluso provoca su completo colapso. Estos son los factores que están detrás de la trágica cronología de Larsen. Tras una serie de veranos excepcionalmente cálidos, en enero de 1995 Larsen A desapareció al desintegrarse unos 2000 km^2 de su hielo. Al mismo tiempo, en Larsen B los kilómetros también estaban siendo restados hasta que, entre enero y marzo de 2002, se produjo su final. Larsen B se esfumó en treinta y cinco días, llegando al océano un bloque de hielo de 3250 km^2 y 220 m de espesor, el cual se derretiría poco a poco. En noviembre de 2016, una grieta de más de 90 m de ancho, 110 km de largo y 500 m de profundidad se dibujó sobre la superficie de Larsen C. Meses después, en julio de 2017, nacía el iceberg A-68 tras seccionarse unos 5800 km^2 de Larsen C. Esta inmensa mole pesaba alrededor de un billón de toneladas y era más grande que Mallorca (3640 km^2) o Luxemburgo (2586 km^2).

---

97   La Organización Meteorológica Mundial certificó esta medida. Muy poco después, el 9 de febrero de 2020, desde una base brasileña en la isla Seymour se anunció una temperatura mayor (20,75 °C). Aunque en este caso, por fallos en la metodología, el registro fue rechazado por la OMM. El récord anterior, sucedido el 24 de marzo de 2015, fue de 17,5 °C y también se tomó en Base Esperanza.

Lo que ocurre con el hielo marino afecta directamente a los glaciares que descansan en tierra sobre la Antártida. El caso del glaciar Thwaites puede servirnos de ejemplo. Dicho coloso, el glaciar más ancho del mundo, extiende sus brazos en un abrazo helador de 120 km de diámetro. Su hielo fluye desde el continente antártico, hasta internarse en el océano donde una plataforma de hielo, sujetada a una montaña submarina, lo retiene, evitando que se desparrame en el horizonte. Sin embargo, cada año el deshielo se cobra más toneladas de agua congelada. En 2021, fueron detectadas una serie de fracturas sobre el hielo marino, las cuales están creciendo varios kilómetros al año y amenazan con romper la plataforma. Sin este freno, Thwaites acelerará su carrera hacia el mar, al igual que ya ha ocurrido con otros glaciares en la Antártida. Un aspecto que, como veremos más adelante, tiene consecuencias en el aumento del nivel del mar.

La criosfera también está representada por los glaciares que coronan montañas y cordilleras. De todos ellos destacan los situados en el Himalaya, los cuales conforman el conocido como tercer polo. Dichos glaciares suministran agua a millones de personas en Asia, dando vida a ríos tan icónicos como el Brahmaputra, el Ganges o el Indo. Según un estudio dirigido por la Universidad de Leeds, durante la Pequeña Edad de Hielo, la región estaba plagada por más de catorce mil setecientos glaciares que ocupaban alrededor de 28 000 km². En la actualidad, esta área se ha reducido un 40 % hasta los 19 600 km² y su deshielo se está acelerando a consecuencia del cambio climático. Este escenario de regresión podemos verlo a lo largo y ancho de toda la Tierra. Como se reflejaba en el AR6, desde la década de 1950 el retroceso de los glaciares en todo el mundo es «sincrónico», algo que no tendría precedentes en al menos los últimos dos mil años.

Glaciar Hopper en Hunza, Gilgit Baltistan, Pakistán [Nataliia Gr].

El anatomista, fisiólogo y biólogo alemán Karl Christian Bergmann. Conocido principalmente por haber desarrollado la Regla de Bergmann. Postula que dentro de una especie de animales de sangre caliente (endotermos), las poblaciones y los individuos de mayor tamaño se encuentran en regiones más frías, mientras que los de menor tamaño se hallan en regiones más cálidas. Esta regla se fundamenta en la relación entre el tamaño del cuerpo y la temperatura ambiental, sugiriendo que un mayor tamaño corporal ayuda a conservar mejor el calor en climas fríos debido a la menor relación superficie-volumen, lo que reduce la pérdida de calor.

¿QUIÉN ESTÁ ENCOGIENDO A ESTAS AVES?

Nadie había reparado en ello pero, entre los años 1950 y 2020, la morfología de las aves que revolotean por Israel ha cambiado. Algunas presentan una masa corporal menor, mientras que en otras ha aumentado la longitud de su cuerpo. ¿Quién ha perfilado sutilmente estos rasgos durante setenta años? A estas alturas de nuestra historia no vamos a andarnos con rodeos. Las aves han sido cinceladas por el cambio climático alumbrado por el *Homo sapiens*. Esta fue la conclusión a la que llegaron investigadores de la Universidad de Tel Aviv, tras analizar unos ocho mil ejemplares de un centenar de especies conservados en el Museo Steinhardt de Historia Natural, entre las cuales había mosquiteros, cigüeñas, arrendajos, búhos, perdices o jilgueros. Para entender el mecanismo que está detrás de este fenómeno, debemos remontarnos al año 1847. En esa fecha, el biólogo alemán Carl Bergmann observó que cuando los animales endotermos viven en un clima frío, tienden a ser más grandes en comparación con sus parientes afincados en lugares cálidos. La explicación subyacente es la siguiente: en las criaturas pequeñas, la relación entre área superficial y volumen es mayor, produciéndose, por tanto, más pérdida de calor. Sin embargo, ocurre lo contrario con animales grandes. En biología esto es conocido como «regla de Bergmann», la cual es particularmente evidente entre los pingüinos. Si viajamos desde la Antártida hasta el Ecuador y vamos midiendo estas aves, podremos apreciar cómo disminuyen de tamaño.

Teniendo en cuenta la regla de Bergmann, el actual calentamiento global conducirá a una reducción en el tamaño de algunos animales. El susodicho estudio de Israel es un ejemplo de ello. En ese caso, los cambios fueron detectados tanto en aves residentes como migrantes de Asia, Europa y África, lo cual parece indicar que estamos presenciando un fenómeno global. Los ejemplos donde el cambio climático y dicha regla van de la mano han sido hallados incluso en lugares considerados como prístinos. En 2021 se publicaron los resultados de un estudio llevado a cabo en las selvas amazónicas, cuyas conclusiones riman con lo observado en

Visitantes en el Museo de Historia Natural de Londres [Vanchai Tan].

Israel. Investigadores de la Universidad Estatal de Luisiana descubrieron que el tamaño de las aves no migratorias del sotobosque amazónico ha disminuido durante los últimos cuarenta años. En las zonas vírgenes del Amazonas, las garras de nuestro gigante actúan imponiendo condiciones más cálidas y con menos lluvias, lo cual tiene correlación con la disminución de la masa corporal de las aves. En dicho estudio, se utilizaron las medidas de unas quince mil aves recopiladas a lo largo de décadas, las cuales mostraron que desde el año 1980 las setenta y siete especies analizadas menguaron. También se constató un aumento de la longitud de las alas en sesenta y una de ellas. Así lo expresó Vitek Jirinec, autor principal del estudio, en SINC: «Los resultados indican que en nuestro lugar de estudio el clima está cambiando, y al mismo tiempo, también la morfología de los pájaros expuestos a esas condiciones climáticas».

Vayamos ahora hasta Reino Unido. La digitalización de las colecciones de mariposas del Museo de Historia Natural de Londres ha permitido rastrear en estos insectos el efecto del cambio climático. Aunque aquí la historia es un poco más complicada, ya que tratamos con animales ectotermos. Entre los insectos, el aumento o disminución de la temperatura puede influir de diferentes maneras en su tamaño cuando sean adultos, haciendo que el crecimiento dependa de las condiciones ambientales experimentadas en las diferentes etapas de su ciclo vital. El desarrollo del programa informático Mothra, el cual puede identificar de forma automática cada ejemplar, medir sus características e identificar el sexo, permitió analizar miles de especímenes de mariposas. Dichas mediciones se correlacionaron con los registros mensuales de temperaturas que experimentaron las orugas, descubriendo así que en diecisiete especies los adultos eran más grandes a medida que ascendía la temperatura durante la etapa larval. Es decir, algunas mariposas británicas están creciendo en respuesta al cambio climático.

Veamos una segunda regla. En 1887, el zoólogo estadounidense Joel Asaph Allen desarrolló la conocida como regla de Allen, la cual establece que la forma del cuerpo de los animales endotermos varía según el clima. De esta forma, en los climas

Psephotellus varius [Imogen Warren].

cálidos las especies tienen apéndices más grandes para así contar con una mayor superficie y perder calor. Por ejemplo, las orejas de las liebres disminuyen de tamaño si vamos en un gradiente desde México hasta el Ártico. En el marco del calentamiento global, también se propuso usar la regla de Allen para predecir cómo cambiarían los animales. Y esto es lo que está pasando. El pico de algunas aves, el cual puede actuar como un regulador de la temperatura corporal, ha aumentado de tamaño. En Australia, entre los años 1871 y 2008, el pico del perico variado (*Psephotellus varius*), la cacatúa gang-gang (*Callocephalon fimbriatum*), el perico dorsirrojo (*Psephotus haematonotus*) y la rosella roja (*P. haematonotus*) creció entre un 4 % y un 10 %.

Existe una tercera regla, la cual puede ayudarnos a comprender cómo el cambio climático afectará a la vida en la Tierra. En 1833 el zoólogo alemán Constantin L. Gloger propuso la conocida como, sin sorpresa alguna, «regla de Gloger». En resumen, dicha regla afirma que entre los animales endotermos veremos vestidos más oscuros en los ambientes más húmedos. Aunque, en este caso, las causas son motivo de debate académico. Se ha propuesto que en los mamíferos la piel y pelo más oscuros servirían como protección contra la radiación ultravioleta, la cual es mayor donde abunda la luz solar. Por otro lado, entre las aves, los pigmentos de melanina presentes en las plumas parecen estar relacionados con una mayor resistencia a la infección por bacterias, las cuales crecen mejor en condiciones tropicales. Con base en esto, se sugirió que el cambio climático podría traducirse en un mayor oscurecimiento de los animales. Aunque, al desconocerse los mecanismos exactos que hay detrás de la regla de Gloger, dicha predicción podría no tener lugar. Por ejemplo, una de las hipótesis sostiene que la clave se halla en cómo la humedad controla la cantidad de vegetación. La cadena de sucesos sería la siguiente: en ambientes húmedos tiene lugar un mayor crecimiento de la vegetación, lo cual conlleva una mayor oscuridad del ambiente y, por tanto, a los animales les favorece contar con un camuflaje oscuro para ocultarse entre las sombras. Si esto es así, con el cambio climático se deberían seleccionar animales más claros al haber menos humedad en los ecosistemas[98].

El AR6 también puso el foco en otra serie de cambios ocurridos en la biosfera terrestre, los cuales son «consistentes con el calentamiento global» desde el año 1970. Uno de los efectos más evidentes tiene que ver con la fenología, esto es, la relación entre el ciclo biológico de las especies y las variaciones estacionales. En el reino vegetal la temporada de crecimiento, el periodo del año lo suficientemente cálido para el desarrollo, se ha alargado un promedio de hasta dos días por década desde 1950 en algunas regiones del hemisferio norte. Es decir, el cambio climático en estas zonas ha contribuido al avance de la primavera haciendo que, por ejemplo, en Reino Unido las plantas florezcan un mes antes. Esta fue la conclusión de un estudio, dirigido por investigadores de la Universidad de Cambridge, tras evaluar registros de la floración que se remontaban hasta mediados del siglo xviii. Concretamente, analizaron los datos de unas cuatrocientas mil observaciones de cuatrocientas seis especies, recabados en la web *Nature's Calendar*. De esta forma, descubrieron que «la fecha promedio de la primera floración de 1987 a 2019 es un mes completo antes que la fecha promedio de la primera floración de 1753 a 1986». El seguimiento de la fenología animal también ha revelado casos similares. Gracias a los huevos conservados en el Museo Field de Historia Natural, se comprobó que al menos un tercio de las especies de aves que anidan en Chicago han adelantado la puesta una media de veinticinco días. Esta reconfiguración se transmitirá como una onda expansiva hacia el resto de los eslabones de los ecosistemas, arrojando dudas sobre las consecuencias finales. ¿Qué ocurrirá con aquellas especies cuya supervivencia depende de la sincronización

---

98   Otro aspecto importante, en el caso de las aves, es que sus coloridas plumas funcionan como un reclamo durante el cortejo. Dicho color depende, entre otras cosas, de la cantidad de alimento disponible. Por tanto, si el cambio climático afecta a la alimentación de las aves, podríamos esperar que estas señales sean menos llamativas. Esto ha sido registrado entre los herrerillos comunes (*Cyanistes caeruleus*) del sur de Francia, cuyas coloración azul y amarilla ha disminuido entre los años 2005 y 2019 debido a los veranos más calurosos y secos.

con otras durante eventos tan importantes como la polinización? ¿Podrán superar el desajuste ecológico?[99]

A esta avalancha de datos fenológicos recabados *in situ*, podemos añadir lo que nos cuentan los satélites desde el espacio. Sus imágenes muestran una Tierra más verde de lo normal. Según el AR6, el verdor de la superficie terrestre ha aumentado a escala mundial desde principios de la década de 1980. Gran parte de dicho enverdecimiento se atribuye a la fertilización ocurrida por el incremento en la concentración de CO_2. Sin embargo, en las latitudes altas del hemisferio norte, donde hallamos ecosistemas árticos y boreales, también es relevante el ascenso de las temperaturas. Por ejemplo, en las tundras de Alaska el adelanto del deshielo está favoreciendo el crecimiento prematuro de las plantas. Si bien esto podría ayudar a la mitigación del problema, al ser secuestrado el carbono por las plantas, debemos tener en cuenta que la pérdida de hielo y nieve en dichas regiones igualmente disminuye el efecto albedo, fomentando así el calentamiento local. Mientras tanto, en los trópicos, las condiciones de mayor calor y sequía juegan en contra de la vegetación. Las imágenes satelitales revelan que en lugares como la cuenca del Amazonas o del Congo, considerados pulmones del planeta, está teniendo lugar un pardeamiento asociado a la pérdida de frondosidad[100].

La biosfera terrestre también sufre la mayor frecuencia e intensidad de los incendios, azuzados por las olas de calor y la merma de las lluvias. Dichas condiciones meteorológicas, según se señala en el AR6, «se han vuelto más probables en algunas regiones». De esta forma, la pérdida de humedad, junto con la muerte de la vegetación, convierte los bosques y otros ecosistemas en bombas a la espera de que alguien o algo presione el detonador. Por eso, tras

---

99   Los cambios en la fenología no solo afectan a los ecosistemas, sino también a las sociedades humanas. En las últimas décadas se ha constatado como, por ejemplo, la floración de los cerezos en Kioto (Japón) o la cosecha de uvas en Beaune (Francia) ocurren cada vez en fechas más tempranas.

100   Las plantas absorben CO_2 a través de los estomas, unos microscópicos poros situados en la superficie de las hojas. Al mismo tiempo, desde los estomas pierden agua debido a la evaporación. Por tanto, las plantas se hallan ante un escenario en el cual una atmósfera rica en CO_2 favorece su crecimiento, pero también sufren las mayores temperaturas y condiciones de sequía que les arrebatan el agua.

Incendio forestal en Forrestania, Monte Holland, Australia Occidental [Josh Tagi].

cada temporada de incendios en lugares como el Mediterráneo, California, Chile o Australia, no resulta descabellado encontrar la mano del cambio climático. En muchos de estos territorios el fuego es una parte más de los ecosistemas, donde incluso habitan plantas pirófitas o adaptadas a la destrucción de las llamas. Aun así, sean o no amantes del fuego, ahora las especies se enfrentan al reto de medrar o sucumbir en un escenario que arde con mayor fiereza. La temporada de incendios sucedida en Australia entre los años 2019 y 2020 es un desgarrador ejemplo de ello. El país vivió una situación sin precedentes en cuanto al tamaño y la cantidad de incendios. Según el informe de la Royal Commission into National Natural Disaster Arrangements, se vieron afectados más de 240 000 km², una superficie mayor que Portugal (92 212 km²) o muy cercana a la de Nueva Zelanda (268 021 km²); murieron treinta y tres personas, a las que habría que sumarles más de cuatrocientas muertes prematuras relacionadas con el humo; y fueron destruidos más de tres mil hogares, mientras que las pérdidas económicas a nivel nacional superaron los diez mil millones de dólares.

Tras el desastre, varias universidades australianas llevaron a cabo un estudio conjunto para tratar de comprender el impacto sobre la fauna. Concluyeron que aproximadamente tres mil millones de animales murieron o fueron desplazados por los incendios. El informe, donde calificaron el suceso como «uno de los peores desastres de vida silvestre en la historia moderna», solo había puesto el foco sobre mamíferos, reptiles, aves y anfibios. Los animales que lograron escapar de las llamas se enfrentaron a un entorno donde escaseaban los alimentos o refugios. Entre los afectados se encontraban los carismáticos koalas (*Phascolarctos cinereus*), cuya supervivencia se ha visto comprometida principalmente debido a las décadas de caza en el pasado, la pérdida de hábitats y la actual infección por bacterias de clamidia (*Chlamydia pecorum*). Todos estos factores actúan en sinergia junto con los incendios, diezmando la población de koalas. En 2021 la Australian Koala Foundation advirtió que su población se había reducido un 30 % en tan solo tres años, quedando en estado salvaje entre 32 000 y 58 000 ejemplares, frente a los diez millones estimados antes de la llegada de los colonos europeos. Por estos motivos, en febrero de 2022, el Gobierno australiano declaró a la especie en peligro de extinción.

Otras especies menos fotogénicas igualmente se vieron afectadas por los incendios de 2019 y 2020, acercándose un poco más al precipicio de la extinción. La planta *Glycine latrobeana* es una pequeña hierba endémica y vulnerable del sur de Australia, cuya esperanza de sobrevivir mermó tras el paso de las llamas. Por fortuna muy lejos de su hábitat natural, en un banco de semillas situado en el Real Jardín Botánico de Kew, hace años se decidió preservar unas mil doscientas semillas de la especie. Un seguro de vida que ha sido utilizado para restaurar la población perdida. Por otro lado, las consecuencias de los incendios también fueron más allá de la superficie de tierra quemada. Tras terminar la temporada, tuvo lugar una serie de lluvias inusuales, las cuales arrastraron sedimentos, cenizas y escombros resultados de la destrucción. La irrupción de este material en los ecosistemas acuáticos supuso la muerte para muchos peces y crustáceos habitantes de ríos y estuarios.

Conforme la influencia del *Homo sapiens* penetra en el clima, muchas especies han iniciado la búsqueda de nuevas casillas donde medrar. A nivel general, mientras lees estas líneas, está teniendo lugar un lento desplazamiento hacia los polos y un ascenso en las montañas. Según un análisis global, publicado en 2011, desde mediados del siglo XX un gran número de insectos, aves y plantas se han movido hacia latitudes más altas a un ritmo de 17 km por década; mientras que el ritmo en altitud se produjo a 11 m por década[101]. Esto implica otra onda expansiva en los ecosistemas, cuyo funcionamiento se verá afectado por la salida o entrada de especies y se unirá a los cambios ya mencionados en la fenología.

Hagamos un viaje, de norte a sur, para ver cómo están migrando algunas plantas y animales. Comenzamos en la fron-

---

101   Un par de ejemplos de insectos que han migrado impulsados por el cambio climático. La libélula *Trithemis kirbyi*, propia del norte de África, fue registrada por primera vez en la península ibérica en el año 2007. Desde entonces, se ha expandido hacia el norte hasta llegar al sur de Francia o a las islas Baleares. Un poco más arriba, la libélula *Aeshna affinis* cruzó el canal de la Mancha y comenzó a poner huevos en Gran Bretaña en 2010, logrando así establecerse en un nuevo hábitat.

Castor canadensis [Jukka Jantunen].

tera entre la tundra y el bosque boreal, representada por una línea irregular de árboles. A un lado, las frías temperaturas evitan que los árboles puedan echar raíces, motivo por el que el terreno es ocupado por la vegetación típica de la tundra. En la otra parte, se yergue un muro de troncos y ramas que, debido al calentamiento, avanza reclamando cada vez más terreno. La aparición de plantas propias del sur tendrá consecuencias en los paisajes más representativos del Ártico. Por ejemplo, en las tundras del norte de Escandinavia, el musgo logra nitrógeno gracias a una simbiosis con cianobacterias, las cuales toman este elemento de la atmósfera. Esta alianza garantiza el suministro de hasta el 50 % del nitrógeno para todo el ecosistema y podría verse favorecida por el incremento de los grados centígrados. Sin embargo, las nuevas condiciones también propiciarán la llegada de plantas arbustivas, entre las cuales se incluyen sauces (los cuales no toman nitrógeno atmosférico) y abedules (que sí lo hacen). El resultado final de este reajuste, cuyo efecto expansivo debemos recalcar que se sentirá en todo el ecosistema, dependerá de qué especie se imponga. A miles de kilómetros de allí, en Alaska, la transformación de las tundras en bosques boreales explica la expansión de los alces (*Alces alces*) hacia el norte, atraídos por unas temperaturas más agradables y una mayor abundancia de plantas. Según un informe de la National Oceanic and Atmospheric Administration (NOAA), otro animal se ha lanzado a la colonización de las zonas árticas de esta región: los castores americanos (*Castor canadensis*). Tras analizar imágenes por satélite, lograron cartografiar más de doce mil estanques de castores en el oeste de Alaska. Dicha cifra indica que las áreas afectadas por estos animales se han duplicado en los últimos veinte años. Los castores tienen una gran capacidad para modificar el ambiente que los rodea y, concretamente, aquí sus construcciones podrían aumentar la cantidad de agua superficial, favoreciendo así el derretimiento del permafrost[102].

---

102 El *permafrost*, un tipo de suelo sometido a congelación, ocupa alrededor de una cuarta parte de la superficie terrestre del hemisferio norte. Las frías condiciones impiden que tenga lugar la degradación del material vegetal muerto, favoreciendo así la acumulación de carbono durante miles de años. Debido al aumento de las temperaturas, dicho material

Liebre ártica en Manitoba, Canadá [Tony Campbell].

Otra especie, la liebre ártica (*Lepus arcticus*), también está haciendo las maletas. Aunque en su caso el cambio climático no está resultando beneficioso. La migración hacia el norte de estos animales responde a la necesidad de hallar parajes nevados, el escenario para el cual están adaptados. El frío, la nieve o la capa de hielo parecen condiciones indeseables cuando pensamos en el desarrollo de la vida. Sin embargo, muchas ramas de la evolución se han encaminado hacia estos ambientes, haciendo de ellos un hogar necesario para sobrevivir. Este es el caso del ranúnculo de nieve (*Ranunculus nivalis*), planta que usa la nieve invernal como refugio, mientras que en los cortos periodos cálidos crece rápido y florece para dar paso a la siguiente generación. Por tanto, una capa de nieve exigua, así como una temporada cálida más larga, pone a dichas plantas en una situación de desventaja frente a las especies que se expanden desde el sur. Una situación similar sucede con la biosfera en las montañas, cuyos representantes animales y vegetales están siendo arrinconados poco a poco. Existen fabulosos ejemplos de ello, como el leopardo de las nieves (*Panthera uncia*), pero muchas otras criaturas, sean o no llamativas para el gran público, quedarán atrapadas en las cumbres mientras se aproximan a la extinción. Entre ellas podemos mencionar a dos diminutos y raros insectos, los cuales se hallan entre el gigante humano y la fría pared de un glaciar. Los plecópteros *meltwater stonefly* (*Lednia tumana*) y *western glacier stonefly* (*Zapada glacier*), propios de las Montañas Rocosas, necesitan del agua servida por el deshielo de los glaciares para medrar, comer, reproducirse y hacer cosas propias de insectos. Su futuro depende de las hectáreas de glaciares y nieve que lleguen a mantenerse en un mundo que se calienta sin parar.

Siguiendo con nuestro viaje hacia el sur, hallamos grandes extensiones de bosques que pueblan Canadá y Estados Unidos. Sin embargo, para entender lo que está ocurriendo en estas latitudes, debemos olvidarnos del bosque en su conjunto y mirar concretamente qué tipo de árboles lo conforman. En esta región

---

ahora puede degradarse y liberar grandes cantidades de CH_4 y CO_2, las cuales se teme que tengan un efecto de retroalimentación en el calentamiento global.

Ranunculus nivalis en flor. Glaciar de Rabots en el valle de Tarfala, la parte alpina de Suecia [Paulina Wietrzy-Pelka].

se está produciendo una contienda entre abetos, robles y arces, donde las plantas compiten por crecer más rápido acaparando la luz del sol y hundir sus raíces en la tierra, para así absorber agua y nutrientes. El cambio climático será decisivo a la hora de inclinar la balanza hacia aquellas especies que prefieren más calor, como los robles y arces, frente a las que están acostumbradas al frío, en el caso de los abetos. Durante un tiempo, en los bosques convivirán todas ellas, pero la lenta lucha en el reino vegetal tendrá un resultado. En el mejor de los casos, surgirán bosques adaptados a las nuevas condiciones y, aunque sean diferentes, seguirán funcionando como tales. En el peor de los casos, la transición de especies no será ordenada, dando una oportunidad a especies oportunistas o invasoras y degenerando así en un ecosistema pobre y salpicado por un bosque fragmentado.

Debemos tener en cuenta que estas migraciones, o reajustes en los ecosistemas, se producen en sinergia con otros impactos humanos. Las especies deben hacer frente a la destrucción de sus hábitats, la deforestación, el alzamiento de ciudades, el trazado de carreteras, la contaminación, las invasiones biológicas o la persecución por diferentes motivos, etcétera. El calentamiento global es otro reto más que arrojamos sobre las otras criaturas de la Tierra. Y en todo este caos deben hallar la manera de mantenerse en el escenario. La historia del armadillo de nueve bandas (*Dasypus novemcinctus*), especie propia de regiones cálidas de América del Sur, nos sirve como ilustración. A finales del siglo XIX, los armadillos lograron cruzar por su propia cuenta el río Bravo desde México para adentrarse en Estados Unidos. Por aquella misma fecha, además, fueron introducidos en Florida. Desde entonces, estos curiosos mamíferos han avanzado hacia el norte y el este del país. En 1995 ya se habían establecido en Texas, Oklahoma, Luisiana, Arkansas, Misisipi, Alabama, Georgia y Florida. Posteriormente llegaron a los estados de Carolina del Sur, donde ya son comunes, y Carolina del Norte, cuyo primer armadillo fue detectado en 2007. Sus hocicos ahora olfatean estados más al norte como Misuri, Iowa y Nebraska. ¿Qué los está impulsando a expandir sus horizontes? Las causas no están del todo claras, pero entre los factores se suelen enumerar la falta de depredadores naturales en Estados Unidos, el poco interés en cazarlos, una alta tasa de reproducción y, más recientemente, los inviernos suavizados por el cambio climático.

Sería ingenuo pensar que esta transformación global de la biosfera terrestre, desde los sutiles cambios morfológicos hasta el desplazamiento hacia nuevos hábitats, no nos concierne. Conforme aumenta la tensión sobre dichos ecosistemas, las sociedades humanas también sufrimos las consecuencias a través de los hilos que nos unen. Una prueba de esto son las inquietantes carambolas que mueven de sus casillas a patógenos y parásitos (entre ellos, mosquitos o garrapatas, cuya migración supone una amenaza, la cual no debe ser subestimada). O la inevitable conexión entre el adelanto de la primavera y sus efectos sobre la agricultura. O la degradación de los bosques, cuya muerte y combustión suponen la liberación a la atmósfera de toneladas de CO_2. Realmente, en cada uno de los pasos dados en este apartado, hallaremos caminos tras los cuales el interés de nuestra especie se verá golpeado.

EN UNA PEQUEÑA ISLA DE AUSTRALIA

Nadie sabe cómo unos roedores acabaron en Bramble Cay, una minúscula isla situada en el estrecho de Torres entre Australia y Papúa Nueva Guinea. Tal vez cruzaron el mar aferrados a restos de vegetación o madera a la deriva. O quizás sus huellas se dibujaron fugazmente en la arena de una conexión terrestre ahora inexistente. En cualquier caso, la especie *Melomys rubicola*, cuyo aspecto se asemejaba al de una rata genérica, hizo de aquel cayo su hogar. Un reino de 40 000 m² donde correteaban a resguardo de los arbustos, los cuales les proporcionaban el alimento necesario. La rutina solo era interrumpida por las aves o tortugas marinas, las cuales acudían al lugar para anidar, o por las fieras tormentas del océano Pacífico. Sorteando los desafíos, se convirtieron en el único mamífero endémico de la Gran Barrera de Coral. Hasta que quebramos su historia.

En el epitafio de estos roedores aparece otro dato que los hace tristemente únicos. *Melomys rubicola* es la primera especie de mamífero extinta por el cambio climático antropogénico. La subida del nivel del mar los arrinconó hasta hacer colapsar su mundo. Entre los años 2004 y 2014, la vegetación de Bramble Cay se redujo en un 97 % debido al agua salada filtrada bajo tierra. Además, las tormentas resultaban cada vez más destructivas a causa del mayor nivel. En 1978 su población estaba constituida por unos pocos cientos; llegados a 1998 ya eran menos de cien y a principios de la década de los 2000 apenas una docena. Cuando se puso en marcha un plan para rescatar a los últimos ejemplares y ponerlos a resguardo, no se logró hallar ningún rastro de ellos. La UICN certificó su extinción en 2015.

Si desgranamos la historia de los *Melomys* de Bramble Cay, hallaremos elementos que nos hablan sobre cómo las costas están siendo azotadas por el cambio climático. El aumento del nivel del mar supone un golpe múltiple para los ecosistemas y sociedades establecidas en estos lugares. El más evidente consiste en una disminución del territorio, afectado por la erosión marina y las inundaciones asociadas a fenómenos atmosféricos, los cuales, por otro lado, serán cada vez más intensos. Pero los impactos también discurrirán bajo tierra, ya que el agua dulce subterránea retrocederá ante la salinización. Según se señala en el AR6, entre los años 1901 y 2018, globalmente el nivel del mar aumentó una media de 20 cm, produciéndose dicha subida a una tasa de 1,3 mm por año entre 1901 y 1971; 1,9 mm entre 1971 y 2006; y 3,7 mm entre 2006 y 2018. La tendencia resulta bastante evidente y su causa, la influencia humana, innegable. Podemos añadir otro dato aportado por el IPCC. La rapidez de este incremento no tiene precedentes en al menos los últimos tres mil años.

Cuando hablamos sobre la subida del nivel del mar, automáticamente solemos pensar en el deshielo. Es el factor más lógico. Si se derriten las ingentes cantidades de hielo presentes en los polos y otras regiones, el agua discurrirá hacia los océanos, contribuyendo así al problema. Sin embargo, en esta ecuación debemos distinguir entre hielo terrestre y marino. La pérdida del primero sí tiene relevancia en dicha cuestión, mientras que la mengua de capas como las del océano Ártico apenas influye. Para ilustrar esta diferencia pensemos en un vaso de refresco con cubitos de hielo cuyo volumen, transcurrido el tiempo para que se derritan por completo, no se verá afectado. Aunque la principal causa, hasta un 50 % del total entre los años 1971 y 2018, debemos buscarla en la expansión térmica producida por el calentamiento de los océanos. Se trata del mismo mecanismo mediante el cual se dilata cualquier material en condiciones de calor.

Se estima que los océanos han absorbido más del 90 % del calor producido por el calentamiento global. Cuesta imaginar la magnitud del cambio que estamos induciendo en este sistema. Según la NASA, desde el año 1955 el calor captado por los océanos ronda los 345 zettajulios, o 345 000 000 000 000 000 000 000 julios, lo cual supone más de ocho veces la energía usada por los humanos para cocinar, calentar nuestros hogares, generar electricidad, mantener en funcionamiento la industria, etcétera, durante las últimas seis décadas. Veamos otra comparación. Como explica Lawrence M. Kraus en su libro *El cambio climático: La ciencia ante el calentamiento global*, en 2019 la temperatura oceánica aumentó un promedio de 0,075 °C en relación con los registros del periodo 1981-2010.

> [Dicha diferencia] equivale al calor adicional que se habría producido mediante la explosión en el mar de 3.600 millones de bombas atómicas como la de Hiroshima o, lo que es lo mismo, unas cinco bombas de Hiroshima cada segundo, día y noche, 365 días al año, durante los últimos veinticinco años.

No es de extrañar, entonces, que 2022 haya sido el año más cálido para los océanos. Sin embargo, esta ingente cantidad de calor no se ha distribuido por igual a través de todas las capas, ya que el agua contenida tardará cientos o miles de años en mezclarse. Por este motivo, el mayor incremento de temperatura está teniendo lugar en la superficie, dentro de una franja que alcanza hasta los 700 m de profundidad[103].

---

103 Una mayor temperatura de las aguas superficiales también conlleva la disminución de los niveles de oxígeno o hipoxia. Además, esta condición se ve favorecida por la contaminación con nutrientes provenientes de cultivos y explotaciones ganaderas. En

Al igual que ocurre en tierra, el cambio climático está tensionando al conjunto de la biosfera marina. Un ejemplo estremecedor es la ola de calor bautizada como *The Blob*. En el año 2013, en el golfo de Alaska, se formó una masa de agua cálida a consecuencia de una situación de altas presiones atmosféricas. De esta forma, la ausencia de vientos provocó que las aguas superficiales no pudieran refrescarse. En 2014, la susodicha mancha extendió su abrazo hacia el sur, provocando que la temperatura de las aguas en la costa oeste de Estados Unidos fuera de 2 a 4 °C más alta de lo normal. La llegada de El Niño en 2015 vino a empeorar la situación, incrementando el calor a la vez que disminuían las concentraciones de nutrientes y oxígeno. Los efectos sobre la cadena trófica fueron catastróficos. La densidad de fitoplancton, el conjunto de microorganismos fotosintéticos que actúan como la base del sistema, cayó en picado hasta niveles casi inéditos. El zooplancton lo siguió de cerca, siendo especialmente importante el desplome de las poblaciones de copépodos, unos pequeños crustáceos, propios de la región. Para el siguiente eslabón en la cadena, los peces forrajeros como sardinas y anchoas, las especies de copépodos adaptadas a aguas frías resultan esenciales debido a su gran tamaño y cantidad de nutrientes. Por contra, a causa de las altas temperaturas, proliferaron copépodos provenientes de zonas tropicales, los cuales son menos nutritivos y presentan una menor talla. Sin alimento suficiente en el sistema para mantener a peces pequeños, la onda expansiva también llegó hasta los depredadores. Lo que ocurrió a continuación fue un impacto doble, desde arriba y abajo de la cadena, sobre los peces forrajeros. Mientras padecían la escasez de comida, también sufrieron una caza más intensa por parte de los depredadores hambrientos. Los cardúmenes mermaron aún más. Finalmente, *The Blob* resultó en la muerte masiva de peces, aves y mamíferos, desde leones marinos hasta ballenas.

Entre octubre de 2014 y febrero de 2015, miles de crías de mérgulo sombrío (*Ptychoramphus aleuticus*) aparecieron muertas por el hambre en las playas de California y Columbia Británica.

---

algunas regiones, la hipoxia es tan grave que mueren la mayoría de los organismos, generando así las conocidas como «zonas muertas».

Ptychoramphus aleuticus, nadando frente a las costas de California [Traveller MG].

Poco después, entre el verano de 2015 y la primavera de 2016, cerca de 62 000 araos comunes (*Uria aalge*) fueron hallados muertos o moribundos desde las costas californianas hasta las de Alaska. Como se detalló en un artículo publicado en *PLOS ONE*, tras investigar las causas del suceso «no se encontró evidencia de otra cosa que no fuera el hambre para explicar esta mortalidad masiva». Dicha cifra debió de ser solo una pequeña fracción del desastre, ya que no todas las aves fallecidas en el mar llegan hasta la costa. Según las estimaciones, la mortalidad alcanzó el millón de aves. *The Blob* también se vinculó con una floración «sin precedentes» de diatomeas *Pseudo-nitzschia*, la cual tuvo lugar en la primavera de 2015 a lo largo de la costa oeste norteamericana. Dichos microorganismos producen una neurotoxina, el ácido domoico, que provocó la muerte de numerosos mamíferos marinos y afectó al comercio de mariscos[104].

Los eventos como *The Blob*, aunque tienen un alcance e impactos enormes, ocurren en lugares concretos. Por eso, si queremos entender cómo el cambio climático está moldeando la biosfera marina, debemos ampliar el marco hasta el nivel global. De forma general, según se señala en el AR6, «muchos organismos marinos se están desplazando hacia los polos y hacia mayores profundidades». Se trata de un patrón esperable y similar al observado en los ambientes terrestres. Aunque en el caso marino las especies están abandonando su hábitat mucho más rápido ante el calentamiento de las capas superficiales: un promedio de 72 km por década, en dirección norte o sur, buscando aguas más refrescantes. No estamos hablando de meras curiosidades o ejemplos aislados de peces que aparecen donde no deberían estar. Dicha migración supone la entrada y salida de los ecosistemas de miles de especies, la reestructuración de estos, la ruptura de las redes tróficas y, por supuesto, los consiguientes impactos sobre las sociedades que dependen de estos sistemas. La magnitud de esta

---

104   Según el AR6, desde la década de 1980 la frecuencia de las olas de calor marinas se ha duplicado. En 2019 tuvo lugar *The Blob 2.0*, tras producirse nuevamente un debilitamiento del viento que condujo a un calentamiento del agua. La temperatura del agua superficial frente a la costa oeste de Estados Unidos se situó unos 2,5 °C por encima de lo normal.

transformación desafía incluso lo que, desde el prisma de la biología, consideramos como el orden de la vida sobre la Tierra. El conocido como gradiente latitudinal de biodiversidad es un concepto que nos indica que la riqueza de especies aumenta desde los polos hacia el ecuador. Dicho patrón se ha mantenido estable durante siglos hasta ahora, ya que multitud de especies marinas están huyendo de los trópicos. Esta fue la conclusión de un estudio, publicado en la revista *PNAS* en 2021, en el cual utilizaron datos sobre la distribución de 48 661 especies de artrópodos, peces, moluscos, medusas y otros grupos taxonómicos. De esta forma, comprobaron cómo desde la década de 1970 la riqueza de especies está disminuyendo en el ecuador, a la vez que asciende en las latitudes colindantes. El abandono de las zonas tropicales se produce tras superar en la superficie marina los 20 °C de media anual. Tal y como señalaron los autores de la investigación, «allí ya hace demasiado calor para que sobrevivan algunas especies».

Las ingentes emisiones de CO_2 también suponen la acidificación de los océanos, tras ser absorbido dicho gas por estos. De forma general, el agua de mar se considera ligeramente básica al poseer un pH 8[105]. Esta condición es muy importante para la vida marina, al permitir que tengan lugar diferentes reacciones químicas relacionadas con su desarrollo. Por ejemplo, muchos organismos crean estructuras duras gracias a la existencia en el ambiente de dos ingredientes: el calcio (Ca) y el carbonato (CO_3^{2-}), con los cuales forman carbonato de calcio ($CaCO_3$). La concentración del segundo elemento depende de que el pH se mantenga dentro de cierto rango que, debido a nuestra influencia, está siendo socavado. Cuando el CO_2 reacciona con las moléculas de agua (H_2O), se genera ácido carbónico (H_2CO_3), que a su vez se divide en iones de bicarbonato (HCO_3^-) e iones de hidrógeno, produciéndose así la acidificación al disminuir el pH. Cuando los iones de hidrógeno se unen al carbonato, reducen su concentración y de esta

---

105   15 El pH nos indica cómo es la concentración de iones de hidrógeno de una sustancia, la cual puede ser clasificada como ácida o básica. La escala del pH va desde 0 (el valor más ácido) hasta 14 (el más básico), siendo 7 el neutro. De esta forma, la lejía (pH 13) es básica y el zumo de limón (pH 2) es ácido.

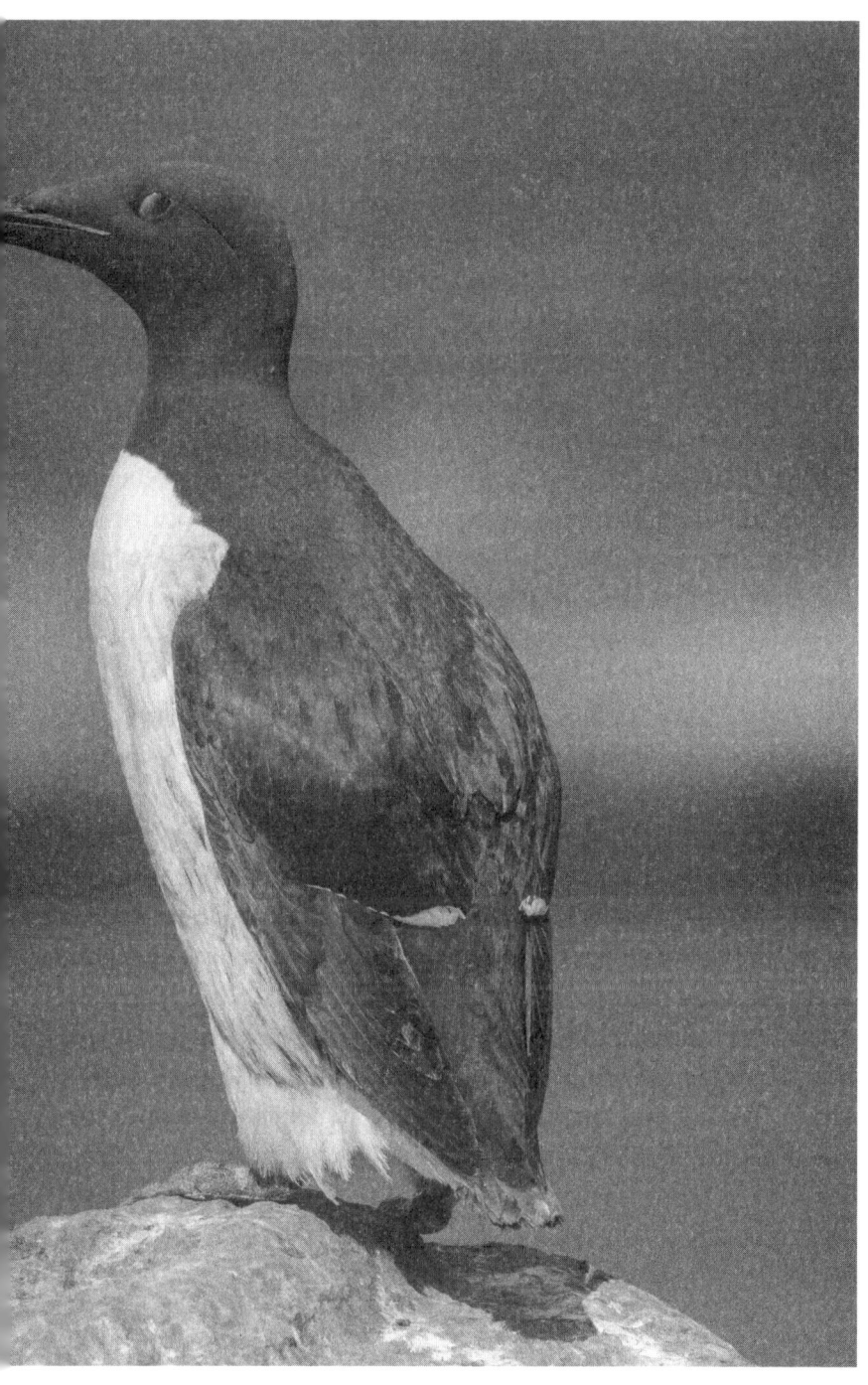

Uria aalge en la isla Hornoya en Noruega [Piotr Poznan].

manera se dificulta, por ejemplo, la formación de conchas en los moluscos. Según se señala en el AR6, a lo largo de los últimos cincuenta millones de años, se ha producido una tendencia general al aumento del pH en la superficie oceánica. Sin embargo, la actividad humana ha revertido el pH hasta niveles inusuales en los últimos dos millones de años. Concretamente, desde que comenzó la revolución industrial, los océanos se han vuelto un 30 % más ácidos, acercándose cada vez más al pH 7 o neutro. Una de las víctimas de este reto, otro más que arrojamos sobre la biosfera, son los corales. Tal y como explicaba la bióloga marina Joan Kleypas en un artículo publicado en *Science* en 1999, «un arrecife de coral representa la acumulación neta de carbonato de calcio producido por los corales y otros organismos calcificadores. Si la calcificación disminuye, la capacidad de formación de arrecifes también disminuye». Una sencilla relación tras la cual, como advirtió la propia Kleypas, cabría suponer «terribles» consecuencias para los arrecifes de coral[106].

Allí donde se establecen, los arrecifes de coral sustentan una increíble biodiversidad. Alrededor del 25 % de las especies marinas del mundo dependen de estos ecosistemas. Una cifra que contrasta con la exigua porción del fondo marino acaparada por los mismos: un 0,2 %. Su valor para las sociedades también es indiscutible. Desde fuente de alimento hasta protección de las costas frente a las tormentas, pasando por los inmensos ingresos generados por el turismo asociado o el potencial de hallar futuros medicamentos entre las moléculas atesoradas por sus habitantes. Los arrecifes de coral han sobrevivido durante unos doscientos millones de años a diferentes pruebas, como el impacto de meteoritos o el ir y venir de las glaciaciones. Tras cada uno de estos desafíos, lograron recuperarse gracias a un proceso que supuso cientos o miles de años. Por ejemplo, en el transcurso de la última glaciación, el nivel del mar descendió más de 100 m, provocando

---

106   Según relata Callum Roberts, en el libro *Océano de vida*, Joanie Kleypas se percató del problema que se cernía sobre los arrecifes de coral tras acudir a una reunión sobre cambio climático en 1998: «Cuando se dio cuenta de que, para finales del siglo XXI, los corales habitarían en aguas lo suficientemente corrosivas como para destruirlos, se sintió tan abrumada que tuvo que excusarse y correr al baño con náuseas».

el desamparo y la destrucción de los arrecifes. Sin embargo, los corales lograron resistir en ambientes más profundos y regresaron cuando el nivel del mar comenzó de nuevo a subir, hace unos diez mil años. De esta forma, reclamaron la tierra inundada para construir sobre ella nuevos arrecifes que han perdurado hasta nuestros días. A principios de la década de 1990, la comunidad científica comenzó a advertir del grave peligro que estaban sufriendo estos ecosistemas a nivel mundial. Los impactos humanos, tanto directos como indirectos, incluían la sobrepesca o el exceso de nutrientes llegados desde las tierras agrícolas y ganaderas. Ahora debemos añadir la amenaza del cambio climático y la acidificación, los cuales supondrán un trágico ocaso donde el futuro de estos fabulosos lugares quedará ligado al del *Homo sapiens*.

El primer indicio de este aciago porvenir sucedió entre los años 1997 y 1998. En aquel periodo, según la Global Coral Reef Monitoring Network, se produjo un evento de blanqueamiento masivo «sin precedentes en todos los arrecifes de coral del mundo», el cual estuvo relacionado con los fenómenos atmosféricos de El Niño y La Niña. Si bien la magnitud del suceso no fue la misma en todas las partes registradas, el blanqueamiento hizo acto de presencia en arrecifes de las costas de África, Asia y América, así como en islas de los océanos Índico y Pacífico, siendo clasificado como «catastrófico» en Bahréin, Maldivas, Sri Lanka, Singapur y Tanzania, donde murieron cerca del 95 % de los corales adaptados a aguas poco profundas. En zonas como la Gran Barrera de Coral se vieron afectadas más de cien especies, incluyendo colonias del género *Porites* cuya antigüedad se estimaba en setecientos años. En resumen, el evento de blanqueamiento de 1998 mató al 8 % de los corales del mundo, cifra que representa la destrucción de unos 6500 km² de arrecifes.

¿Qué ocurre durante un evento de blanqueamiento? Los corales dependen de una simbiosis con las zooxantelas, unas microalgas que se alojan en el interior de sus tejidos y les proporcionan nutrientes gracias a la fotosíntesis. Ellas les confieren esos colores rojizos, anaranjados o pardos. Si el coral se encuentra bajo una situación estresante (por ejemplo, cuando la temperatura del agua superficial es más alta de lo normal), las zooxantelas abandonan a su anfitrión

Una tortuga nada sobre el coral muerto [Nattapon Ponbumrungwong].

haciendo que adquiera un aspecto pálido o blanco. Dado que dicha alianza proporciona la mayor parte del alimento para los corales, morirán de hambre si la situación no revierte a tiempo. Aun así, la recuperación tras el blanqueamiento puede tomar entre quince y veinte años. Tras el evento sucedido en 1998, entre la comunidad científica hubo consenso a la hora de calificarlo como el «episodio de blanqueamiento más grave jamás observado». Sin embargo, surgieron diversas dudas sobre cómo debía interpretarse. ¿Habíamos sido testigos de un acontecimiento natural, grave y poco frecuente? ¿Acaso ya había ocurrido lo mismo en el pasado y no fue detectado? ¿O formaba parte de la amenaza creciente que suponía el cambio climático, siendo este el primer aviso? En caso afirmativo, ¿estos episodios aumentarían su frecuencia e intensidad? ¿Qué futuro deparaba a los arrecifes de coral?

En el año 1999, el biólogo marino Ove Hoegh-Guldberg publicó un artículo donde aseguraba que la «tolerancia térmica de los corales constructores de arrecifes probablemente se superará cada año en las próximas décadas». Esta situación supondría la muerte para la mayoría de los arrecifes de coral del planeta, ya que, según indicó Hoegh-Guldberg, «la adaptación será demasiado lenta para evitar un declive». Las consecuencias podrían ser «nefastas». Este estudio generó cierto revuelo entre los círculos académicos e incluso fue tachado de alarmista. Sin embargo, expertos como Hoegh-Guldberg o Kleypas no estaban errando en sus advertencias. Desde 1998, la Gran Barrera de Coral ha sufrido eventos masivos de blanqueamiento en 2002, 2016, 2017, 2020 y 2022, cuya cercanía en el tiempo ensombrece las posibilidades de recuperación. A nivel global, la sinergia entre dichos acontecimientos y otros impactos deshizo los avances positivos. La regresión en el periodo de 2009 a 2018 fue del 14 %, lo cual supuso la pérdida de unos 11 700 km^2. Dicha superficie es superior a la ocupada por todos los arrecifes de coral en Australia. Más recientemente, según un estudio de la Universidad de Columbia Británica publicado en 2021, hemos conocido que desde la década de 1950 las extensiones de corales se han reducido hasta la mitad. Un retroceso que habría supuesto también el declive de, al menos, un 63 % de la biodiversidad asociada a estos ecosistemas.

El relato de los arrecifes de coral y su incierto futuro es, a juicio de quien escribe estas palabras, una de las cuestiones más dramáticas con respecto al cambio climático. En 2018, tras la publicación del *Informe especial sobre calentamiento global de 1,5 °C*, el IPCC predijo que entre el 70 y el 90 % de los arrecifes de coral del mundo desaparecerían ante un calentamiento global de 1,5 °C. Poco después, en 2022, un estudio de la Universidad de Leeds advirtió que la situación puede ser incluso aún peor. Según dicha investigación, entre los años 1986 y 2019, alrededor del 84 % de los arrecifes del planeta mantenían las condiciones necesarias para actuar como refugio térmico. Este aspecto permitió la recuperación tras cada evento de blanqueamiento. Sin embargo, dichos lugares se reducirán a un escuálido 0,2 % si las temperaturas suben 1,5 °C, lo cual se traduce en que «el 99 % de los arrecifes del mundo experimentarán olas de calor demasiado frecuentes para recuperarse». Es decir, el objetivo más ambicioso del Acuerdo de París, esos 1,5 °C que serían enarbolados como una victoria por nuestra especie, significarán una catástrofe para los arrecifes de coral.

EPÍLOGO: LA METAMORFOSIS DEL GIGANTE

No eres la única persona que se siente abrumada tras conocer esta historia. En mi caso, escribir este libro ha supuesto un viaje en un péndulo que oscila entre el optimismo y el pesimismo. Soy consciente del mal trago que resulta poner punto final aquí, en 2023, a la espera de nuevos episodios. Pero el objetivo de ocupar estas páginas era relatar cómo la ciencia descubrió el cambio climático antropogénico. Creo que este tipo de crónicas, donde se pone énfasis en el debate académico o en el ir y venir de hipótesis, ayudan a comprender por qué podemos considerar el calentamiento global como una cuestión robusta. Una amenaza tangible. Por contra, no quería adentrarme en explicar, por ejemplo, cuáles son los distintos futuros según los modelos climáticos o las diferentes soluciones puestas sobre la mesa. Sobre esos aspectos hay muchas y mejores fuentes a las que acudir. Aun así, me gustaría aprovechar estos últimos párrafos para esbozar algunas ideas e insuflar, espero, algo de ánimo.

Existen otras crónicas relacionadas con esta historia, las cuales se entrelazan con el relato científico. Podemos mencionar, por ejemplo, el activismo climático o la búsqueda de energías alternativas. Una de ellas (el negacionismo o la acción irracional de negar la realidad) estaba incluida en el primer esquema de este libro. Por cuestión de espacio y tiempo se ha quedado en el tintero, aunque no me resisto a dejar aquí algunos apuntes. En cualquiera de sus formas, el negacionismo del cambio climático nace de dos opciones: falta de conocimiento o desinformación inten-

El climatólogo Michael E. Mann [Joshua Yospyn].

cionada. La solución en el primer caso es fácil. El desconocimiento se disipa tras preguntar a las personas conocedoras del tema. Ilustremos esto con una pequeña anécdota. Cuando Bert Bolin acudió a Madrid, durante la reunión del IPCC ocurrida en 1995, habló ante el Senado de España y atendió a la prensa para explicar las conclusiones del segundo informe. Frente a las críticas por no poder ofrecer un 100 % de certeza en las deducciones científicas, Bolin respondió: «El sistema climático no es una máquina que el ser humano haya construido y no sabemos todos los detalles, pero los que nos critican todavía saben menos».

La segunda opción (la desinformación intencionada) implica un trasfondo muy turbio, puesto que se ha aceptado lanzar una mentira para lograr algún objetivo. Michael E. Mann, quien sufrió un gran acoso tras la publicación de la gráfica del palo de *hockey*, lo explicaba de la siguiente forma en el documental *Before the Flood*: «A esa gente no le interesa ganar el debate científico, solo necesitan dividir a la ciudadanía». La mayoría de estas campañas provienen de la industria de los combustibles fósiles, son acogidas por ciertos sectores políticos y persiguen confundir a la opinión pública. Dicha acción va en contra de los intereses de la humanidad, restando esperanzas al hacer trastabillar la acción. Resulta, por tanto, lícito responder a este discurso con una pregunta: ¿por qué estás mintiendo?

Los autores de estas mentiras son conscientes del problema desde hace décadas. Recientemente, un estudio publicado en *Science* ha demostrado que, durante las décadas de los setenta y los ochenta del siglo XX, los científicos de la petrolera Exxon estimaron con buena precisión cuál sería el aumento de temperatura, mientras que por otro lado la propia compañía saboteaba las advertencias. Podemos remontarnos incluso más lejos en la línea cronológica. El 4 de noviembre de 1959, el American Petroleum Institute celebró en Nueva York un evento para conmemorar el centenario de la industria petrolera estadounidense. Uno de los ponentes invitados fue Edward Teller, el físico que propondría abrir un canal en Centroamérica con bombas nucleares, quien se dirigió a una audiencia compuesta por más de trescientas personas relacionadas con el mundo del petróleo: «Damas y caballeros, debo hablarles sobre la energía en el futuro». Teller defendió que los combustibles fósiles debían ser complementados con otras fuentes de energía, ya que «se agotarán a medida que utilicemos más y más». Existía además otra razón para buscar «suministros adicionales», porque «siempre que quemas combustible convencional, creas dióxido de carbono». A continuación, detalló cómo el CO_2 absorbía la radiación infrarroja, qué relación tenía con el efecto invernadero y cuál podría ser una de sus consecuencias: «un incremento de la temperatura correspondiente a un aumento del 10 % del CO_2 será suficiente para derretir el casquete polar y sumergir Nueva York».

La incertidumbre en este tema, ese resquicio por el cual se cuelan los argumentos negacionistas, es inquietante. Ojalá tuviéramos una bola de cristal para saber cómo será la Tierra en el año 2100. Lo más parecido que poseemos a este tipo de artilugio es la propia ciencia, la cual nos ofrece pistas sobre cómo podría ser el futuro y pone sobre la mesa una hoja de ruta para evitar los peores escenarios. Según se refleja en el AR6, la temperatura global superficial entre los años 2080 y 2100 será de 1,0 °C a 1,8 °C superior en un escenario de muy bajas emisiones, entre 2,1 °C y 3,5 °C en el caso intermedio y entre 3,3 °C y 5,7 °C si las emisiones son muy altas. Con respecto a los efectos, la regla básica podría ser la siguiente: con cada incremento adicional del calentamiento global, los cambios (olas de calor y sequías más graves, lluvias y ciclones tropicales más intensos, mayor deshielo, subida del nivel del mar, etcétera) también aumentan. Incluso dentro del mejor de los casos, esos 1,5 °C, a los que estamos aspirando.

Quizás lo más trágico de toda esta historia es constatar que nos dirigimos irremediablemente hacia un mundo diferente. Un lugar moldeado por el *Homo sapiens*, pero no a su favor. Tal y como se indica en el AR6, «muchos cambios debidos a emisiones pasadas y futuras de gases de efecto invernadero son irreversibles durante siglos o milenios, especialmente los cambios en el océano, las capas de hielo y el nivel global del mar». Es decir, las emisiones llevadas a cabo desde el año 1750 ya implican cambios en la temperatura de los océanos, cuyo calor se transmitirá a las profundidades, la acidificación de estos, el deshielo de las capas de hielo y el aumento del nivel del mar durante siglos o milenios. Aunque dejemos ahora mismo de liberar CO_2, o incluso comencemos a retirar más que añadimos, algunos cambios seguirán la tendencia y tardarán mucho tiempo en cambiar de rumbo.

Debemos detener cuanto antes esta deriva suicida. El alboroto generado por nuestro gigante está alterando al resto. Una vez más, la ciencia nos advierte al poner el foco sobre los denominados «puntos de inflexión», cuyo estudio y situación es hoy en día objeto de debate académico. Dicho término hace referencia a una serie de puntos que, si son sobrepasados, podrían acelerar aún más los cambios asociados al cambio climático. Estos son, viajando de norte a sur, la reducción del hielo marino en el Ártico, la aceleración del deshielo en Groenlandia, la descongelación del *permafrost*, los incendios en los bosques boreales, la desaceleración de la circulación de vuelco meridional del Atlántico (AMOC), las sequías que afectan a la selva amazónica, la muerte a gran escala de los arrecifes de coral y la pérdida de hielo en las regiones occidental y oriental de la Antártida. La mayoría de estos elementos están conectados. Por tanto, una vez superado uno de ellos, podríamos ser testigos de una cascada de eventos imparables.

Sí, todo lo relatado anteriormente no transmite mucho entusiasmo. Pero es el horizonte que tenemos ante nosotros, el cual debemos encarar con optimismo. Como señalan Christiana Figueres y Tom Rivett-Carnac, en su libro *El futuro por decidir*: «Ante el cambio climático hemos de ser optimistas, no porque el éxito esté asegurado, sino porque el fracaso es inconcebible». El objetivo es, si se me permite el trazo con brocha gorda, sencillo: reducir las emisiones de gases de efecto invernadero. El problema radica en cómo quitar una ficha acomodada durante siglos, la cual, lejos de desencajar con el resto del puzle, sostiene gran parte de la civilización. Los combustibles fósiles, por mencionar la principal causa de emisiones, están impregnados por todas partes. Por otro lado, la transformación del tablero, el ambiente donde se desarrollan las sociedades, nos obliga a buscar la forma de adaptarnos a los cambios que ya están llegando. Este es el complejo rompecabezas que debemos resolver. Sus aristas pueden resultar desalentadoras, pero, tras descomponerlas, descubriremos una

Atasco diario en la autopista, Gurgaon, India, 17 de julio de 2023 [Sudarshan Jha].

larga lista de elementos a través de los cuales podemos actuar. Desde las acciones más pequeñas hasta el impulso de las Cumbres del Clima, tenemos a nuestra disposición múltiples palancas para restar emisiones, adaptarnos y crear un mundo distinto.

Decía Carl Sagan, durante su intervención ante el Senado de Estados Unidos en 1985, que la solución pasaba por fomentar una perspectiva global y transgeneracional. Hoy en día, a pesar de las fronteras que nos empeñamos en dibujar, el *Homo sapiens* ha construido una aldea planetaria, donde todos estamos expuestos a sucesos negativos y positivos. La onda expansiva de una crisis económica o de una pandemia puede recorrer el globo en pocos días; pero también pueden hacerlo los efectos de un acuerdo internacional para poner fin al uso de CFC y proteger así la capa de ozono. Dicha conexión también ocurre a través del tiempo. Con los aciertos y errores del pasado, fabricamos el presente, desde el cual trasladamos al futuro nuevas herramientas y escombros. Por tanto, mientras actuamos a nivel local, igualmente debemos trabajar para fortalecer este enfoque.

El reto del cambio climático también nos invita a ir más allá. Aunque logremos que el carbón, el petróleo y el gas natural sean realmente fósiles de una sociedad del pasado, debemos reflexionar sobre lo que vendrá después. Sea cual sea la estrategia energética que acabemos adoptando, solucionados los retos e impactos que suponga, ¿qué vamos a hacer con esa energía? ¿La usaremos para que el gigante siga extendiendo su influencia sobre la Tierra? ¿Servirá para continuar acorralando al resto de la biosfera? El calentamiento global es uno más de nuestros efectos, el cual va de la mano de impactos como la destrucción de hábitats, la introducción de especies, las extinciones, la contaminación y una larga lista de problemas ambientales. Es necesario, por tanto, ampliar aún más el marco para desechar la visión de las sociedades humanas como algo separado del resto de la Tierra. Queramos verlo o no, formamos parte de la biosfera. Ha llegado el momento de fomentar la metamorfosis del gigante, para así evitar ser engullidos por el planeta azul.

CRONOLOGÍA

La historia del cambio climático es la crónica de un descubrimiento científico, el cual también transmuta en uno de los mayores retos afrontados por la humanidad. A lo largo de este libro, hemos ido saltando en el tiempo para conocer distintos personajes, cuyos caminos han confluido en una historia común. Esta cronología tiene el propósito de reunir las fechas y eventos en una sola línea, de manera que nos ayude a situar los diferentes relatos y además sirva como resumen del viaje que hemos recorrido.

SIGLO XVIII

1712
Thomas Newcomen, ingeniero británico, crea la primera máquina de vapor para retirar agua de las minas.

1750
La concentración de CO_2 se sitúa alrededor de las 280 ppm.

1760
Fecha aproximada del inicio de la Revolución Industrial.

1769
James Watt, ingeniero escocés, patenta la primera máquina de vapor tras mejorar el modelo de Newcomen.

1795
William Herschel, astrónomo germano-británico, asegura que existe vida en el interior del Sol.

1797
William Murdoch, ingeniero escocés, utiliza gas para iluminar su hogar en Redruth (Inglaterra).

1798
En Birmingham, la fábrica Soho Foundry es iluminada con gas gracias al trabajo de William Murdoch.

1800
Herschel descubre la radiación infrarroja en la luz procedente del Sol.

SIGLO XIX

1801

Herschel asegura haber encontrado una correlación entre el mayor precio del trigo y la disminución de las manchas solares.

1807

En Londres, Pall Mall Street se convierte en la primera calle del mundo con alumbrado público.

1818

Göran Wahlenburg, naturalista sueco, tras estudiar la distribución geográfica de las plantas asegura que en el pasado Escandinavia había estado cubierta por capas de hielo.

1824

Joseph Fourier, matemático y físico, descubre el efecto invernadero o *effet de serre*.

1837

Karl Schimper, naturalista alemán, acuña el término «Edad de Hielo».

1840

En su obra *Études sur les glaciers*, el biólogo y geólogo Louis Agassiz defiende que en el pasado hubo una Edad de Hielo durante la cual los glaciares fueron más extensos.

1842

En su libro *Revolutions of the Sea*, el matemático francés Joseph Alphonse Adhémar sugiere la relación entre las glaciaciones y las variaciones orbitales.

1843

Heinrich Schwabe, astrónomo alemán, percibe que el número de manchas solares varía según un ciclo de varios años.

1846

Al noreste de Bakú, actual capital de Azerbaiyán, se perfora el primer pozo petrolífero.

1848

Rudolf Wolf, astrónomo suizo, inicia un proyecto para registrar las manchas solares.

1850

La concentración de CH_4 supera las 800 ppb y la de N_2O se sitúa alrededor de las 273 ppb.

1854

Robert FitzRoy, oficial de la Marina Real Británica, comienza a trabajar en la Met Office para seguir la evolución de la atmósfera desde diversas estaciones meteorológicas costeras.

Urbain Le Verrier, astrónomo y matemático francés, propone recabar datos meteorológicos y usar el telégrafo para evitar las consecuencias de las tormentas en el mar.

1856

Eunice Newton Foote, científica estadounidense, publica el artículo

«Circumstances affecting the heat of the sun's rays», donde señala que el CO_2 contribuyó a mantener un clima cálido en el pasado.

1859

John Tyndall, físico irlandés, identifica diversos gases de efecto invernadero. Entre ellos, el vapor de agua y el CO_2.

Edwin Laurentine Drake, empresario estadounidense, logra excavar con éxito un pozo de petróleo en Titusville (Pensilvania).

1860

Étienne Lenoir, inventor francés, crea el primer motor de combustión interna.

1861

Nikolaus Otto, ingeniero alemán, crea un motor alimentado con gasolina.

1864

James Croll, científico escocés, publica un artículo donde detalla cómo las glaciaciones pueden deberse a las variaciones en la órbita de la Tierra.

1872

Parte la expedición británica Challenger, llevada a cabo entre los años 1872 y 1876, la cual se convertirá en la primera gran campaña oceanográfica del mundo.

1875

William Stanley Jevons, economista inglés, defiende haber hallado una correlación entre el precio del maíz y los ciclos solares.

1876

Nikolaus Otto diseña el motor de combustión interna de cuatro tiempos.

1878

Gerard De Geer, geólogo sueco, propone usar las varvas como un registro de las glaciaciones y demostrar así su vinculación con las variaciones orbitales.

1879

Thomas Alva Edison, inventor estadounidense, inventa la bombilla eléctrica.

1882

En Manhattan, se pone en marcha la Pearl Street Station, considerada como la primera central eléctrica comercial.

En Londres, comienza a funcionar la central eléctrica Holborn Viaduct, considerada la primera en generar energía para uso público.

1886

Los primeros automóviles del mundo son fabricados de forma independiente por los ingenieros alemanes Karl Benz y Gottlieb Daimler.

1889

Gustav Spörer, astrónomo alemán, identifica un periodo entre los años 1645 y 1715 donde las manchas solares habían disminuido de forma notable.

1892

Rudolf Diesel, ingeniero alemán, diseña un nuevo motor de combustión interna, cuyo combustible era el gasóleo o diésel.

1894

Edward Maunder, astrónomo inglés, continúa el trabajo de Spörer para identificar un mínimo prolongado de manchas solares.

Agnes M. Clerke, astrónoma irlandesa, propone estudiar el registro de las auroras para conocer la actividad solar.

1896

Svante Arrhenius, científico sueco, vincula el origen de las glaciaciones con las concentraciones atmosféricas de CO_2. También relaciona el incremento de dicho gas con las actividades humanas y un futuro calentamiento del planeta, el cual clasifica como positivo.

1900

Knut Ångström, físico sueco, refuta erróneamente el argumento de Arrhenius al asegurar que el CO_2 no afecta al efecto invernadero.

La concentración de CO_2 ha sobrepasado las 300 ppm.

SIGLO XX

1903

Los hermanos Wilbur y Orville Wright, ingenieros estadounidenses, pilotan el primer avión.

1908

Henry Ford, empresario estadounidense, fabrica el primer automóvil familiar, el Modelo T.

1909

Albrecht Penck y Eduard Brückner, geógrafos alemanes, publican *Die Alpen im Eiszeitalter*, donde identifican cuatro periodos glaciales durante el Pleistoceno: Günz, Mindel, Riss y Würm.

1912

Milutin Milankovitch, científico serbio, utiliza las matemáticas para describir el clima de la Tierra en función de la radiación solar recibida. Su teoría matemática también podría ser aplicada para conocer el clima de otros planetas.

Vilhelm Bjerknes, meteorólogo noruego, promueve la publicación de mapas meteorológicos basados en datos recabados en distintos puntos de Europa.

1913

Tras poner en marcha un sistema de fabricación en cadena, Ford logra la fabricación de mil coches al día.

1914

Comienza la Primera Guerra Mundial. El conflicto durará hasta el año 1918.

1922

Lewis Fry Richardson, científico inglés, publica el libro *Weather Prediction by Numerical Process*, donde detalla cómo las matemáticas son la herramienta para lograr el pronóstico del tiempo meteorológico.

1930

Milankovitch publica el libro *Mathematische Klimalehre und astronomische Theorie der Klimaschwankungen*, en el cual defiende la hipótesis astronómica que vincula las variaciones orbitales con cambios climáticos como las glaciaciones.

1938

Guy Stewart Callendar, ingeniero inglés, explica el presente calentamiento global al vincularlo con las concentraciones de CO_2 y el efecto invernadero.

1939

Se inaugura la Feria Mundial de Nueva York, cuyo lema era «The World of Tomorrow».

Un artículo de la revista *Time* se hace eco del calentamiento global registrado por meteorólogos de varios países.

Comienza la Segunda Guerra Mundial. El conflicto durará hasta el año 1945.

1945

En el desierto de Jornada del Muerto (Nuevo México), Estados Unidos realiza la prueba Trinity, en la cual se detona la primera bomba nuclear.

Estados Unidos bombardea las ciudades japonesas de Hiroshima y Nagasaki con bombas atómicas.

John Presper Eckert y John William Mauchly, ingenieros estadounidenses, crean la computadora ENIAC.

1946

Estados Unidos comienza a realizar pruebas nucleares en el atolón Bikini. Los ensayos durarán hasta el año 1958.

Willard Libby, químico y físico estadounidense, desarrolla la técnica de datación por carbono-14.

1947

Harold Hurey, químico estadounidense, demuestra que los isótopos de oxígeno presentes en fósiles pueden ser usados en la investigación paleoclimática.

Un artículo del *The New York Times* recoge las preocupaciones de Hans Ahlmann, glaciólogo sueco, sobre el deshielo de glaciares en el Ártico y el aumento del nivel del mar.

1950

Los meteorólogos Jule Gregory Charney y Ragnar Fjørtoft, el matemático John von Neumann y la programadora Klára Dán, logran predecir el tiempo meteorológico gracias a los cálculos de ENIAC.

1955

Hans Suess, físico químico estadounidense, atribuye las distintas proporciones de isótopos de carbono detectadas en muestras de madera a las emisiones humanas.

Cesare Emiliani, geólogo italiano, utiliza los isótopos de oxígeno presentes en conchas de foraminíferos fósiles para determinar las temperaturas ocurridas durante las glaciaciones.

1956

Norman Phillips, meteorólogo estadounidense, crea el primer modelo matemático que muestra de forma realista la circulación general de la atmósfera.

Gilbert Plass, físico canadiense, demuestra que el CO_2 tiene un papel relevante en el efecto invernadero. Atribuye así el inicio de las glaciaciones a una disminución del CO_2 e identifica las emisiones humanas como la causa de un calentamiento, el cual supondrá un «grave problema».

1957

Comienza el Año Geofísico Internacional.

Roger Revelle, oceanógrafo estadounidense, y Suess publican un artículo donde detallan cómo los océanos no absorberán rápidamente el CO_2 emitido por los humanos.

La Unión Soviética lanza el satélite Sputnik.

1959

El American Petroleum Institute celebra un evento para conmemorar el centenario de la industria petrolera estadounidense. Edward Teller, físico húngaro, imparte una conferencia donde relaciona el uso de combustibles fósiles con las emisiones de CO_2, el aumento de la temperatura y el deshielo de los polos.

1958

Charles David Keeling, científico estadounidense, comienza a medir la concentración de CO_2 atmosférico desde Mauna Loa, en Hawái. El primer registro indica un nivel de 313 ppm.

1960

Se crea el grupo JASON, conformado por científicos, para asesorar al Gobierno de Estados Unidos en materia de defensa.

1961

J. Murray Mitchell Jr., climatólogo estadounidense, halla una correlación entre las erupciones volcánicas y el enfriamiento del clima.

Edward Lorenz, matemático y meteorólogo estadounidense, descubre fortuitamente los primeros indicios de la teoría del caos mientras desarrolla un modelo para estudiar el funcionamiento del clima.

1962

La sonda espacial Mariner 2, enviada por la NASA, confirma que en Venus la temperatura media es de unos 460 °C.

1963

Murray, tras analizar datos del proyecto World Weather Records, asegura que el clima de la Tierra había comenzado a enfriarse desde la década de 1940.

En la isla de Bali (Indonesia), se produce la erupción del volcán Monte Agung.

1965

Wallace Broecker, geofísico estadounidense, defiende la hipótesis de Milankovitch tras llevar a cabo diversos estudios de paleoclimatología usando muestras de arrecifes de coral.

Lyndon Johnson, trigésimo sexto presidente de Estados Unidos, da un discurso ante el Congreso donde identifica al CO_2 como una amenaza «*procedente de la quema de combustibles fósiles*».

1966

Emiliani, tras estudiar núcleos de sedimentos oceánicos, asegura que «*una nueva glaciación comenzará dentro de unos pocos miles de años*».

En Camp Century, base estadounidense en Groenlandia, se logra perforar hasta la base del hielo a una profundidad de 1.387 m para extraer muestras paleoclimáticas.

1967

Syukuro Manabe, meteorólogo y climatólogo japonés, incluye el papel de diferentes gases de efecto invernadero en los modelos climáticos. Su investigación muestra que, si se duplican las concentraciones de CO_2, se producirá un calentamiento de 2,36 °C.

La sonda soviética Venera 4 identifica al CO_2 como el principal gas de efecto invernadero causante de las altas temperaturas de Venus.

Se establece el Programa de Investigación Atmosférica Global (GARP), cuyo presidente es el meteorólogo sueco Bert Bolin.

1968

En la base estadounidense Byrd, situada en la Antártida, se logra perforar hasta la base del hielo a una profundidad de 2.164 m para extraer muestras paleoclimáticas.

Reid Bryson, meteorólogo estadounidense, demuestra la correlación entre los aerosoles de origen humano, el incremento de la turbidez atmosférica y el enfriamiento del clima.

Se produce el primer vuelo del avión supersónico Túpolev Tu-144, desarrollado por la Unión Soviética.

1969

Bernt Balchen, explorador noruego, asegura que la capa de hielo en el océano Ártico está disminuyendo año tras año.

Walter Sullivan, periodista estadounidense, publica un artículo en el *New York Times* donde relata el debate científico en torno al calentamiento o enfriamiento del clima.

Gordon MacDonald, geofísico estadounidense, inicia dentro de los JASON un proyecto para tratar de modelar el cambio climático.

Se produce el primer vuelo del avión supersónico Concorde, desarrollado por Francia y Reino Unido.

1970

Paul J. Crutzen, químico neerlandés, publica un artículo donde detalla cómo el N_2O puede destruir el ozono.

1971

Ichtiaque Rasool, experto en atmósfera planetarias de la NASA, y Stephen Schneider, climatólogo estadounidense, desarrollan un modelo según el cual los aerosoles artificiales podrían desencadenar una glaciación.

Crutzen advierte que el N_2O producido por una gran flota de aviones supersónicos tendrá consecuencias negativas sobre la capa de ozono.

1972

George Kukla, climatólogo checoslovaco, y Robley Matthews, geólogo estadounidense, remiten al presidente Richard Nixon una carta donde urgen a Estados Unidos a tomar medidas frente a una futura glaciación.

Mikhail Budyko, climatólogo ruso, publica un artículo donde asegura que las emisiones de CO_2 supondrán el aumento de las temperaturas y el deshielo del Ártico.

1973

Nicholas Shackleton, paleoclimatólogo inglés, demuestra la hipótesis de Milankovitch tras estudiar muestras del núcleo Vema 28-238.

Se produce la primera crisis del petróleo.

1974

La BBC emite el programa *The Weather Machine*, en el cual se habla sobre la amenaza de una futura glaciación.

James Hansen, climatólogo estadounidense, demuestra junto a su equipo de la NASA que Venus está cubierto por una capa de nubes conformada principalmente por ácido sulfúrico.

Mario Molina, ingeniero químico mexicano, y Frank Sherwood Rowland, químico estadounidense, publican un artículo donde identifican los CFC como una amenaza para la capa de ozono.

1975

Veerabhadran Ramanathan, climatólogo indio, publica un artículo donde señala el papel de los CFC como gases de efecto invernadero.

1976

John A. Eddy, astrónomo estadounidense, publica un artículo donde demuestra que se produjo un mínimo prolongado de manchas solares o Mínimo de Maunder.

1978

Hansen y su equipo de la NASA logran desarrollar un modelo que explica el enfriamiento producido tras la erupción del volcán monte Agung.

La NASA lanza el satélite Nimbus 7, el cual ayudará a registrar las variaciones de la actividad solar.

Un informe de la Environmental Protection Agency (EPA) advierte que el uso de combustibles fósiles conlleva emisiones de CO_2, aumento de las temperaturas y cambios climáticos «dañinos».

La concentración de CO_2 se sitúa alrededor de las 335 ppm.

1979

Lorenz sintetiza la teoría del caos con su famosa frase: «El aleteo de una mariposa en Brasil, ¿provoca un tornado en Texas?».

Un informe de los JASON, basado en el modelo de MacDonald, advierte que la temperatura subirá unos 2,4 °C si se duplica la concentración de CO_2.

Jule Charney, meteorólogo estadounidense, organiza una reunión de expertos en Wood Hole para tratar la cuestión del cambio climático. El Informe Charney concluye que «el calentamiento global más probable para una duplicación del CO_2 es de cerca de 3 °C».

La Organización Meteorológica Mundial celebra en Ginebra (Suiza) la Primera Conferencia Mundial Sobre el Clima.

La serie *Cosmos*, presentada por el astrónomo y divulgador estadounidense Carl Sagan, dedica su último episodio a la amenaza que supone una guerra nuclear.

Se produce la segunda crisis del petróleo.

1980

Ramanathan publica un artículo donde analiza el papel de otros gases de efecto invernadero emitidos por las actividades humanas: CH_4, N_2O, CFC y O_3.

1981

Hansen y su equipo de la NASA publican un estudio donde detallan cómo la temperatura promedio de la Tierra, a pesar del enfriamiento producido por los aerosoles artificiales, ha aumentado aproximadamente 0,4 °C entre los años 1880 y 1978.

La NASA lanza el satélite Explorer 64, el cual, entre otros cometidos, medirá los niveles de ozono terrestres.

Ronald Reagan es elegido como el cuadragésimo presidente de los Estados Unidos.

1982

Teller asesora a Reagan para la construcción de la Iniciativa de Defensa Estratégica o SDI.

1983

Reagan anuncia en un discurso televisado su intención de poner en marcha la SDI o *Star Wars*.

El *Bulletin of the Atomic Scientist* publica una carta firmada por el físico estadounidense Richard L. Garwin, Sagan y una treintena de expertos que se oponen al desarrollo de la SDI.

Los científicos Richard Turco, O. Brain Toon, Thomas Ackerman, James Pollack y Sagan llevan a cabo el desarrollo de un modelo para analizar los efectos de una guerra nuclear. El modelo TTAPS muestra cómo la humanidad podría internarse en un invierno nuclear.

1985

En Austria tiene lugar la Conferencia de Villach, cuya Declaración asegura que «los gases de efecto invernadero serán la causa más importante del cambio climático durante el próximo siglo».

En la base soviética Vostok, situada en la Antártida, se logra reunir una secuencia de núcleos de hielo de unos 2 km de largo, la cual ofrece datos paleoclimáticos de hasta ciento cincuenta mil años.

En el Senado de Estados Unidos, el político Al Gore organiza una sesión para hablar sobre el efecto invernadero. Comparecen, entre otros, Sagan, Manabe y MacDonald.

Los científicos británicos Jonathan Shanklin, Joe Farman y Brian Gardiner publican un artículo donde advierten que el uso de CFC ha supuesto la aparición de un agujero en la capa de ozono sobre la Antártida.

1986

Susan Solomon, química atmosférica estadounidense, dirige una expedición a la Antártida, la cual logrará explicar por qué se produce el agujero de ozono.

Varias organizaciones internacionales crean el Grupo Asesor sobre Gases de Efecto Invernadero (AGGG).

1987

En Canadá, se aprueba el Protocolo de Montreal, cuyo objetivo persigue proteger la capa de ozono mediante la eliminación de gases como los CFC.

Tras una reunión del AGGG en Bellagio (Italia), se propone limitar el calentamiento a no más de 0,1 °C por década y se identifica el límite de 2 °C, con respecto a la temperatura preindustrial, tras el cual la humanidad se enfrentaría a graves consecuencias.

1988

Una gran sequía, la cual se prolongará hasta el año 1990, afecta a gran parte del territorio de Estados Unidos.

Hansen declara ante el Senado de Estados Unidos, donde asegura que el cambio climático provocado por el aumento de CO_2 se está produciendo «ahora».

En Canadá tiene lugar la Conferencia de Toronto, donde se señala que es «imperativo actuar ahora».

Se crea el Grupo Intergubernamental de Expertos sobre el Cambio Climático o IPCC, cuyo primer presidente es Bolin.

La concentración de CO_2 se sitúa alrededor de las 350 ppm.

1989

George H. W. Bush es elegido como el cuadragésimo primer presidente de los Estados Unidos.

1990

Se publica el primer informe del IPCC o *First Assessment Report* (FAR), donde se concluye que se ha producido un calentamiento global.

1992

En Brasil, tiene lugar la Cumbre de la Tierra de Río de Janeiro organizada por la ONU. Más de ciento cincuenta países firman la Convención Marco de las Naciones Unidas sobre el Cambio Climático, en la cual se establece como objetivo la «estabilización de las concentraciones de gases de efecto invernadero en la atmósfera a un nivel que evite la peligrosa interferencia antropogénica en el sistema climático».

1993

Bill Clinton es elegido como el cuadragésimo segundo presidente de los Estados Unidos. Su vicepresidente es Al Gore.

1995

Benjamin D. Santer, climatólogo estadounidense, presenta el descubrimiento de una huella dactilar del cambio climático antropogénico en la atmósfera: el calentamiento de la troposfera frente al enfriamiento de la estratosfera.

Se publica el segundo informe del IPCC o *Second Assessment Report* (SAR), en el cual se asegura que «el conjunto de pruebas sugiere que hay una influencia humana discernible en el clima global».

En Alemania, tiene lugar la Cumbre Mundial del Clima de Berlín o COP 1.

En la Antártida, la plataforma de hielo Larsen A desaparece al desintegrarse 2000 km² de hielo.

1997

En Japón, tiene lugar la COP 3, en la cual se aprueba el Protocolo de Kioto.

La concentración de CO_2 se sitúa alrededor de las 360 ppm.

1998

Un evento de blanqueamiento masivo «sin precedentes» provoca la muerte del 8 % de los arrecifes de coral del mundo.

1999

Michael E. Mann, climatólogo y geofísico estadounidense, presenta la gráfica del palo de *hockey*, la cual muestra la evolución de la temperatura en los últimos mil años.

Los biólogos marinos Joan Kleypas y Ove Hoegh-Guldberg, advierten sobre las consecuencias «terribles» y «nefastas» que tendrán la acidificación de los océanos y el cambio climático sobre los arrecifes de coral.

SIGLO XXI

2001

Se publica el tercer informe del IPCC o *Third Assessment Report* (TAR), el cual concluye que «las influencias humanas en el clima probablemente ya son detectables».

George W. Bush es elegido como el cuadragésimo tercer presidente de los Estados Unidos tras vencer en las elecciones a Al Gore. Bush anuncia que su país no ratificará el Protocolo de Kioto.

2002

En la Antártida, colapsa la plataforma de hielo Larsen B al perderse un bloque de hielo de 3250 km².

En Australia, la Gran Barrera de Coral sufre un segundo evento masivo de blanqueamiento.

2004

Tras la petición de Vladímir Putin, la Duma Estatal aprueba que Rusia ratifique el Protocolo de Kioto.

2005

La concentración de CO_2 se sitúa alrededor de las 380 ppm.

2007

Se publica el cuarto informe del IPCC o *Fourth Assessment Report* (AR4), el cual concluye que «las influencias humanas en el clima muy probablemente ya son detectables».

2009

Barack Obama es elegido como el cuadragésimo cuarto presidente de los Estados Unidos.

En Copenhague (Dinamarca) tiene lugar la COP 15 o *Hopenhagen*, donde fracasa el intento de reemplazar el Protocolo de Kioto. El Acuerdo de Copenhague, impulsado por Obama, no logra despejar la sensación de «auténtico desastre».

2013

La concentración de CO_2 ha sobrepasado las 400 ppm.

2014

Se publica el quinto informe del IPCC o *Fifth Assessment Report* (AR5), el cual advierte que «se han alcanzado unas concentraciones atmosféricas de dióxido de carbono, metano y óxido nitroso sin parangón, como mínimo, en los últimos 800.000 años».

En Lima (Perú) tiene lugar la COP 20, donde Obama y el presidente chino Xi Jinping llegan a un acuerdo para que sus respectivos países reduzcan las emisiones de gases de efecto invernadero.

2015

En París (Francia) tiene lugar la COP 21, donde 195 naciones aprueban el Acuerdo de París, en el cual se marcan dos objetivos principales: que en 2100 el incremento de temperatura se haya limitado a 2 °C con respecto a los niveles industriales y trabajar para que dicho límite sea realmente 1,5 °C.

En la base argentina Esperanza, situada en la península antártica, se registra una temperatura récord de 17,5 °C.

En Australia, el roedor *Melomys rubicola* es la primera especie de mamífero extinta por el cambio climático antropogénico, tras sufrir la subida del nivel del mar y la posterior destrucción de su hábitat.

The Blob, una ola de calor marina iniciada en 2013 en el océano Pacífico, ha supuesto la muerte de millones de peces, aves y mamíferos marinos a lo largo de la costa de América del Norte.

2016

En la Antártida, una grieta de 110 km de largo es detectada en la plataforma de hielo Larsen C.

En Australia, la Gran Barrera de Coral sufre un tercer evento masivo de blanqueamiento.

2017

Donald Trump es elegido como cuadragésimo quinto presidente de los Estados Unidos. Trump anuncia que su país abandonará el Acuerdo de París: «Fui elegido para representar a los ciudadanos de Pittsburgh, no de París».

En la Antártida, el iceberg A-68 se desprende de la plataforma de hielo Larsen C tras seccionarse unos 5800 km^2 de hielo.

En Australia, la Gran Barrera de Coral sufre un cuarto evento masivo de blanqueamiento.

2018

El IPCC publica el *Informe Especial sobre Calentamiento Global de 1,5 °C*, en el cual predice que el 70 y el 90 % de los arrecifes de coral del mundo desaparecerán ante un calentamiento global de 1,5 °C.

2019

La concentración de CO_2 se sitúa alrededor de las 410 ppm, las de CH_4 en 1866 ppb y las de N_2O en 332 ppb.

2020

En la base argentina Esperanza, situada en la península antártica, se registra un nuevo récord de temperatura: 18,3 °C.

En Verkhoyansk, ciudad rusa situada en la región de Siberia, tras una ola de calor se registra la temperatura más alta del Ártico: 38 °C.

En Australia, la temporada de incendios 2019-2020 ha afectado a una superficie de más de 240 000 km^2 y provocado la muerte o desplazamiento de aproximadamente tres mil millones de animales.

En Australia, la Gran Barrera de Coral sufre un quinto evento masivo de blanqueamiento.

2021

Se publica el sexto informe del IPCC o *Sixth Assessment Report (AR6)*, donde se asegura que la influencia humana sobre el calentamiento de la atmósfera, el océano y la tierra es «inequívoca».

En Glasgow (Escocia) tiene lugar la COP 26, donde los países acuerdan limitar el calentamiento en 1,5 °C, ya que, desde la comunidad científica, se ha advertido que llegar a los 2 °C será muy peligroso.

2022

En Sharm el-Sheikh (Egipto) tiene lugar la COP 27, donde los países acuerdan la creación de un fondo de financiación para pérdidas y daños, mediante el cual las naciones en desarrollo puedan hacer frente a los impactos del cambio climático.

En Australia, la Gran Barrera de Coral sufre un sexto evento masivo de blanqueamiento.

2023

La concentración de CO_2 se sitúa alrededor de las 419 ppm.

Desde la era preindustrial, la temperatura global ha ascendido unos 1,1 °C.

Desde 1955, el calor absorbido por los océanos alcanza alrededor de los 345 zettajulios.

Desde 1979, la extensión mínima de hielo marino en el Ártico ha disminuido alrededor de un 12,6 % por década.

Desde 1993, el nivel del mar ha ascendido cerca de 10 cm.

Desde 2002, las capas de hielo terrestre de la Antártida y Groenlandia han perdido aproximadamente cuatrocientos veintisiete mil millones de toneladas métricas por año.

BIBLIOGRAFÍA

La información sobre el cambio climático es tan extensa como el propio problema. Cualquier incursión en el tema puede acabar derivando en una asfixiante avalancha de fuentes, referencias y datos. Aunque, si queremos tener éxito a la hora de solucionar el problema, debemos aprender a no sucumbir en esta tarea por mantenernos informados. Atesorar conocimiento y compartirlo con quienes estén a nuestro alrededor también es una forma de combatir el cambio climático.

Al margen de las referencias específicas de cada capítulo, estos libros me han servido de gran ayuda a la hora de documentarme y comprender el tema:

Weart, S., *El calentamiento global. Historia de un descubrimiento científico*, Editorial Laetoli.

Rich, N., *Perdiendo la Tierra. La década en que podríamos haber detenido el cambio climático*, Editorial Capitán Swing.

Conway, E. y Oreskes, N., *Mercaderes de la duda: Cómo un puñado de científicos ocultaron la verdad sobre el calentamiento global*, Editorial Capitán Swing.

Krauss, L. M., *El cambio climático: La ciencia ante el calentamiento global*, Editorial Pasado y Presente.

Lieberman, B. y Gordon, E., *El cambio climático en la historia de la humanidad*, Editorial Almuzara.

Escrivà García, A., *Aún no es Tarde: Claves para entender y frenar el cambio climático*, Publicacions de la Universitat de València.

Jahren, H., *El afán sin límite: Cómo hemos llegado al cambio climático y qué hacer a partir de ahí*, Ediciones Paidós Ibérica.

Figueres, C. y Rivett-Carnac, T., *El futuro por decidir*, Editorial Debate.

Moreno, I., *Cambio climático para principiantes*, Editorial Plan B.

Viñas Rubio, J. M., *Nuestro reto climático*, Editorial Alfabeto.

Tapiador, F. J., *El clima de tus hijos: Cómo prepararte para la emergencia climática*, Editorial Next Door.

Rodríguez Ros, P., *Argonauta: Peripecias modernas entre el océano y el cambio climático*, Editorial Raspabook.

León Panal, Á. L., Martín Cobos, F. y Martínez López, A., *Cambio Climático. Causas, Consecuencias y Soluciones*, Editorial LIBSA.

Estas son algunas de las web que más he utilizado como referencia:

The Discovery of Global Warming: history.aip.org/climate

Global Monitoring Laboratory, de la NOAA: gml.noaa.gov

Climate.gov (NOAA)

Climate.nasa.gov (NASA)

Skeptical Science: skepticalscience.com

Times Machine, de *The New York Times*: timesmachine.nytimes.com

C-SPAN: www.c-span.org

Our World in Data: ourworldindata.org

Darwin Correspondence Project: www.darwinproject.ac.uk

Para este proyecto he consultado los informes del IPCC, en especial el Sixth Assessment Report (AR6), que está disponible en la web www.ipcc.ch. Con respecto a la cobertura periodística de las Cumbres del Clima, he utilizado principalmente el seguimiento realizado desde The Guardian, Climática y El País. También han resultado de mucha utilidad los diferentes análisis y artículos publicados en The Conversation. Finalmente, tanto la versión en inglés de Wikipedia como la Enciclopedia Británica (britannica. com) me han ayudado a rastrear fuentes, consultar datos y refrescar conceptos.

I LA TIERRA VERDE QUE ENGULLÓ A LOS VIKINGOS

Diamond, J., *Colapso. Por qué unas sociedades perduran y otras desaparecen*, Debolsillo.

Douglas Price, T., «Introduction: New Approaches to the Study of the Viking Age Settlement across the North Atlantic», *Journal of the North Atlantic*.

Kintisch, E., «Why did Greenland's Vikings disappear?», *Science*.

Zorich, Z., «Los vikingos que desaparecieron de Groenlandia», *Investigación y ciencia*.

Bailón, F., «Vikingos, los colonos de Groenlandia», *National Geographic*.

«Study shows that Vikings enjoyed a warmer Greenland», *EurekAlert*.

Schembri, F., «This walrus tusk trinket may shed light on the early days of Viking trading», *Science*.

Curry, A., «Vikings shipped walrus ivory from Greenland to Kyiv, ancient skulls show», *Science*.

Zhao, B., *et al.*, «Prolonged drying trend coincident with the demise of Norse settlement in southern Greenland», *Science*.

«Over-hunting walruses contributed to the collapse of Norse Greenland, study suggests», *EurekAlert*.

«Extinction of Icelandic walrus coincides with Norse settlement», *EurekAlert*.

Marcos, A., «Los vikingos ya estaban presentes en América hace exactamente 1.000 años», *SINC*.

II ¿QUIÉN ENFRIÓ LA TIERRA?

Bryson, B., *Una breve historia de casi todo*, Editorial RBA Bolsillo.

Ortiz, D. y Jackson, R., «Understanding Eunice Foote's 1856 experiments: heat absorption by atmospheric gases», *The Royal Society Journal of the History of Science*.

Peinado Lorca, M., «Eunice Foote, la primera científica (y sufragista) que teorizó sobre el cambio climático», *The Conversation*.

Brahin, J., «Eunice Newton Foote (1819-1888), la climatóloga que descubrió el abrigo del planeta Tierra en el sudor de los gases, salivó igualdad y fue carbonizada por el efecto Tyndall», *Mujeres con Ciencia*.

Schwartz, J., «Overlooked No More: Eunice Foote, Climate Scientist Lost to History», *The New York Times*.

Hernández, P. J., «El descubrimiento de las eras glaciales y el efecto invernadero», *Naukas*.

Tomé López, C., «Neptunistas y plutonistas», *Cultura Científica*.

Enric Llebot, J., «Svante Arrhenius, Los albores del cambio climático», *Medi ambient, tecnología i cultura*.

«Venus is next», *The New York Times*, 22 de mayo de 1922.

III EL GIGANTE QUE MOLDEAMOS CON NUESTRAS MANOS

Dartnell, L., *Orígenes*, Editorial Debate.
Asimov, I., *Cómo descubrimos el petróleo*, Editorial Molino.
Taylor, A., «The 1939 New York World's Fair», *The Atlantic*.
Bejerano, P. G., «Futurama o cómo se veía el futuro en 1939», *elDiario.es*.
Pain, S., «Power through the ages», *Nature*.
Nunez, C., «What are fossil fuels?», *National Geographic*.
Merino, Á., «El mapa de la energía fósil en Europa», *El Orden Mundial*.
Planelles, M., «La humanidad sigue enganchada al petróleo, al gas natural y al carbón», *El País*.

IV LA SOMBRA DEL GIGANTE HUMANO

«Warming Arctic Climate Melting Glaciers Faster, Raising Ocean Level, Scientist Says», *The New York Times*, 29 de mayo de 1947.
«Science: Warmer World», *Times*, 2 de enero de 1939.
Stewart Callendar, G., «The artificial production of carbon dioxide and its influence on temperature», *Quarterly Journal of the Royal Meteorological Society*.
Stewart Callendar, G., «The Composition of the Atmosphere Through the Ages», *The Meteorological Magazine*.
Dee, S. G., «A mild-mannered biker triggered a huge debate over humans' role in climate change – in the early 20th century», *The Conversation*.
Hernández, P. J., «Permíteme que insista: 77 años de advertencias sobre el cambio climático», *Naukas*.
Norman Plass, G., «Carbon Dioxide and the Climate», *American Scientist*.
Kaempffert, W., «Science in Review. Warmer Climate on the Earth May Be Due To More Carbon Dioxide in the Air», *The New York Times*, 28 de octubre de 1956.
Marcos, A., «Así han repercutido los ensayos nucleares en la atmósfera», *SINC*.
Revelle, R. y Suess, H. E., «Carbon Dioxide Exchange Between Atmosphere and Ocean and the Question of an Increase of Atmospheric CO2 during the Past Decades», *Tellus*.
Munk, W. H., «Tribute to Roger Revelle and his contribution to studies of carbon dioxide and climate change», *PNAS*.
Caldeira, K.; Rau, G. H. y Duffy, P. B., «Predicted net efflux of radiocarbon from the ocean and increase in atmospheric radiocarbon content», *Geophysical Research Letters*.
Keeling, C. D., «Is Carbon Dioxide from Fossil Fuel Changing Man's Environment?», *Proceedings of the American Philosophical Society*.
Gillis, J., «A Scientist, His Work and a Climate Reckoning», *The New York Times*.

«Las emisiones globales de CO2 se acercan a niveles prepandemia», *SINC*.

«El CO_2 en la atmósfera marcó un nuevo récord en 2020 pese a la pandemia», *EFEverde*.

Wilks, J., «¿Qué efectos ha tenido la erupción del volcán de La Palma en el cambio climático?», *Euronews*.

Ritchie, H., «Sector by sector: where do global greenhouse gas emissions come from?», *Our World in Data*.

V LA HELADORA DANZA CELESTIAL

Emiliani, C., «Pleistocene Temperatures», *The Journal of Geology*.

Shackleton, N. J. y Opdyke, N. D., «Oxygen isotope and palaeomagnetic stratigraphy of Equatorial Pacific core V28-238: Oxygen isotope temperatures and ice volumes on a 105 year and 106 year scale», *Quaternary Research*.

Hays, J. D.; Imbrie, J. y Shackleton, N. J., «Variations in the Earth's Orbit: Pacemaker of the Ice Ages», *Science*.

VI LOS SECRETOS OCULTOS EN EL CIELO

Viñas Rubio, J. M., *El tiempo*, Editorial Shackleton books.

Pudykiewicz, J. y Brunet, G., «Chapter 18. The first hundred years of numerical weather prediction», *Large Scale Disasters. Prediction, Control and Mitigation*, Cambridge University Press.

Witman, S., «The Unheralded Contributions of Klara Dan von Neumann», *Smithsonian Magazine*.

Macho Stadler, M., «Klára Dán Von Neumann, desconocida pionera de la programación», *Mujeres con Ciencia*.

Pérez, T. E.; Raya Prida, R. y Santos Aláez, E., «Las chicas del ENIAC (1946-1955)», *Mujeres con Ciencia*.

Charney, J. G.; Fjörtoft, R. y Von Neumann, J., «Numerical Integration of the Barotropic Vorticity Equation», *Tellus*.

Phillips, N. A., «The general circulation of the atmosphere: A numerical experiment», *Quarterly Journal of the Royal Meteorological Society*.

Bolin, B., «Studies of the General Circulation of the Atmosphere», *Advances in Geophysics*.

Lorenz, E. N., «Deterministic Nonperiodic Flow», *Journal of the Atmospheric Sciences*.

Weart, S., «Boulder 1965: Is the climate unstable?», *National Center for Science Education*.

Johnson, L. B., «Special Message to the Congress on Conservation and Restoration of Natural Beauty», *The American Presidency Project*.

Restoring the quality of our environment. Report of The Environmental Pollution Panel President's Science Advisory Committee

«Nobel de Física 2021 para la comprensión de los sistemas complejos, como el clima», *SINC*.

Raj Tiwari, P., «Nobel prize: why climate modellers deserved the physics award – they've been proved right again and again», *The Conversation*.

Forster, P., «The most influential climate science paper of all time», *The Conversation*.

Manabe, S. y Wetherald, R. T., «Thermal Equilibrium of the Atmosphere with a Given Distribution of Relative Humidity», *Journal of the Atmospheric Sciences*.

«"I never thought climate would become such a big problem": Japan-born Nobel Prize winner», *The Mainichi*.

VII EL FANTASMA DE LA EDAD DE HIELO

Sullivan, W., «Expert Says Arctic Ocean Will Soon Be an Open Sea», *The New York Times*, 20 de febrero de 1969.

Landsberg, H. E., «Man-Made Climatic Changes: Man's activities have altered the climate of urbanized areas and may affect global climate in the future», *Science*.

Rasool, S. I. y De Bergh, C., «The Runaway Greenhouse and the Accumulation of CO2 in the Venus Atmosphere», *Nature*.

Rasool, S. I. y Schneider, S. H., «Atmospheric Carbon Dioxide and Aerosols: Effects of Large Increases on Global Climate», *Science*.

Kukla, G. J. y Matthews, R. K., «When Will the Present Interglacial End?», *Science*.

«Another Ice Age?», *Time*, 24 de junio de 1974.

Carta de G. J. Kukla y R. K. Matthews remitida a Richard Nixon en diciembre de 1972.

The Weather Machine. Programa de la BBC emitido en 1974.

Peterson, T. C.; Connolley, W. M. y Fleck, J., «The myth of the 1970s global cooling scientific consensus», *Bulletin of the American Meteorological Society*.

Luke Naylor, R., «Reid Bryson: The crisis climatologist», *WIREs Climate Change*.

Murray Mitchell Jr., J., «Recent secular changes of global temperature», *Annals of the New York Academy of Sciences*.

«J. Murray Mitchell, Climatologist Who Foresaw Warming Peril», *The New York Times*, 8 de octubre de 1990.

Broecker, W. S., «Climatic Change: Are We on the Brink of a Pronounced Global Warming?», *Science*.

VIII ¿HAY MONTAÑAS EN EL SOL?

Herschel, W., «Observations tending to investigate the nature of the sun, in order to find the causes or symptoms of its variable emission of light and heat; with remarks on the use that may possibly be drawn from solar observations», *Philosophical Transactions of the Royal Society of London*.

Herschel, W., «On the Nature and Construction of the Sun and Fixed Stars», *Philosophical Transactions of the Royal Society of London*.

Basalla, G., *Civilized Life in the Universe: Scientists on Intelligent Extraterrestrials*, Oxford University Press.

Simon, M., «Fantastically Wrong: Why the Guy Who Discovered Uranus Thought There's Life on the Sun», *Wired*.

Eddy, J. A., «The Maunder Minimum: The reign of Louis XIV appears to have been a time of real anomaly in the behavior of the sun», *Science*.

Foukal, P.; Fröhlich, C.; Spruit, H. y Wigley, T. M. L., «Variations in solar luminosity and their effect on the Earth's climate», *Nature*.

IX EL MAYOR DESAFÍO PARA LA HUMANIDAD

MacDonald, G. J. F., «How to Wreck the Environment», *Unless Peace Comes*, Viking Press.

Weiss, M., «CO2 Could Change Our Climate and Flood the Earth—Up to Here», *People*.

The Long Term Impact of Atmospheric Carbon Dioxide on Climate: Preliminary Report. Informe JASON de abril de 1979.

Carbon Dioxide and Climate: A Scientific Assessment. Informe Charney.

Nicholls, N., «40 years ago, scientists predicted climate change. And hey, they were right», *The Conversation*.

Declaration World Climate Conference, World Meteorological Organization, febrero de 1979.

Hansen, J. E.; Wang, W. C. y Lacis, A. A., «Mount Agung eruption provides test of a global climatic perturbation», *Science*.

Hansen, J., *et al.*, «Climate Impact of Increasing Atmospheric Carbon Dioxide», *Science*.

Budyko, M. I., «The future climate», *Eos*.

Lapenis, A., «A 50-Year-Old Global Warming Forecast That Still Holds Up», *Eos*.

Ramanathan, V., «Greenhouse Effect Due to Chlorofluorocarbons: Climatic Implications», *Science*.

Ramanathan, V., «Climatic Effects of Anthropogenic Trace Gases», *Interactions of Energy and Climate*.

Ramanathan, V., *et al.*, «Trace gas trends and their potential role in climate change», *Journal of Geophysical Research: Atmospheres*.

Canadell, P., «Global stocktake shows the 43 greenhouse gases driving global warming», *The Conversation*.

Canadell, P., «Las emisiones de metano aumentan peligrosamente: ¿quién tiene la culpa?», *The Conversation*.

Canadell, P., «New research: nitrous oxide emissions 300 times more powerful than CO_2 are jeopardising Earth's future», *The Conversation*.

Sánchez-Rodríguez, A. R., «Fertilizantes de nitrógeno, tan imprescindibles como contaminantes», The Conversation.

Guetlein, M.-C. y Sebi, C., «Toward the end of SF_6, the most powerful greenhouse gas?», *The Conversation*.

Pickers, P., «Why SF_6 emissions from the renewable energy sector should not be considered a "dirty secret"», *The Conversation*.

Greenhouse Effect, Senate Environment and Public Works Committee, December 10, 1985. C-SPAN.

«Action is urged to avert global climate shift», *The New York Times*, 11 de diciembre de 1985.

«Report of the International Conference on the Assessment of the Role of Carbon Dioxide and of Other Greenhouse Gases in Climate Variations and Associated Impacts», Villach, octubre de 1985.

Shabecoff, P., «Scientists warn of earlier rise in sea levels», *The New York Times*, 3 de noviembre de 1985.

X LA HUMANIDAD NO ES INOCUA PARA LA TIERRA

Address to the Nation on Defense and National Security. Discurso de Ronald Reagan, 23 marzo 1983. Ronald Reagan Presidential Library & Museum.

Bilbao, J., «La Guerra de las Galaxias de Ronald Reagan», *Jot Down*.

Turco, R. P.; Toon, O. B.; Ackerman, T. P.; Pollack, J. B. y Sagan, C., «Nuclear Winter: Global Consequences of Multiple Nuclear Explosions», *Science*.

Garwin, R. L. y Sagan, C., «Ban space weapons», *Bulletin of the Atomic Scientist*.

The World After Nuclear War. NBC News Overnight.

Nuclear Winter, C-SPAN, 14 de marzo de 1985.

Francis, M. R., «When Carl Sagan Warned the World About Nuclear Winter», *Smithsonian Magazine*.

Soter, S., «Carl Sagan and the Search for Life», *American Museum of Natural History*.

«Space Weapons: Andropov and the American Petitioners», *The New York Times*, 18 de mayo de 1983.

Dörries, M., «The Politics of Atmospheric Sciences: "Nuclear Winter" and Global Climate Change», *Osiris*.

«Smoke from nuclear war would devastate ozone layer, alter climate», *EurekAlert*.

Witze, A., «Nuclear war between two nations could spark global famine», *Nature*.

Noble Wilford, J., «NASA Lofts a Satellite to Study Ozone Layer», *The New York Times*, 7 de octubre de 1981.

«My Life With O_3, NO_x and Other YZO_xs». Discurso de Paul J. Crutzen en los Premios Nobel, 8 de diciembre de 1985.

«Paul J. Crutzen: The engineer and the ozone hole», *ESA*.

Schellnhuber, H. J., «Paul Josef Crutzen: Ingeniousness and innocence», *PNAS*.

«Paul J. Crutzen (1933–2021)», *Nature*.

Molina, M. J. y Rowland, F. S., «Stratospheric sink for chlorofluoromethanes: chlorine atom-catalysed destruction of ozone», *Nature*.

Farman, J. C.; Gardiner, B. G. y Shanklin, J. D., «Large losses of total ozone in Antarctica reveal seasonal ClOx/NOx interaction», *Nature*.

Shanklin, J., «Reflections on the ozone hole», *Nature*.

Sullivan, W., «Low Ozone Level Found Above Antarctica», *The New York Times*, 7 de noviembre de 1985.

Walker, K., «What happened to the world's ozone hole?», *BBC Future*.

XI CRUZANDO EL UMBRAL DE LA CRISIS CLIMÁTICA

Environmental Assessment of Coal Liquefaction: Annual Report. Informe de la Environmental Protection Agency, febrero de 1978.

Greenhouse effect and global climate change. Declaración de James Hansen ante el Senado de Estados Unidos en 1988.

Shabecoff, P., «Global Warming Has Begun, Expert Tells Senate», *The New York Times*, 24 de junio de 1988.

Weisskopf, M., «Scientist Says Greenhouse Effect Is Setting In», *The Washington Post*, 24 de junio de 1988.

World Conference on the Changing Atmosphere: Implications for Global Security. Toronto, Canadá, 1988.

Rodhe, H., *Bert Bolin (1925–2007) A World Leading Climate Scientist and Science Organiser*, Tellus.

Hevesi, D., «Bert Bolin, 82, Is Dead; Led U.N. Climate Panel», *The New York Times*, 4 de junio de 2008.

Morseletto, P.; Biermann, F. y Pattberg, P., «Governing by targets: reductio ad unum and evolution of the two-degree climate target», *International Environmental Agreements: Politics, Law and Economics*.

Randalls, S., «History of the 2°C climate target. Samuel Randalls», *WIREs Climate Change*.

Tol, R. S. J., «Europe's long-term climate target: A critical evaluation», *Energy Policy*.

Bush, G. W., «Text of a Letter from the President to Senators Hagel, Helms, Craig, and Roberts», The White House, 13 de marzo de 2001.

Jehl, D. y Revkin, A. C., «Bush, in Reversal, Won't Seek Cut In Emissions of Carbon Dioxide», *The New York Times*, 14 de marzo de 2001.

«Bush kills global warming treaty», *The Guardian*.

Del Pino, J., «EE. UU. comunica a la UE que su rechazo al Protocolo de Kioto es irreversible», *El País*.

«El Senado ruso ratifica el Protocolo de Kioto», *El País*.

«Putin se compromete a que Rusia firme el Protocolo de Kioto», *El Mundo*.

Santer, B. D., *et al.*, «Towards the detection and attribution of an anthropogenic effect on climate», *Climate Dynamics*.

Santer, B. D., *et al.*, «A search for human influences on the thermal structure of the atmosphere», *Nature*.

Comisión Especial para el Estudio del Cambio Climático. Senado de España, 20 de noviembre de 1995.

Ruiz de Elvira, M., «Los científicos ultiman en Madrid el informe histórico que anuncia el cambio climático», *El País*, 28 de noviembre de 1995.

Mann, M. E., *et al.*, «Northern hemisphere temperatures during the past millennium: Inferences, uncertainties, and limitations», *Geophysical Research Letters*.

Robaina, E., «IPCC: aún es posible no superar los 1,5 °C si se hacen reducciones drásticas», *Climática*.

Lewis, S. y Gallant, A., «Lost in translation: confidence and certainty in climate science», *The Conversation*.

Harvey, F., «IPCC steps up warning on climate tipping points in leaked draft report», *The Guardian*.

Spera, S., «234 scientists read 14,000+ research papers to write the upcoming IPCC climate report – here's what you need to know and why it's a big deal», *The Conversation*.

Planelles, M., «El gran informe científico sobre cambio climático responsabiliza a la humanidad del calentamiento y el aumento de fenómenos extremos», *El País*.

Plumer, B. y Fountain, H., «Que el futuro será caluroso, es una certeza. Cuánto, depende de nosotros», *The New York Times*.

Harvey, F., «IPCC issues "bleakest warning yet" on impacts of climate breakdown», *The Guardian*.

Tollefson, J., «Climate change is hitting the planet faster than scientists originally thought», *Nature*.

Planelles, M., «Ultimátum científico: las emisiones deben tocar techo antes de 2025 y luego caer drásticamente para evitar la catástrofe climática», *El País*.

Harvey, F., «IPCC report: "now or never" if world is to stave off climate disaster», *The Guardian*.

Postigo Sierra, J. L., «Por qué las conferencias del clima no son reuniones científicas, sino políticas», *The Conversation*.

Campins, M., «COP25: entre la frustración y la resignación», *The Conversation*.

Mediavilla Pascual, M., «¿Una cumbre de transición? Luces y sombras de la COP25», *The Conversation*.

Planelles, M., «COP26: las 11 claves de la cumbre del clima de Glasgow», *El País*.

«Los líderes del G20 se comprometen a limitar el calentamiento climático a 1,5 grados», Euronews.

«Arranca en Glasgow la esperada y para muchos "definitiva" COP26», Euronews

«COP26: Mensajes de alerta y esperanza en la inauguración de la cumbre del clima de Glasgow», Euronews

«Los líderes mundiales llegan a la COP26 para acordar un plan contra la crisis climática», Euronews.

«Las expectativas para la COP26 son bajas, pero esto es lo que puede hacer que sea un éxito», Euronews.

«La Comisión Europea pide gravar el CO2 en la Cumbre Climática COP26», Euronews.

«China y Rusia ausentes de la cumbre del clima de Glasgow», Euronews.

«Joe Biden critica la ausencia de China en la COP26: "Es un gran error"», Euronews.

«COP26: promesas de los líderes mundiales contra la deforestación y las emisiones de metano», Euronews.

«La COP26 busca cómo financiar la lucha contra el cambio climático», Euronews.

«Los compromisos de la COP26 despiertan el optimismo en la comunidad científica», Euronews.

«EE. UU. y China prometen trabajar juntos para reducir sus emisiones en esta década», Euronews.

«Guterres pide más ambición en la COP26», Euronews.

«La COP26 llega a su fin con muchas promesas y pocos acuerdos», Euronews.

«¿Cómo salir de la dependencia del carbón? La piedra negra que enturbia el futuro del planeta», Euronews.

Harvey, F.; Ambrose, J. y Greenfield, P., «More than 40 countries agree to phase out coal-fired power», The Guardian.

Taylor, M. y Evans, A., «What happened at Cop26 – day three at a glance», The Guardian.

Holmes, O. y Van der Zee, B., «Cop26: New commitments could limit global heating to 1.8C – day four live», The Guardian.

Morton, A., «Cautious optimism and Australia on the outer: Five things you need to know about Cop26 so far», The Guardian.

McKie, R., «So what has Cop26 achieved so far?», The Guardian.

Harvey, F., «Cop26: what's still to be resolved in the week ahead», The Guardian.

Weston, P. y Greenfield, P., «What happened at Cop26 – day eight at a glance», The Guardian.

Holmes, O.; Van der Zee, B. y Michael, C., «What happened at Cop26 – day nine at a glance», The Guardian.

«US-China deal on emissions welcomed by global figures and climate experts», The Guardian.

Levitt, T., «What happened at Cop26 – day 11 at a glance», The Guardian.

Harvey, F., «What are the key points of the Glasgow climate pact?», *The Guardian*.

Planelles, M., «La Agencia Internacional de la Energía rebaja el calentamiento global a 1,8 grados si los países cumplen sus promesas», *El País*.

Planelles, M. y Álvarez, C., «Obama en la cumbre del clima: "No estamos ni cerca de donde necesitamos estar"», *El País*.

Rejón, R., «El texto clave de la COP26 pide por primera vez que se terminen las ayudas públicas al petróleo, el gas y el carbón», *ElDiario.es*.

Rejón, R., «Los países líderes en combustibles fósiles cuelan una trampa en Glasgow para seguir ayudando al petróleo, gas y carbón», *ElDiario.es*.

Rejón, R., «La presión de los productores para mantener las ayudas al petróleo obliga a prorrogar la cumbre de Glasgow», *ElDiario.es*.

Rejón, R., «El acuerdo de Glasgow rebaja al mínimo la llamada a frenar el petróleo y el carbón 13 noviembre», *ElDiario.es*.

Gallego, J. L., «"Señoras y señores: adiós, nos estamos hundiendo": el aviso del ministro de Tuvalu en la COP26», *El Confidencial*.

«La Cumbre del Clima de Glasgow da un paso pequeño pero insuficiente en la lucha climática», *SINC*.

World is on 'highway to climate hell', UN chief warns at Cop27 summit. Fiona Harvey y Damian Carrington. *The Guardian*.

Milman, O., «Tuvalu first to call for fossil fuel non-proliferation treaty at Cop27», *The Guardian*.

Greenfield, P. y Harvey, F., «Lula vows to undo environmental degradation and halt deforestation», *The Guardian*.

Harvey, F., «A deal on loss and damage, but a blow to 1.5C – what will be Cop27's legacy?», *The Guardian*.

Harvey, F., «Who's who at Cop27: the leaders who hold the world's future in their hands», *The Guardian*.

Carrington, D., «World close to "irreversible" climate breakdown, warn major studies», *The Guardian*.

«Greta Thunberg to skip "greenwashing" Cop27 climate summit in Egypt», *The Guardian*.

Morton, A., «Greta Thunberg isn't alone in rejecting the UN climate conference, but we still have to be there», *The Guardian*.

Harvey, F., «First draft of Cop27 text: what it says and what it means», *The Guardian*.

Valladares, F., «COP 27: siete logros, ocho problemas y una gran decepción», *The Conversation*.

Resco de Dios, V. y De Zavala Gironés, M. Á., «COP27: what to expect», *The Conversation*.

Allan, J., «COP27: five things to expect from this year's UN climate summit», *The Conversation*.

Le Billon, P.; Gaulin, N. y Lujala, P., «COP27: Which countries will push to end fossil fuel production? And which won't?», *The Conversation*.

Tollefson, J., «COP27 climate summit: what scientists are watching», *Nature*.

Naddaf, M., «Climate change is costing trillions — and low-income countries are paying the price», *Nature*.

Robaina, E., «La ONU se harta del "greenwashing" de empresas, bancos y gobiernos locales», *Climática*.

«Climate change likely increased extreme monsoon rainfall, flooding highly vulnerable communities in Pakistan», *World Weather Attribution*.

XII UN CAMBIO DE ESCENARIO

Andrews, R., «Extremely Rare Grizzly-Polar Bear Hybrid Shot In Canadian Arctic», *IFL Science*.

Hickey, H., «Will climate change create more pizzlies?», *Futurity*.

Milman, O., «Pizzly or grolar bear: grizzly-polar hybrid is a new result of climate change», *The Guardian*.

Kassam, A., «Polar bears losing weight as Arctic sea ice melts, Canadian study finds», *The Guardian*.

«Polar bears eat dolphins as Arctic warms», *The Guardian*.

Neslen, A., «Climate change is "single biggest threat" to polar bear survival», *The Guardian*.

Dickie, G., «Most polar bears to disappear by 2100, study predicts», *The Guardian*.

«Los osos polares nadan cada vez más por el deshielo del Ártico», *SINC*.

Criado, M., Á., «El cambio climático obliga a los osos polares a cambiar focas por huevos», *El País*.

Anderson-Elliott, H., «Polar bears eating reindeer: normal behaviour or result of climate change?», *The Conversation*.

«Polar bears in Baffin Bay skinnier, having fewer cubs due to less sea ice», *EurekAlert*.

«Polar bears gorged on whales to survive past warm periods; won't suffice as climate warms», *EurekAlert*.

Turner, B., «UN confirms hottest temperature ever recorded in the Arctic», *Live Science*.

Serreze, M., «Where's the sea ice? 3 reasons the Arctic freeze is unseasonably late and why it matters», *The Conversation*.

«Scientists discover large rift in the Arctic's last bastion of thick sea ice», *Phys.org*.

Harvey, C., «Greenland Is Melting at Some of the Fastest Rates in 12,000 Years», *Scientific American*.

Witze, A., «Algae are melting away the Greenland ice sheet», *Nature*.

«Algae, impurities darken Greenland ice sheet and intensify melting», *EurekAlert*.

Readfearn, G., «Antarctica logs hottest temperature on record with a reading of 18.3C», *The Guardian*.

«Antarctic island hits record temperature of 20.75C», *BBC*.

«WMO verifies one temperature record for Antarctic continent and rejects another», *WMO*.

«La superficie de hielo marino antártico alcanza un nuevo mínimo histórico», *SINC*.

Merino, D. y Ware, G., «Antarctica's Thwaites Glacier: the melting monster of sea level rise – The Conversation Weekly podcast transcript», *The Conversation*.

Witze, A., «Giant cracks push imperilled Antarctic glacier closer to collapse», *Nature*.

«Himalayan glaciers melting at "exceptional rate"», *Phys.org*.

«El cambio climático se come los glaciares del Himalaya», SINC.

«Scientists shocked by Arctic permafrost thawing 70 years sooner than predicted», *The Guardian*.

«Recent changes in bird morphology - probably due to global warming», *EurekAlert*.

Salvadores, D., «Algunos pájaros del Amazonas han reducido su tamaño debido al cambio climático», *SINC*.

«Britain's butterflies are getting bigger as the climate changes», *Phys.org*.

Ryding, S. y Symonds, M., «New research reveals animals are changing their body shapes to cope with climate change», *The Conversation*.

Campbell-Tennant, D. J. E., *et al.*, «Climate-related spatial and temporal variation in bill morphology over the past century in Australian parrots», *Journal of Biogeography*.

Kean, S., «Will climate change make animals darker—or lighter?», *Science*.

López Idiáquez, D., «El cambio climático está robando el color a las aves», *The Conversation*.

Piao, S., *et al.*, «Characteristics, drivers and feedbacks of global greening», *Nature*.

«UK plants flowering a month earlier due to climate change», *EurekAlert*.

Aono, Y. y Saito, S., «Clarifying springtime temperature reconstructions of the medieval period by gap-filling the cherry blossom phenological data series at Kyoto, Japan», *International Journal of Biometeorology*.

«Birds are laying their eggs earlier, and climate change is to blame», *EurekAlert*.

«Royal Commission into National Natural Disaster Arrangements Report».

Clarke, H., *et al.*, «The 2019-2020 Australian forest fires are a harbinger of decreased prescribed burning effectiveness under rising extreme conditions», *Nature*.

«Australian magpie mimics emergency sirens as deadly fires rage», *CNN*.

«Attribution of the Australian bushfire risk to anthropogenic climate change», *World Weather Attribution*.

Resco de Dios, V. y Boer, M., «Australia en llamas: una catástrofe para la salud, la economía y la biodiversidad», *The Conversation*.

«Koalas in rapid decline around Australia», *Australian Geographic*.

Negret, P. y Lunney, D., «When fire hits, do koalas flee or stick to their tree? Answering these and other questions is vital», *The Conversation*.

Alcalde, S., «El koala, declarado en peligro de extinción», *National Geographic*.

«Estimated 3 billion animals affected by Australia bushfires», *Phys.org*.

Silva, L. G. M., *et al.*, «Mortality events resulting from Australia's catastrophic fires threaten aquatic biota», *Global Change Biology*.

«Rare herb devastated by Australian bush fires saved by seed bank», *New Scientist*.

Kriz Hobson, M., «Alaskan Caribou Are Adapting to Warming», *Scientific American*.

«No snow, no hares: Climate change pushes emblematic species north», *ScienceDaily*.

«With climate change, shrubs and trees expand northwards in the Subarctic», *ScienceDaily*.

«Warming climate likely will change the composition of northern forests, study shows», *ScienceDaily*.

«Snowshoe hares with mismatched coats due to global warming are faring better than ever», *Phys.org*.

«Beavers gnawing away at the Arctic permafrost», *Phys.org*.

«Beavers head north and impact Arctic landscape», *EurekAlert*.

«Changes in snow coverage threatens biodiversity of Arctic nature», *EurekAlert*.

Jefferson, R., «Armadillo Invasion: Why Did They Choose the Carolinas? Scientists Aren't Sure But They're Here to Stay», *The Science Times*.

«Rare Rocky Mountain insects will need snowfields to survive», *Phys.org*.

Chen, I-C., *et al.*, «Rapid Range Shifts of Species Associated with High Levels of Climate Warming», *Science*.

Barkham, P., «British dragonfly numbers soar as warming climate attracts new species», *The Guardian*.

Gil-Tapetado, D., *et al.*, «Climate change as a driver of Insect invasions: Dispersal patterns of a dragonfly species colonizing a new region», *Biological Invasions*.

Lenoir, J., *et al.*, «Species better track climate warming in the oceans than on land», *Nature*.

Pinsky, M. L., *et al.*, «Climate-Driven Shifts in Marine Species Ranges: Scaling from Organisms to Communities», *Annual Review of Marine Science*.

Jonkers, L., *et al.*, «Global change drives modern plankton communities away from the pre-industrial state», *Nature*.

Warwick, H., «Climate change has claimed its first mammal species. Is the hedgehog next?», *The Guardian*.

Seo, H., «Extinction obituary: how the Bramble Cay melomys became the first mammal lost to the climate crisis», *The Guardian*.

«Desaparece la primera especie de mamífero a causa del cambio climático», *EFE Verde*.

Nielsen, E. y Walkes, S., «Five years after largest marine heatwave on record hit northern California coast, many warm-water species have stuck around», *The Conversation*.

Welch, C., «Warming Pacific Makes for Increasingly Weird Ocean Life», *National Geographic*.

Piatt, J. F., *et al.*, «Extreme mortality and reproductive failure of common murres resulting from the northeast Pacific marine heatwave of 2014-2016», *PLOS ONE*.

McCabe, R. M., *et al.*, «An unprecedented coastwide toxic algal bloom linked to anomalous ocean conditions», *Geophysical Research Letters*.

«How the blob came back», *EurekAlert*.

Lenoir, J., *et al.*, «Species better track climate warming in the oceans than on land», *Nature Ecology & Evolution*.

Pinsky, M. L., *et al.*, «Climate-Driven Shifts in Marine Species Ranges: Scaling from Organisms to Communities», *Annual Review of Marine Science*.

Bueno Pardo, J., «¿Habrá partes del océano que queden desiertas por culpa del cambio climático?», *The Conversation*.

Chaudhary, C., *et al.*, «Global warming is causing a more pronounced dip in marine species richness around the equator», *PNAS*.

«Plankton head polewards», *EurekAlert*.

«Status of Coral Reefs of the World: 1998», *Global Coral Reef Monitoring Network*.

«Status of Coral Reefs of the World: 2020», *Global Coral Reef Monitoring Network*.

Kleypas, J. A., *et al.*, «Geochemical Consequences of Increased Atmospheric Carbon Dioxide on Coral Reefs», *Science*.

Hoegh-Guldberg, O., «Climate change, coral bleaching and the future of the world's coral reefs», *Marine and Freshwater Research*.

«Coral reefs are 50% less able to provide food, jobs, and climate protection than in 1950s, putting millions at risk», *EurekAlert*.

Dixon, A.; Beger, M.; Kalmus, P. y Heron, S. F., «Safe havens for coral reefs will be almost non-existent at 1.5°C of global warming – new study», *The Conversation*.

Alberts, E. C., «The Great Barrier Reef is bleaching — once again — and over a larger area», *Mongabay*.

EPÍLOGO: LA METAMORFOSIS DEL GIGANTE

Stevens, F., *Before the Flood*.

Franta, B., «On its 100th birthday in 1959, Edward Teller warned the oil industry about global warming», *The Guardian*.

Supran, G.; Rahmstorf, S. y Oreskes, N., «Assessing ExxonMobil's global warming projections», *Science*.

Harvey, C.; Clark, L. y Storrow, B., «Exxon's Own Models Predicted Global Warming—It Ignored Them», *Scientific American*.

Lenton, T. M., *et al.*, «Climate tipping points — too risky to bet against», *Nature*.

Carrington, D., «Climate emergency: world "may have crossed tipping points"», *The Guardian*.